信息与通信工程专业核心教材

计算机网络简明教程

（第4版）

谢希仁　编著

电子工业出版社·

Publishing House of Electronics Industry

北京·BEIJING

内 容 简 介

全书分为 9 章，系统地介绍了计算机网络的发展和原理体系结构、物理层、数据链路层（包括局域网）、网络层、运输层、应用层、网络安全、互联网上的音频/视频服务，以及无线网络和移动网络等内容。各章均附有习题。附录 A 给出了部分习题的解答。在电子工业出版社的华信教育资源网(www.hxedu.com.cn)上可注册下载全书的电子教案。

本书的特点是概念准确、论述严谨、图文并茂，以较少的篇幅，简明地阐述了计算机网络最基本的原理和概念。本书可供所有专业的大学本科生使用，对从事计算机网络工作的工程技术人员也有学习参考价值。

图书在版编目（CIP）数据

计算机网络简明教程 / 谢希仁编著. —4 版. —北京：电子工业出版社，2022.1

ISBN 978-7-121-42405-2

Ⅰ. ①计…　Ⅱ. ①谢…　Ⅲ. ①计算机网络－高等学校－教材　Ⅳ. ①TP393

中国版本图书馆 CIP 数据核字（2021）第 240202 号

责任编辑：韩同平

印　　刷：三河市鑫金马印装有限公司

装　　订：三河市鑫金马印装有限公司

出版发行：电子工业出版社

　　　　　北京市海淀区万寿路 173 信箱　邮编：100036

开　　本：787×1092　1/16　印张：15.25　字数：440 千字

版　　次：2007 年 11 月第 1 版

　　　　　2022 年 1 月第 4 版

印　　次：2024 年 12 月第 8 次印刷

定　　价：49.90 元

凡所购买电子工业出版社图书有缺损问题，请向购买书店调换。若书店售缺，请与本社发行部联系，联系及邮购电话：(010) 88254888，88258888。

质量投诉请发邮件至 zlts@phei.com.cn，盗版侵权举报请发邮件至 dbqq@phei.com.cn。

本书咨询联系方式：010-88254525，hantp@phei.com.cn。

第 4 版前言

本书第 4 版，也就是作者《计算机网络（第 8 版）》的精简版。教师可根据授课对象、专业、学时情况，选择使用。

互联网的发展非常快，新的技术和相应的标准不断出现。但由于本教材所讲授的是计算机网络最基本的原理，而这些基本原理是相对比较成熟和稳定的，因此，介绍基本原理的部分不会有很大的变动。

第 4 版教材在不增加教材篇幅的基础上，适当增加一些最重要的新内容。第 4 版教材有以下一些改动。

由于智能手机的广泛使用，目前上网最多的设备并不是个人计算机而是智能手机，因此在这一版中，更详细地介绍了从 2G 到 4G 蜂窝移动通信系统的演进过程。有关无线局域网的 CSMA/CA 协议的讨论也更加深入一些。

为了更好地了解分组转发过程，第 4 版教材增加了路由器结构的介绍，同时改用 CIDR 记法，强调了前缀匹配的概念。在一些有关互联网发展的统计数据方面，编者也尽可能地进行了更新。目前 IP 多播并未获得广泛使用，因此第 4 版删除了这部分内容。

在有关网络安全方面，增加了证书链的概念。

从这一版开始，名词 node 的译名改用国内普遍流行的译名"节点"。不再使用很少被采用的标准译名"结点"。

本教材的参考学时数为 40 学时左右。在课程学时数较少的情况下可以只学习前六章，这样仍可获得有关互联网的最基本的知识。

附录 A 是部分习题解答（而不是详细解题步骤）。

最后，要感谢吴自珠副教授参与本教材的修订工作。由于编者水平所限，书中难免还存在一些缺点和错误，殷切希望广大读者批评指正。

谢希仁

于解放军理工大学，南京

编者的电子邮件地址：xiexiren@tsinghua.org.cn

欢迎指出书中内容的不足和错误，但编者无法满足一些深入的探讨和科研项目的咨询，请予谅解。

第 1 版前言

编者自 1989 年以来所编写的《计算机网络》各版本的教材，以概念准确、论述严谨、内容全面新颖、图文并茂而受到高等院校广大师生的普遍欢迎，主要作为计算机和通信专业的教材。

目前计算机网络的各种应用已非常普及；计算机网络涉及的知识领域又比较多，而且计算机网络还在不断发展，新的技术和新的协议也层出不穷。不仅通信和计算机专业的学生需要较深入地学习计算机网络课程，而且所有其他专业的学生都应当具有这方面的知识。

从目前教材市场的情况看，似乎很**需要有一本篇幅不太大的通用教材，其主要对象是大学本科所有专业的学生**。这些学生不仅应当学会使用计算机在因特网上进行各种信息的检索，或使用电子邮件与距离遥远的对方进行通信，而且还应当进一步懂得计算机网络的一些工作原理。实际上，很多初中生已经能够相当熟练地使用计算机上网，但是，他们不一定清楚这里面的许多机理。在高等院校开设计算机网络课程的目的，并非为了使大学生网上操作的熟练程度要超过中学生，而是应当比中学生懂得更多的计算机网络的工作原理，这样才能在今后的工作中更好地适应科技的快速发展。然而目前似乎很难找到比较适合的这种教材。

鉴于以上情况，在《计算机网络》第 5 版出版时，同步推出这本《计算机网络简明教程》，就是为满足更多院校、更多专业的教学需求。

这是一本简明教材。"简明"就是把计算机网络中最基本的内容写入书中。

本书的指导思想是：最重要的概念一定要讲清楚，否则就不能称之为高等学校的教材。也就是说，不仅要知道"是什么"，而且要懂得"为什么"。但许多细节问题则可以略去不讲。实际上，即使是专门为通信或计算机专业编写的教材，也不可能把计算机网络中所有问题的细节都进行阐述。教材最重要的就是要根据不同的对象，以不同的深度和广度，把基本概念交代清楚。从总体上看，简明教程的深度和广度都要稍浅一些。在习题的分量上也减轻不少。这样可以不使学生的负担过重。

在目前的教材市场上，可以发现有许多高水平的国外优秀教材。但编者认为，从外国优秀教材中任意挑选一些内容，不一定能够变成适合中国学生用的教材。教师必须经过多年的教学实践和自己对内容的深入钻研，才能逐渐消化这些优秀教材，才能把别人教材中的内容变成自己教材中的内容。否则就很容易找不到关键的内容，甚至把有些讲述不够严谨或者已经过时的内容也搬到自己的教材中。如果自己理解不准确，那么写出来的教材就无法保证教材的**科学性**。编者还发现，一些国内教材中有的语句有明显的**翻译生硬**痕迹，这些都是在编写教材中必须避免的。

教材应当具有**先进性**，但也必须把相对稳定成熟的内容收进教材。处理这个问题并不简单。因为很成熟的技术就可能是陈旧的，太先进的又可能很不成熟。因此本教材认真考虑了这方面的问题。例如，IEEE 根据技术发展的需要，及时成立一些研究新标准的工作组 802.x。但其中有不少的工作组，在成立后不久就销声匿迹了。因此，把一出现的某个 802.x 标准（很新，但很不成熟）就搬入教材，显然是不恰当的。又如，对于过去可能是很重要的问题，但现在也许就应当删除掉。例如，以前大家都以 OSI 为线索来讲述计算机网络的各部分内容，但现在就应当按照 TCP/IP 的体系来安排这些内容。再如，以前有一段时间，异步传递方式 ATM 和宽带综合业务数字网 B-ISDN 曾被认为是计算机网络的发展方向，但现在可以根本不用讲述这些内容。

在本书每一章的最后是本章的重要概念和习题。这些重要概念最好能够记住。如果合上教材，对这些重要概念都说不出来，那么这门课程就可能需要再好好学习一遍。需要进行计算的题目主要集中在重点的第 3~5 章，其余各章的习题实际上就是复习题。

在书后有两个附录。附录 A 是部分习题解答。有些读者很希望在书后能够给出详细的习题解答。但编者认为这样做不一定是个好办法。学生看了大量的习题解答得到的收获，和自己费了很多时间才解出一些习题的收获，是无法相比的。编者还没有发现有哪个学生是靠看习题解答（而不是自己解题）能够从根本上提高自己的学习能力的。本书最后列出主要参考书目，便于读者进一步深入学习。

本教材的参考学时数为 40 学时左右。在课程学时数较少的情况下可以只学习最主要的前六章，这样仍可获得有关因特网的最基本的知识。在前六章中，更加重要的是第 4 章和第 5 章。把这两章学好，就掌握了 IP 和 TCP 这两个重要协议——因特网的精髓。第 1 章给出了许多重要的概念，有些甚至是相当抽象的。初学计算机网络的学生通常不太容易立即把这些概念掌握好。应当在学到后续章节时，经常再回过头来看看第 1 章中的基本概念。这样才能逐渐地把这些重要的概念掌握好。在第 2 章中只有宽带接入部分是计算机网络本身的内容，其余部分都是为了使读者对通信能够有一些最基本的知识。对于已经学过有关通信基本知识的读者，这些内容可以略去。

总之，本书的目标是：把计算机网络中最基本和最重要的内容，用不太大的篇幅，写成一本能够适用所有专业的教材。学生在学完本课程后，应当能够比较清楚地了解计算机网络的体系结构和工作原理，知道因特网为什么是这样设计的，以及较深入地了解 IP 协议和 TCP 协议的要点，了解常用的一些应用程序。

全书的课件（即电子教案）放在电子工业出版社华信教育资源网(www.hxedu.com.cn)上，需要使用课件的读者可自行注册下载。

本书的编写是在电子工业出版社的《计算机网络》第 5 版的基础上经过删减和补充完成的。因此编者非常感谢陈鸣、胡谷雨、张兴元、齐望东、吴礼发教授，以及杨心强、高素青、胥光辉、谢钧、端义峰副教授所提出的宝贵意见。吴自珠副教授一直对本教材的出版给予全力支持。由于编者水平所限，书中难免还存在一些缺点和错误，殷切希望广大读者批评指正。

谢希仁

2007 年 7 月

于解放军理工大学，南京

编者的电子邮件地址：xiexiren31@163.com

（欢迎指出书中的各种错误，但无法满足索取解题详细步骤的要求，请谅解。）

目　　录

第1章 概 述

本章是全书的概要。在本章的开始，先介绍计算机网络在信息时代的作用。接着对互联网进行概述，包括互联网基础结构发展的三个阶段以及今后的发展趋势。然后，讨论互联网组成的边缘部分和核心部分。在简单介绍计算机网络在我国的发展以及计算机网络的类别后，讨论计算机网络的性能指标。最后，论述整个课程都要用到的重要概念——计算机网络的体系结构。

本章最重要的内容是：

(1) 互联网边缘部分和核心部分的作用，其中包含分组交换的概念。

(2) 计算机网络的性能指标。

(3) 计算机网络分层次的体系结构，包含协议和服务的概念。这部分内容比较抽象。在没有了解具体的计算机网络之前，很难完全掌握这些很抽象的概念。但这些抽象的概念又能够指导后续的学习，因此也必须先从这些概念学起。建议读者在学习到后续章节时，经常再复习一下本章中的基本概念。这对掌握好整个计算机网络的概念是有益的。

1.1　计算机网络在信息时代中的作用

我们知道，21 世纪的一些重要特征就是**数字化、网络化**和**信息化**，它是一个**以网络为核心的信息时代**。要实现信息化就必须依靠完善的网络，因为网络可以非常迅速地传递信息。网络现在已经成为信息社会的命脉和发展知识经济的重要基础。网络对社会生活和经济发展的很多方面已经产生了不可估量的影响。

有三大类大家很熟悉的网络，即**电信网络、有线电视网络**和**计算机网络**。按照最初的服务分工，电信网络向用户提供电话、电报及传真等服务；有线电视网络向用户传送各种电视节目；计算机网络则使用户能够在计算机之间传送数据文件。这三种网络在信息化过程中都起着十分重要的作用，但其中发展最快并起着核心作用的则是计算机网络，而这正是本书所要讨论的内容。

随着技术的发展，电信网络和有线电视网络都逐渐融入了现代计算机网络的技术，扩大了原有的服务范围，而计算机网络也能够向用户提供电话通信、视频通信以及传送视频节目的服务。从理论上讲，把上述三种网络融合成一种网络就能够提供所有的上述服务，这就是很早以前就提出来的"三网融合"。然而事实并不如此简单，因为这涉及各方面的经济利益和行政管辖权的问题。

20 世纪 90 年代以后，以 Internet 为代表的计算机网络得到了飞速的发展，已从最初的仅供美国人使用的免费教育科研网络逐步发展成为供全球使用的商业网络（有偿使用），成为全球最大的和最重要的计算机网络。可以毫不夸大地说，Internet 是人类自印刷术发明以来在存储和交换信息领域的最大变革。

Internet 的中文译名并不统一。现有的 Internet 译名有两种：

(1) **因特网**，这个译名是全国科学技术名词审定委员会推荐的。虽然因特网这个译名较为准确，但却长期未得到推广。

(2) **互联网**，这是目前流行最广的、事实上的标准译名。现在我国的各种报刊杂志、政府文件以及电视节目中都毫无例外地使用这个译名。Internet 是**由数量极大的各种计算机网络互连起来的**，采用互联网这个译名能够体现出 Internet 最主要的特征。

也有些人愿意直接使用英文名词 Internet，而不使用中文译名。这避免了译名的误解。但编者认为，在中文教科书中，常用的重要名词应当使用中文的。当然，对国际通用的英文缩写词，我们还是要尽量多地使用。例如，直接使用更简洁的"TCP"，比使用冗长的中文译名"传输控制协议"要方便得多。这样做也更加便于阅读外文技术资料。

曾有人把 Internet 译为国际互联网。其实互联网本来就是**覆盖全球的**，因此"国际"二字显然是多余的。

对于仅在**局部范围**互连起来的计算机网络，只能称之为互连网，而不是互联网 Internet。但是我们在教材中讨论互联网的原理时，不可能画出整个互联网的连接图。因此，即使只有几个计算机相互连接起来的网络，也常常称为互联网。

有时，我们往往使用更加简洁的方式表示互联网，这就是只用一个 **"网"** 字。例如，"上网"就是表示使用某个电子设备连接到互联网，而不是连接到其他的网络上。还有如网民、网吧、网银（网上银行）、网购（网上购物），等等。这里的"网"，一般都不是指电信网或有线电视网，而是指当今世界上最大的计算机网络 Internet——互联网。

那么，什么是互联网呢？很难用几句话说清楚。但我们可以从两个不同的方面来认识互联网。这就是互联网的应用和互联网的工作原理。

绝大多数人认识互联网都是从接触互联网的应用开始的。现在很小的孩子就会上网玩游戏、看网上视频，或和朋友在社交软件上聊天。人们经常利用互联网的社交电子邮件相互通信（包括传送各种照片和视频文件），这就使得传统的邮政信函的业务量大大减少。许多商品现在都可以在互联网上购买，既方便又经济实惠，改变了必须去实体商店的传统购物方式。在互联网上购买机票、火车票或预订酒店都非常方便，可以节省大量出行排队的时间。过去各银行的大厅内往往拥挤不堪，但现在这种情况已经得到了明显的改善，因为原来人们必须到银行进行的业务，基本上都可以改为在家中的网上银行进行操作。现在只要携带一个接入到互联网的智能手机就可以非常方便地付款，而不必使用现金或刷卡支付。必须指出，现在互联网的应用范围早已大大超过当初设计互联网时的几种简单的应用，并且各种意想不到的新的应用总是不断地在出现。本书不可能详细地介绍互联网的各种应用，这需要有另一本专门的书。

互联网之所以能够向用户提供许多服务，就是因为互联网具有两个重要基本特点，即**连通性和共享**。

所谓连通性(connectivity)，就是互联网使上网用户之间，不管相距多远（例如，相距数千千米），都可以非常便捷、非常经济地（在很多情况下甚至是免费的）交换各种信息（数据，以及各种音频、视频），**好像**这些用户终端都彼此直接连通一样。这与使用传统的电信网络有着很大的区别。我们知道，传统的电信网向用户提供的最重要的服务就是人与人之间的电话通信，因此电信网也具有连通性这个特点。但使用电信网的电话用户，往往要为此向电信网的运营商缴纳相当昂贵的费用，特别是长距离的越洋通信。但应注意，互联网具有虚拟的特点。例如，当你从互联网上收到一封电子邮件时，你可能无法准确知道对方是谁（朋友还是骗子），也无法知道发信人的地点（在附近，还是在地球对面）。

所谓共享就是指**资源共享**。资源共享的含义是多方面的，可以是信息共享、软件共享，也可以是硬件共享。例如，互联网上有许多服务器（就是一种专用的计算机）存储了大量有价值的电子文档（包括音频和视频文件），可供上网的用户很方便地读取或下载（无偿或有偿）。由于网络的存在，这些资源**好像**就在用户身边一样，使用非常方便。

现在人们的生活、工作、学习和交往都已离不开互联网。设想一下，某一天我们所在城市的互联网突然瘫痪不能工作了，会出现什么结果呢？这时，我们既不能上网查询有关的资料，也无法使用微信或电子邮件与朋友及时交流信息，网上购物也将完全停顿。我们无法购买机票或火车票，因为即使是在售票处工作的售票员，也无法通过互联网得知目前还有多少余票可供出售。我们不能到银行存钱或取钱，无法交纳水电费和煤气费等。股市交易也将停顿。在图书馆我们检索不到所需要的图书和资料。可见，人们的生活越依赖互联网，互联网的可靠性也就越重要。现在互联网已经成为社会最为重要的基础设施之一。

现在常常可以看到一种新的提法，即"互联网+"。它的意思就是"互联网 + 各个传统行业"，因此可以利用信息通信技术和互联网平台来创造新的发展生态。实际上"互联网+"代表一种新的经济形态，其特点就是把互联网的创新成果深度融合于经济社会各领域之中，这就大大地提升了实体经济的创新力和生产力。我们也必须看到互联网的各种应用对各行各业的巨大冲击。例如，电子邮件迫使传统的电报业务退出市场，网络电话的普及使得传统的长途电话（尤其是国际长途电话）的通信量急剧下降，对日用商品快捷方便的网购造成了不少实体商店的停业，网约车的问世对出租车行业产生了巨大的冲击，网上支付的飞速发展使得很多银行的营业厅变得冷冷清清。

互联网也给人们带来了一些负面影响。有人肆意利用互联网传播计算机病毒，破坏互联网上数据的正常传送和交换；有的犯罪分子甚至利用互联网窃取国家机密和盗窃银行或储户的钱财；网上欺诈或在网上肆意散布谣言、不良信息和播放不健康的视频节目也时有发生；有的青少年弃学而沉溺于网吧的网络游戏中；等等。

虽然如此，但互联网的负面影响毕竟还是次要的。随着对互联网管理的加强，我们可以使互联网给社会带来正面积极的作用成为互联网的主流。

由于互联网已经成为世界上最大的计算机网络，因此下面我们先对互联网进行一下概述，包括互联网的主要构件，这样就可以对计算机网络有一个最初步的了解。

1.2　互联网概述

1.2.1　网络的网络

起源于美国的互联网[①]现已发展成为世界上最大的覆盖全球的计算机网络。

我们先给出关于网络、互连网、互联网（因特网）的一些最基本的概念。

请读者注意：为了方便，在本书中，"网络"往往就是"计算机网络"的简称，而不是表示电信网或有线电视网。

计算机网络（简称为**网络**）由若干**节点**(node)[②]和连接这些节点的**链路**(link)组成。网络中的节点可以是计算机、集线器、交换机或路由器等（在后续的两章我们将会介绍集线器、交换机和路由器等设备的作用）。图 1-1(a)给出了一个具有四个节点和三条链路的网络。我们看

---

① 注：1994 年全国自然科学名词审定委员会公布的名词中，interconnection 是"互连"，interconnection network 是"互连网络"，internetworking 是"网际互连"。但 1997 年 8 月全国科学技术名词审定委员会在其推荐名（一）中，将 internet, internetwork, interconnection network 的译名均推荐为"互联网"，而在注释中说"又称互连网"，即"互联网"与"互连网"这两个名词均可使用，但请注意，"联"和"连"并非同义字。术语"互连"和"互联"并不等同。"连接"和"联接"也不等同。

② 注：根据《计算机科学技术名词》第 112 页，名词 node 的标准译名是：节点 08.078, 结点 12.023。再查一下 12.023 这一节是**计算机网络**，因此，在计算机网络领域，node 显然应当译为结点，而不是节点。但在网络领域，标准译名"结点"一直未得到推广。考虑到与大多数中文资料中的 node 译名保持一致，本书从第 4 版起也采用"节点"这个非标准译名。

到，有三台计算机通过三条链路连接到一个集线器上。这是一个非常简单的计算机网络（可简称为网络）。又如，在图 1-1(b)中，有多个网络通过一些路由器相互连接起来，构成了一个覆盖范围更大的计算机网络。这样的网络称为**互连网**(internetwork 或 internet)。因此互连网是**"网络的网络"**(network of networks)。用一朵云表示一个网络的好处，就是可以先不考虑每一个网络中的细节，而是集中精力讨论与这个互连网有关的一些问题。

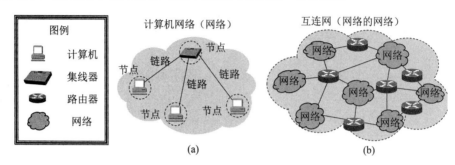

图 1-1　简单的网络(a)和由网络构成的互连网(b)

请读者注意，当我们使用一朵云来表示网络时，可能会有两种不同的情况。一种情况如图 1-1(a)所示，用云表示的网络已经包含了网络中的计算机。但有时为了讨论问题的方便（例如，要讨论几个计算机之间如何进行通信），也可以把有关的计算机画在云的外面，如图 1-2 所示。习惯上，与网络相连的计算机常称为主机(host)。在互连网中不可缺少的路由器，是一种特殊的计算机（有中央处理器、存储器、操作系统等），但不能称为主机。

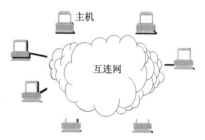

图 1-2　互连网与所连接的主机

这样，我们初步建立了下面的基本概念：

网络把许多计算机连接在一起，而互连网则把许多网络通过一些路由器连接在一起。与网络相连的计算机常称为主机。

还有一点也必须注意：网络互连并不仅仅是把计算机简单地在物理上连接起来，因为这样做并不能达到计算机之间能够相互交换信息的目的。我们还必须在计算机上安装许多使计算机能够交换信息的软件才行。因此当我们谈到网络互连时，就隐含地表示在这些计算机上已经安装了可正常工作的适当软件，在计算机之间可以通过网络交换信息。

现在使用智能手机上网已非常普遍。由于智能手机包含中央处理器、存储器以及操作系统，因此，从计算机网络的角度看，连接在计算机网络上的智能手机也相当于一个主机。实际上，智能手机已远远不是个单一功能的设备，它既是电话机，同时也是计算机、照相机、摄像机、电视机、导航仪等综合多种功能于一体的智能机器。同理，连接在计算机网络上的智能电视机，也是计算机网络上的主机。

1.2.2　互联网基础结构发展的三个阶段

互联网的基础结构大体上经历了三个阶段的演进。但这三个阶段在时间划分上并非截然分开而是有部分重叠的，这是因为**网络的演进是逐步的**，而并非在某个日期发生了突变。

第一阶段是从单个网络 ARPANET 向互连网发展的过程。1969 年美国国防部创建的第一个分组交换网 ARPANET 最初只是一个单个的分组交换网。所有要连接在 ARPANET 上的主机都直接与就近的节点交换机相连。但到了 20 世纪 70 年代中期，人们已认识到不可能仅使用一个单独的网络来满足所有的通信需求。于是 ARPA 开始研究多种网络（如分组无线电网络）

互连的技术，这就导致了互连网络的出现，成为现今**互联网**(Internet)的雏形。1983 年 TCP/IP 协议成为 ARPANET 上的标准协议，使得所有使用 TCP/IP 协议的计算机都能利用互连网相互通信，因而人们就把 1983 年作为互联网的诞生时间。1990 年 ARPANET 正式宣布关闭，因为它的实验任务已经完成。

请读者注意以下两个意思相差很大的英文名词 internet 和 Internet：

以小写字母 i 开始的 **internet（互连网）是一个通用名词，它泛指由多个计算机网络互连而成的计算机网络**。在这些网络之间的通信协议（即通信规则）可以任意选择，不一定非要使用 TCP/IP 协议。

以大写字母 I 开始的 **Internet（互联网，或因特网）则是一个专用名词，它指当前全球最大的、开放的、由众多网络相互连接而成的特定互连网，它采用 TCP/IP 协议族作为通信的规则，且其前身是美国的 ARPANET。**

可见，任意把几个计算机网络互连起来（不管采用什么协议），并能够相互通信，这样构成的网络称为互连网(internet)，而不是互联网(Internet)。

第二阶段的特点是建成了**三级结构的互联网**。从 1985 年起，美国国家科学基金会 NSF (National Science Foundation)就围绕六个大型计算机中心建设计算机网络，即国家科学基金网 NSFNET。它是一个三级计算机网络，分为**主干网、地区网**和**校园网**（或**企业网**）。这种三级计算机网络成为互联网中的主要组成部分。1991 年，NSF 和美国的其他政府机构开始认识到，互联网必将扩大其使用范围，不应仅限于大学和研究机构。世界上的许多公司纷纷接入到互联网，网络上的通信量急剧增大，使互联网的容量已满足不了需要。于是美国政府决定把互联网的主干网转交给私人公司来经营，并开始对接入互联网的单位收费。

第三阶段的特点是逐渐形成了**全球范围的多层次 ISP 结构的互联网**。从 1993 年开始，由美国政府资助的 NSFNET 逐渐被若干个商用的**互联网主干网**替代。这样就出现了一个新的名词：**互联网服务提供者 ISP (Internet Service Provider)**。在许多情况下，互联网服务提供者 ISP 就是一个进行商业活动的公司，因此 ISP 又常译为**互联网服务提供商**。例如，中国电信、中国联通和中国移动等公司都是我国最有名的 ISP。

互联网服务提供者 ISP 可以从互联网管理机构申请到很多 IP 地址（互联网上的主机都必须有 IP 地址才能上网），同时拥有通信线路（大的 ISP 自己建造通信线路，小的 ISP 则向电信公司租用通信线路）以及路由器等连网设备，因此任何机构和个人只要向某个 ISP 交纳规定的费用，就可从该 ISP 获取所需 IP 地址的租用权，并可通过该 ISP 接入互联网。所谓"上网"就是指"（通过某 ISP 获得的 IP 地址）接入互联网"。IP 地址的管理机构不会把单个的 IP 地址零星地分配给单个用户，而是把整块的 IP 地址有偿租赁给经审查合格的 ISP。由此可见，现在的互联网已不是某个单个组织所拥有而是全世界无数大大小小的 ISP 所共同拥有的，这就是互联网也称为**"网络的网络"**的原因。

根据提供服务的覆盖面积大小以及所拥有的 IP 地址数目的不同，ISP 也分为不同层次的 ISP：主干 ISP、地区 ISP 和本地 ISP。目前已经覆盖全球的互联网，其主干 ISP 只有十几个，但本地 ISP 有好几十万个。

主干 ISP 由几个专门的公司创建和维护，服务面积最大（一般都能够覆盖国家范围），并且还拥有高速主干网（例如 10 Gbit/s 或更高）。不同的网络运营商都有自己的主干 ISP 网络，并且可以彼此互通。

地区 ISP 是一些较小的 ISP。这些地区 ISP 通过一个或多个主干 ISP 连接起来。它们位于等级中的第二层，速率也低一些。

本地 ISP 给用户提供直接的服务（这些用户有时也称为**端用户**，强调是末端的用户）。本地 ISP 可以连接到地区 ISP，也可直接连接到主干 ISP。绝大多数的用户都是连接到本地 ISP 的。本地 ISP 可以是一个仅仅提供互联网服务的公司，也可以是一个拥有网络并向自己的雇员提供服务的企业，或者是一个运行自己的网络的非营利机构（如学院或大学）。

图 1-3 是具有三层 ISP 结构的互联网的概念示意图，但这种示意图并不表示各 ISP 的地理位置关系。图中示意了主机 A 经过许多不同层次的 ISP 与主机 B 通信的过程。

随着互联网上数据流量的急剧增长，为了更快地转发分组和更加有效和更加经济地利用网络资源，**互联网交换点** IXP (Internet eXchange Point)就应运而生了。

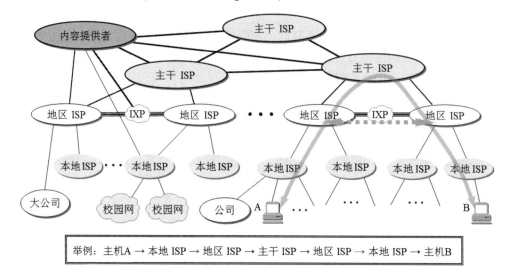

图 1-3　具有三层 ISP 结构的互联网的概念示意图

互联网交换点 IXP 的主要作用就是允许两个网络直接相连并交换分组，而不需要再通过第三个网络来转发分组。例如，在图 1-3 中右方的两个地区 ISP 通过一个 IXP 连接起来了。这样，主机 A 和主机 B 交换分组时，就不必再经过最上层的主干 ISP，而是直接在两个地区 ISP 之间用高速链路对等地交换分组。这样就使互联网上的数据流量分布更加合理，同时也减少了分组转发的迟延时间，降低了分组转发的费用。现在许多 IXP 在进行对等交换分组时，都互相不收费。但本地 ISP 或地区 ISP 通过 IXP 向高层的 IXP 转发分组时，则需要交纳一定的费用。IXP 的结构非常复杂。典型的 IXP 由一个或多个网络交换机组成，许多 ISP 再连接到这些网络交换机的相关端口上。IXP 常采用工作在数据链路层的网络交换机，这些网络交换机都用局域网互连起来。

这里特别要指出的是，当前互联网上最主要的流量就是视频文件的传送。图 1-3 中左上角所示的**内容提供者**(content provider)是在互联网上向所有用户提供视频文件的公司。这种公司和前面提到的 ISP 不同，因为它们并不向用户提供互联网的转接服务，而是提供视频内容的服务。由于传送视频文件产生的流量非常大，为了提高数据传送的效率，这些公司都有独立于互联网的专门网络（仅承载出入该公司的服务器的流量），并且能够和各级 ISP 以及 IXP 相连。这就使得互联网上的所有用户能够更加方便地观看网上的各种视频节目。现在许多 ISP 已不仅向用户提供互联网的接入服务，而且还提供信息服务和一些增值服务。

互联网已经成为世界上规模最大和增长速度最快的计算机网络，没有人能够准确说出互联网究竟有多大。互联网的迅猛发展始于 20 世纪 90 年代。由欧洲原子核研究组织 CERN 开发的**万维网 WWW** (World Wide Web)被广泛使用在互联网上，大大方便了广大非网络专业人员对网络的使用，成为互联网的这种指数级增长的主要驱动力。万维网的站点数目也急剧增长。互联网上准确的通信量是很难估计的，但有文献介绍，互联网上的数据通信量每月约增加

10%。在 2005 年互联网的用户数超过了 10 亿，在 2010 年超过了 20 亿，在 2014 年已接近 30 亿，截止到 2021 年 1 月底，互联网的用户数已达到 46.6 亿。

1.2.3 互联网的标准化工作

互联网的标准化工作对互联网的发展起到了非常重要的作用。我们知道，标准化工作的好坏对一种技术的发展有着很大的影响。缺乏国际标准将会使技术的发展处于比较混乱的状态，而盲目自由竞争的结果很可能形成多种技术体制并存且互不兼容的状态（如过去形成的彩电三大制式），给用户带来较大的不方便。但国际标准的制定又是一个非常复杂的问题，包括不同厂商之间经济利益的争夺等。标准制定的时机也很重要。标准制定得过早，由于技术还没有发展到成熟水平，会使技术比较陈旧的标准限制了产品的技术水平。其结果是以后不得不再次修订标准，造成浪费。反之，若标准制定得太迟，也会使技术的发展无章可循，造成产品的互不兼容，也不利于产品的推广。

1992 年由于互联网不再归美国政府管辖，因此成立了一个国际性组织叫作**互联网协会** (Internet Society，简称为 ISOC)，以便对互联网进行全面管理，以及在世界范围内促进其发展和使用。ISOC 下面有一个技术组织叫作**互联网体系结构委员会 IAB** (Internet Architecture Board)[①]，负责管理互联网有关协议的开发。IAB 下面又设有两个工程部：

(1) **互联网工程部 IETF** (Internet Engineering Task Force)

IETF 是由许多**工作组 WG** (Working Group)组成的论坛 (forum)，具体工作由**互联网工程指导小组 IESG** (Internet Engineering Steering Group)管理。这些工作组被划分为若干个领域(area)，每个领域集中研究某一特定的短期和中期的工程问题，主要针对协议的开发和标准化。

(2) **互联网研究部 IRTF** (Internet Research Task Force)

IRTF 是由一些**研究组 RG** (Research Group)组成的论坛，具体工作由**互联网研究指导小组 IRSG** (Internet Research Steering Group)管理。IRTF 的任务是研究一些需要长期考虑的问题，包括互联网的一些协议、应用、体系结构等。

互联网在制定其标准上的一个很大的特点是面向公众。所有的互联网标准都是以 RFC 的形式在互联网上发表的。RFC (Request For Comments)的意思就是"请求评论"。所有的 RFC 文档都可从互联网上免费下载，而且任何人都可以用电子邮件随时发表对某个文档的意见或建议。这种开放方式对互联网的迅速发展影响很大。但应注意，并非所有的 RFC 文档都是互联网标准。互联网标准的制定往往要花费漫长的时间，并且是一件非常慎重的工作。只有很少部分的 RFC 文档最后才能变成互联网标准。RFC 文档按发表时间的先后编上序号（即 RFC xxxx，这里的 xxxx 是阿拉伯数字）。一个 RFC 文档更新后就使用一个新的编号，并在文档中指出原来老编号的 RFC 文档已成为陈旧的或被更新，但陈旧的 RFC 文档并不会被删除，而是永远保留着，供用户参考。

制定互联网的正式标准要经过以下三个阶段：

(1) **互联网草案**(Internet Draft)——互联网草案的有效期只有 6 个月。在这个阶段还不能算是 RFC 文档。

(2) **建议标准**(Proposed Standard)——从这个阶段开始就成为 RFC 文档。

(3) **互联网标准**(Internet Standard)——如果经过长期的检验，证明了某个建议标准可以成为互联网标准时，就给它分配一个标准编号，记为 STDxx，这里 STD 是"Standard"的英文

---

① 注：最初的 IAB 中的 A 曾经代表 Activities（活动）。在一些旧的 RFC 中使用的是这个旧名词。

缩写，而"xx"是标准的编号（有时也写成 4 位数编号，如 STD0005）。一个互联网标准可以和多个 RFC 文档关联。

原先制定互联网标准的过程是："建议标准"→"草案标准"→"互联网标准"。现在制定互联网标准的过程简化为："建议标准"→"互联网标准"。

除了建议标准和互联网标准这两种 RFC 文档，还有三种 RFC 文档，即历史的、实验的和提供信息的 RFC 文档。历史的 RFC 文档或者被后来的规约所取代，或者从未达到必要的成熟等级，因而始终未变成为互联网标准。实验的 RFC 文档表示其工作处于正在实验的情况，而不能够在任何实用的互联网服务中进行实现。提供信息的 RFC 文档包括与互联网有关的一般的、历史的或指导的信息。

1.3　互联网的组成

互联网的拓扑结构虽然非常复杂，并且在地理上覆盖了全球，但从其工作方式上看，可以划分为以下两大块：

(1) **边缘部分**　由所有连接在互联网上的主机组成。这部分是**用户直接使用的**，用来进行通信（传送数据、音频或视频）和资源共享。

(2) **核心部分**　由大量网络和连接这些网络的路由器组成。这部分是**为边缘部分提供服务的**（提供连通性和交换）。

图 1-4 给出了这两部分的示意图。下面分别讨论这两部分的作用和工作方式。

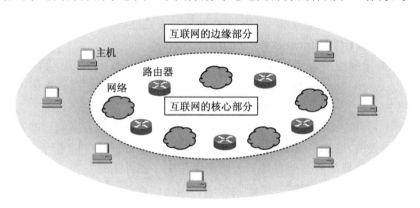

图 1-4　互联网的边缘部分与核心部分

1.3.1　互联网的边缘部分

处在互联网边缘的部分就是连接在互联网上的所有的主机。这些主机又称为**端系统**(end system)，"端"就是"末端"的意思（即互联网的末端）。端系统在功能上可能有很大的差别，小的端系统可以是一台普通个人电脑（包括笔记本电脑或平板电脑）和具有上网功能的智能手机，甚至是一个很小的网络摄像头（可监视当地的天气或交通情况，并在互联网上实时发布），而大的端系统则可以是一台非常昂贵的大型计算机（这样的计算机通常称为**服务器** server）。端系统的拥有者可以是个人，也可以是单位（如学校、企业、政府机关等），当然也可以是某个 ISP（即 ISP 不仅仅向端系统提供服务，它也可以拥有一些端系统）。边缘部分利用核心部分所提供的服务，使众多主机之间能够互相通信并交换或共享信息。值得注意的是，现今大部分能够向网民提供信息检索、万维网浏览以及视频播放等功能的服务器，都不再是一个孤立的服务器，而是属于某个大型数据中心。例如，谷歌公司(Google)拥有上百个数据中心，而其中的 15 个大型数据中心的每一个都拥有 10 万台以上的服务器。又如，我国的百度公司在山西阳泉建造的数据中心拥有 16 万台服务器。

我们先要明确下面的概念。我们说："主机 A 和主机 B 进行通信"，实际上是指："运行在主机 A 上的某个程序和运行在主机 B 上的另一个程序进行通信"。由于"进程"就是"运行着的程序"，因此这也就是指："**主机 A 的某个进程和主机 B 上的另一个进程进行通信**"。这种比较严密的说法通常可以简称为"计算机之间通信"。

在网络边缘的端系统之间的通信方式通常可划分为两大类：客户-服务器方式（C/S 方式）和对等方式（P2P 方式）[①]。下面分别对这两种方式进行介绍。

1. 客户-服务器方式

这种方式在互联网上是最常用的，也是传统的方式。我们在上网发送电子邮件或在网站上查找资料时，都使用客户-服务器方式（有时写为客户/服务器方式）。

当我们打电话时，电话机的振铃声使被叫用户知道现在有一个电话呼叫。计算机通信的对象是应用层中的应用进程，显然不能用响铃的办法来通知所要找的对方的应用进程。然而采用客户-服务器方式可以使两个应用进程能够进行通信。

客户(client)和**服务器**(server)都是指通信中所涉及的两个应用进程。客户-服务器方式所描述的是进程之间服务和被服务的关系。在图 1-5 中，主机 A 运行客户程序而主机 B 运行服务器程序。在这种情况下，A 是客户而 B 是服务器。客户 A 向服务器 B 发出请求服务，而服务器 B 向客户 A 提供服务。这里最主要的特征就是：

客户是服务请求方，服务器是服务提供方。

服务请求方和服务提供方都要使用网络核心部分所提供的服务。

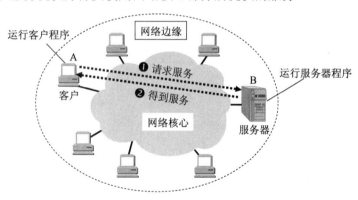

图 1-5　客户-服务器工作方式

在实际应用中，客户程序和服务器程序通常还具有以下一些主要特点。

客户程序：

(1) 被用户调用后运行，在通信时主动向远地服务器发起通信（请求服务）。因此，客户程序必须知道服务器程序的地址。

(2) 不需要特殊的硬件和很复杂的操作系统。

服务器程序：

(1) 是一种专门用来提供某种服务的程序，**可同时处理**多个远地或本地客户的请求。

---

① 注：C/S 方式表示 Client/Server 方式，P2P 方式表示 Peer-to-Peer 方式。有时还可看到另外一种叫作浏览器-服务器方式，即 B/S 方式（Browser/Server 方式），但这仍然是 C/S 方式的一种特例。

(2) 系统启动后即一直不断地运行着，被动地等待并接受来自各地的客户的通信请求。因此，服务器程序不需要知道客户程序的地址。

(3) 一般需要有强大的硬件和高级的操作系统支持。

客户与服务器的通信关系建立后，通信可以是双向的，客户和服务器都可发送和接收数据。

顺便要说一下，上面所说的**客户和服务器本来都指的是计算机进程（软件）**。使用计算机的人是计算机的"用户"(user)而不是"客户"(client)。但在许多国外文献中，经常也把运行客户程序的**机器**称为 client（在这种情况下也可把 client 译为"客户机"），把运行服务器程序的**机器**也称为 server。因此我们应当根据上下文来判断 client 或 server 是指软件还是硬件。在本书中，在表示机器时，我们也使用"客户端"（或客户机）或"服务器端"（或服务器）来表示"运行客户程序的机器"或"运行服务器程序的机器"。

2. 对等连接方式

对等连接（peer-to-peer，简写为 P2P。这里使用数字 2 是因为英文的 2 是 two，其读音与 to 同，因此英文的 to 常写为数字 2）是指两台主机在通信时，并不区分哪一个是服务请求方和哪一个是服务提供方。只要两台主机都运行了对等连接软件（P2P 软件），它们就可以进行平等的对等连接通信。这时，双方都可以下载对方已经存储在硬盘中的共享文档。因此这种工作方式也称为 **P2P 方式**。在图 1-6 中，主机 C, D, E 和 F 都运行了 P2P 程序，因此这几台主机都可进行对等通信（如 C 和 D，E 和 F，以及 C 和 F）。实际上，对等连接方式从本质上看仍然使用客户-服务器方式，只是对等连接中的每一台主机既是客户同时又是服务器。例如主机 C，当 C 请求 D 的服务时，C 是客户，D 是服务器。但如果 C 又同时向 F 提供服务，那么 C 又同时起着服务器的作用。

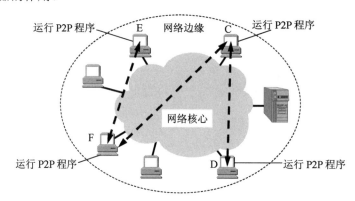

图 1-6　对等连接工作方式（P2P 方式）

对等连接工作方式可支持大量对等用户（如上百万个）同时工作。关于这种工作方式我们将在后面第 6 章的 6.6 节进一步讨论。

1.3.2　互联网的核心部分

网络核心部分是互联网中最复杂的部分，因为网络中的核心部分要向网络边缘部分中的大量主机提供连通性，使边缘部分中的任何一台主机都能够与其他主机通信。

在网络核心部分起特殊作用的是**路由器**(router)，它是一种专用计算机（但不叫作主机）。路由器是实现**分组交换**(packet switching)的关键构件，其任务是**转发收到的分组**，这是网络核心部分最重要的功能。为了弄清分组交换，下面先介绍电路交换的基本概念。

1. 电路交换的主要特点

在电话问世后不久，人们就发现，要让所有的电话机都两两相连接是不现实的。图 1-7(a)表示两部电话只需要用一对电线就能够互相连接起来。但若有 5 部电话要两两相连，则需要 10 对电线，如图 1-7(b)所示。显然，若 N 部电话要两两相连，就需要 $N(N-1)/2$ 对电线。当电话机的数量很大时，这种连接方法需要的电线数量就太大了（与电话机的数量的平方成正比）。于是人们认识到，要使得每一部电话能够很方便地和另一部电话进行通信，就应当使用电话交换机将这些电话连接起来，如图 1-7(c)所示。每一部电话都连接到交换机上，而交换机使用交换的方法，让电话用户彼此之间可以很方便地通信。电话发明后的一百多年来，电话交换机虽然经过多次更新换代，但交换的方式一直都是电路交换(circuit switching)。

(a) 两部电话直接相连　　(b) 5 部电话两两直接相连　　(c) 用交换机连接许多部电话

图 1-7　电话机的不同连接方法

当电话机的数量增多时，就要使用很多彼此连接起来的交换机来完成全网的交换任务。用这样的方法就构成了覆盖全世界的电信网。

从通信资源的分配角度来看，**交换**(switching)就是按照某种方式动态分配传输线路的资源。在使用电路交换打电话之前，必须先拨号请求建立连接。当被叫用户听到交换机送来的振铃音并摘机后，从主叫端到被叫端就建立了一条连接，即一条**专用的物理通路**。这条连接保证了双方通话时所需的通信资源，而这些资源在双方通信时不会被其他用户占用。此后主叫和被叫双方就能互相通电话。通话完毕挂机后，交换机释放刚才使用的这条专用的物理通路（即把刚才占用的所有通信资源归还给电信网）。这种必须经过"**建立连接**（占用通信资源）→**通话**（一直占用通信资源）→**释放连接**（归还通信资源）"三个步骤的交换方式称为**电路交换**[①]。如果用户在拨号呼叫时电信网的资源已不足以支持这次的呼叫，则主叫用户会听到忙音，表示电信网不接受用户的呼叫，用户必须挂机，等待一段时间后再重新拨号。

图 1-8 为电路交换的示意图。为简单起见，图中没有区分市话交换机和长途电话交换机。应当注意的是，用户线是电话用户到所连接的市话交换机的连接线路，是用户独占的传送模拟信号的专用线路，而交换机之间拥有大量话路的中继线（这些传输线路早已都数字化了）则是许多用户共享的，正在通话的用户只占用了中继线里面的一个话路。电路交换的一个重要特点就是**在通话的全部时间内，通话的两个用户始终占用端到端的通信资源**。

当使用电路交换来传送计算机数据时，**其线路的传输效率往往很低**。这是因为计算机数据是突发式地出现在传输线路上的，因此线路上真正用来传送数据的时间往往不到 10%甚至1%。已被用户占用的通信线路资源在绝大部分时间里都是空闲的。例如，当用户阅读终端屏幕上的信息或用键盘输入和编辑一份文件时，或计算机正在进行处理而结果尚未返回时，宝贵的通信线路资源并未被利用而是被白白浪费了。

---

① 注：电路交换最初指的是连接电话机的双绞线对在交换机上进行的交换（交换机有人工的、步进的和程控的，等等）。后来随着技术的进步，采用了多路复用技术，出现了频分多路、时分多路、码分多路等，这时电路交换的概念就扩展到在双绞线、铜缆、光纤、无线媒体中多路信号中的某一路（某个频率、某个时隙、某个码序等）和另一路的交换。

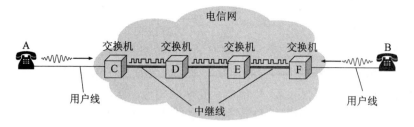

图 1-8 电路交换的用户始终占用端到端的通信资源

2. 分组交换的主要特点

分组交换则采用**存储转发**技术[①]。图 1-9 表示把一个报文划分为几个分组后再进行传送。通常我们把要发送的整块数据称为一个**报文**(message)。在发送报文之前，先把较长的报文划分为一个个更小的等长数据段，例如，每个数据段为 1024 bit[②]。在每一个数据段前面，加上一些必要的控制信息组成的**首部**(header)后，就构成了一个**分组**(packet)。分组又称为"包"，而分组的首部也可称为"包头"。分组是在互联网中传送的数据单元。分组中的"首部"是非常重要的，正是由于分组的首部包含了诸如目的地址和源地址等重要控制信息，每一个分组才能在互联网中独立地选择传输路径，并被正确地交付到分组传输的终点。

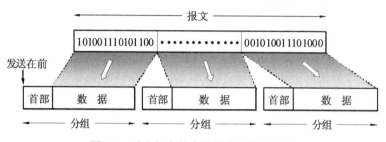

图 1-9 以分组为基本单位在网络中传送

图 1-10(a)强调互联网的核心部分是由许多网络和把它们互连起来的路由器组成的，而主机处在互联网的边缘部分。在互联网核心部分的路由器之间一般都用高速链路相连接，而在网络边缘部分的主机接入到核心部分则通常用相对较低速率的链路连接。

位于网络边缘部分的主机和位于网络核心部分的路由器都是计算机，但它们的作用却很不一样。**主机是为用户进行信息处理的**，并且可以和其他主机通过网络交换信息。**路由器则用来转发分组，即进行分组交换**。路由器收到一个分组，先暂时存储一下，检查其首部，查找转发表，按照首部中的目的地址，找到合适的接口转发出去，把分组交给下一个路由器。这样一步一步地（有时会经过几十个不同的路由器）以存储转发的方式，把分组交付给最终的目的主机。各路由器之间必须经常交换彼此掌握的路由信息，以便创建和动态维护路由器中的转发表，使得转发表能够在整个网络拓扑发生变化时及时更新。

---

① 注：存储转发的概念最初是于 1964 年 8 月由巴兰(Baran)在美国兰德(Rand)公司的"论分布式通信"的研究报告中提出的。在 1962—1965 年间，美国国防部远景研究规划局 DARPA 和英国国家物理实验室 NPL 都在对新型的计算机通信网进行研究。1966 年 6 月，NPL 的戴维斯(Davies)首次提出"分组"(packet)这一名词。1969 年 12 月，美国的分组交换网 ARPANET（当时仅有 4 个节点）投入运行。从此，计算机网络的发展就进入了一个崭新的纪元。1973 年英国国家物理实验室 NPL 也开通了分组交换试验网。现在大家都公认 ARPANET 为分组交换网之父。除英美两国外，法国也在 1973 年开通其分组交换网 CYCLADES。

② 注：在本书中，bit 表示"比特"。在计算机领域中，bit 常译为"位"。在许多情况下，"比特"和"位"可以通用。在使用"位"作为单位时，请根据上下文特别注意二进制的"位"还是十进制的"位"。请注意，bit 在表示信息量（比特）或信息传输速率（比特/秒）时不能译为"位"。

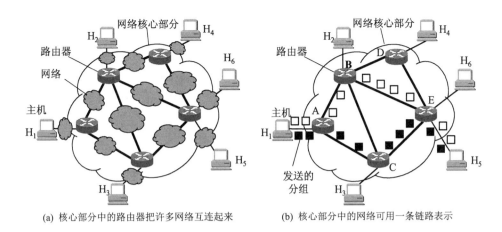

(a) 核心部分中的路由器把许多网络互连起来　　　(b) 核心部分中的网络可用一条链路表示

图 1-10　分组交换的示意图

当我们讨论互联网的核心部分中的路由器转发分组的过程时，往往把单个的网络简化成一**条链路**，而路由器成为核心部分的**节点**，如图 1-10(b)所示。这种简化图看起来可以更加突出重点，因为在转发分组时最重要的就是要知道路由器之间是怎样连接起来的。

现在假定图 1-10(b)中的主机 H_1 向主机 H_5 发送数据。主机 H_1 先将分组逐个地发往与它直接相连的路由器 A。此时，除链路 H_1–A 外，其他通信链路并不被目前通信的双方所占用。需要注意的是，即使是链路 H_1–A，也只是当分组正在此链路上传送时才被占用。在各分组传送之间的空闲时间，链路 H_1–A 仍可为其他主机发送的分组使用。

路由器 A 把主机 H_1 发来的分组放入缓存。假定从路由器 A 的转发表中查出应把该分组转发到链路 A–C。于是分组就传送到路由器 C。当分组正在 A–C 传送时，该分组并不占用网络其他部分的资源。

路由器 C 继续按上述方式查找转发表，假定查出应转发到路由器 E。当分组到达路由器 E后，路由器 E 就最后把分组直接交给主机 H_5。

假定在某一个分组的传送过程中，链路 A–C 的通信量太大，那么路由器 A 可以把分组沿另一个路由传送，即先转发到路由器 B，再转发到路由器 E，最后把分组送到主机 H_5。在网络中可同时有多台主机进行通信，如主机 H_2 也可以经过路由器 B 和 E 与主机 H_6 通信。

这里要注意，路由器暂时存储的是一个个短分组，而不是整个的长报文。短分组暂存在路由器的存储器（即内存）中而不是存储在磁盘中。这就保证了较高的交换速率。

在图 1-10 中只画了一对主机 H_1 和 H_5 在进行通信。实际上，互联网可以容许非常多的主机同时进行通信，而一台主机中的多个进程（即正在运行中的多道程序）也可以各自和不同主机中的不同进程进行通信。

应当注意，分组交换在传送数据之前不必先占用一条端到端的通信资源。分组在哪段链路上传送才占用那段链路的通信资源。分组到达一个路由器后，先暂时存储下来，查找转发表，然后从另一条合适的链路转发出去。分组在传输时就这样逐段地断续占用通信资源，而且还省去了建立连接和释放连接的开销，因而数据的传输效率更高。

互联网采取了专门的措施，保证了数据的传送具有非常高的可靠性（在第 5 章 5.4 节介绍运输层协议时要着重讨论这个问题）。当网络中的某些节点或链路突然出故障时，在各路由器中运行的路由选择**协议**(protocol)能够自动找到转发分组最合适的路径。这些将在第 4 章 4.5 节中详细讨论。

从以上所述可知，采用存储转发的分组交换，实质上是采用了在数据通信的过程中断续（或动态）分配传输带宽的策略（关于带宽的进一步讨论见后面的 1.6 节）。这对传送突发式的计算机数据非常合适，使得通信线路的利用率大大提高了。

为了提高分组交换网的可靠性，互联网的核心部分常采用网状拓扑结构，使得当发生网络拥塞或少数节点、链路出现故障时，路由器可灵活地改变转发路由而不致引起通信的中断或全网的瘫痪。此外，通信网络的主干线路往往由一些高速链路构成，这样就可以较高的速率迅速地传送计算机数据。

综上所述，分组交换的优点可归纳如表 1-1 所示。

表 1-1　分组交换的优点

优　　点	所采用的手段
高效	在分组传输的过程中动态分配传输带宽，对通信链路逐段占用
灵活	为每一个分组独立地选择最合适的转发路由
迅速	以分组作为传送单位，不先建立连接就能向其他主机发送分组
可靠	保证可靠性的网络协议；分布式多路由的分组交换网，使网络有很好的生存性

分组交换也带来一些新的问题。例如，分组在各路由器存储转发时需要排队，这就会造成一定的**时延**。因此，必须尽量设法减少这种时延。此外，由于分组交换不像电路交换那样通过建立连接来保证通信时所需的各种资源，因而无法确保通信时端到端所需的带宽。

分组交换带来的另一个问题是各分组必须携带的控制信息也造成了一定的**开销**(overhead)。整个分组交换网还需要专门的管理和控制机制。

应当指出，从本质上讲，这种断续分配传输带宽的存储转发原理并非是全新的概念。自古代就有的邮政通信，就其本质来说也属于存储转发方式。而在 20 世纪 40 年代，电报通信也采用了基于存储转发原理的**报文交换**(message switching)。在报文交换中心，一份份电报被接收下来，并穿成纸带。操作员以每份报文为单位，撕下纸带，根据报文的目的站地址，拿到相应的发报机转发出去。这种报文交换的时延较长，从几分钟到几小时不等。现在报文交换已不使用了。分组交换虽然也采用存储转发原理，但由于使用了计算机进行处理，因此分组的转发非常迅速。例如，ARPANET 建网初期的经验表明，在正常的网络负荷下，当时横跨美国东西海岸的端到端平均时延小于 0.1 秒。这样，分组交换虽然采用了某些古老的交换原理，但实际上已变成了一种崭新的交换技术。

图 1-11 显示了电路交换、报文交换和分组交换的主要区别。图中的 A 和 D 分别是源点和终点，而 B 和 C 是在 A 和 D 之间的中间节点。图的最下方归纳了三种交换方式在数据传送阶段的主要特点：

电路交换——整个报文的比特流连续地从源点直达终点，好像在一个管道中传送。

报文交换——整个报文先传送到相邻节点，全部存储下来后查找转发表，转发到下一个节点。

分组交换——单个分组（这只是整个报文的一部分）传送到相邻节点，存储下来后查找转发表，转发到下一个节点。

从图 1-11 可看出，若要连续传送大量的数据，且其传送时间远大于连接建立时间，则电路交换的传输速率较快。报文交换和分组交换不需要预先分配传输带宽，在传送突发数据时可提高整个网络的信道①利用率。由于一个分组的长度往往远小于整个报文的长度，因此分组交换比报文交换的时延小，同时也具有更好的灵活性。

在过去很长的时期，人们都有这样的概念：电路交换适合于话音通信，而分组交换则适合

---

① 注：信道(channel)是指以传输媒体为基础的信号通路（包括有线或无线电线路），其作用是传输信号。

于数据通信。然而随着蜂窝移动通信的发展，这种概念已经发生了根本的变化。从第四代蜂窝移动通信网开始，无论是话音通信还是数据通信，都要采用分组交换（见第 9 章 9.3 节有关蜂窝移动通信网的讨论）。

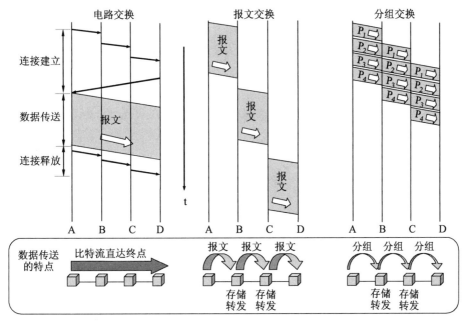

图 1-11　三种交换的主要区别（$P_1 \sim P_4$ 表示 4 个分组）

1.4　计算机网络在我国的发展

下面简单介绍一下计算机网络在我国的发展情况。

最早着手建设专用计算机广域网的是铁道部。铁道部在 1980 年即开始进行计算机联网实验。1989 年 11 月我国第一个公用分组交换网 CNPAC 建成运行。在 20 世纪 80 年代后期，公安、银行、军队以及其他一些部门也相继建立了各自的专用计算机广域网。这对迅速传递重要的数据信息起着重要的作用。另一方面，从 20 世纪 80 年代起，国内的许多单位相继安装了大量的局域网。局域网的价格便宜，其所有权和使用权都属于本单位，因此便于开发、管理和维护。局域网的发展很快，对各行各业的管理现代化和办公自动化起到了积极的作用。

这里应当特别提到的是，1994 年 4 月 20 日我国用 64 bit/s 专线正式连入互联网。从此，我国被国际上正式承认为接入互联网的国家。同年 5 月中国科学院高能物理研究所设立了我国的第一个万维网服务器。同年 9 月中国公用计算机互联网 CHINANET 正式启动。到目前为止，我国陆续建造了基于互联网技术并能够和互联网互连的多个全国范围的公用计算机网络，其中规模最大的就是下面这五个：

(1) 中国电信互联网 CHINANET（也就是原来的中国公用计算机互联网）

(2) 中国联通互联网 UNINET

(3) 中国移动互联网 CMNET

(4) 中国教育和科研计算机网 CERNET

(5) 中国科学技术网 CSTNET

2004 年 2 月，我国的第一个下一代互联网 CNGI 的主干网 CERNET2 试验网正式开通，并提供服务。试验网以 2.5～10 Gbit/s 的速率连接北京、上海和广州三个 CERNET 核心节点，并与国际下一代互联网相连接。这标志着中国在互联网的发展过程中，已逐渐达到与国际先进水平同步。

中国互联网络信息中心 CNNIC (China Network Information Center)每年两次公布我国互联网的发展情况。读者可在其网站上查到最新的和过去的历史文档。CNNIC 把过去半年内使用过互联网的 6 周岁及以上的中国居民称为**网民**。根据 2021 年 9 月 CNNIC 发表的《中国互联网络发展状况统计报告》，截至 2021 年 6 月，我国网民已达到 10.11 亿，互联网普及率已达到71.6%。

现在微博和网络视频的用户明显增多。移动互联网营销发展迅速，当前网民最主要的网络应用就是即时通信（例如微信）、搜索引擎（即在互联网上使用搜索引擎来查找所需的信息）、网络音乐、网络新闻和博客等。此外，更多的经济活动已步入了互联网时代。网上购物、网上支付和网上银行的使用率也迅速提升。截至 2021 年 6 月，我国网络支付用户规模达 8.72 亿，占网民整体的 86.3%。

对我国互联网事业发展影响较大的人物和事件不少，限于篇幅，下面仅列举几个例子。

1996 年，张朝阳创立了中国第一家以风险投资资金建立的互联网公司——爱特信公司。两年后，爱特信公司推出"搜狐"产品，并更名为搜狐公司(Sohu)。搜狐公司最主要的产品就是搜狐网站(Sohu.com)，是中国首家大型分类查询搜索引擎。1999 年，搜狐网站增加了新闻及内容频道，成为一个综合门户网站。

1997 年，丁磊创立了网易公司(NetEase)，推出了中国第一个中文全文搜索引擎。网易公司开发的超大容量免费邮箱（如 163 和 126 等），由于具有高效的杀毒和拦截垃圾邮件的功能，安全性很好，已成为国内最受欢迎的中文邮箱。网易网站现在也是全国出名的综合门户网站。

1998 年，王志东创立新浪网站(Sina.com)，该网站现已成为全球最大的中文综合门户网站。新浪的微博是全球使用最多的微博之一。

同年，马化腾、张志东创立了腾讯公司(Tencent)。1999 年腾讯推出了用在个人电脑上的即时通信软件 OICQ，后改名为 QQ。QQ 的功能不断更新，现在已成为一款集话音、短信、文章、音乐、图片和视频于一体的网络沟通交流工具，成为几乎所有网民都会在电脑中安装的软件，腾讯也因此成为中国最大的互联网综合服务提供商之一。

2011 年，腾讯推出了专门供智能手机使用的即时通信软件"微信"(国外版的微信叫作WeChat，在功能上有些差别)。这个软件是在张小龙（著名的电子邮件客户端软件 Foxmail 的作者）领导下成功研发的。微信能够通过互联网快速发送话音短信、视频、图片和文字，并且支持多人视频会议。由于微信能在各种不同操作系统的智能手机中运行，因此目前几乎所有的智能手机用户都在使用微信。微信的功能也在不断更新。装有微信软件的智能手机，已从简单的社交工具演变成一个具有支付能力的全能钱包。几乎所有使用智能手机的人，都离不开微信。

2000 年，李彦宏和徐勇创建了百度网站(Baidu.com)，现在已成为全球最大的中文搜索引擎。自谷歌于 2010 年退出中国后，中国最大的搜索引擎无疑就是百度了。现在，百度网站也可以用主题分类的方法进行查找，非常便于网民对各种信息的浏览。

1999 年，马云创建了阿里巴巴网站(Alibaba.com)，这是一个企业对企业的网上贸易市场平台。2003 年，马云创立了个人网上贸易市场平台——淘宝网(Taobao.com)。2004 年，阿里巴巴集团创立了第三方支付平台——支付宝(Alipay.com)，为中国电子商务提供了简单、安全、快速的在线支付手段。

上述的一些事件对互联网应用在我国的推广普及，起着非常积极的作用。

1.5 计算机网络的类别

1.5.1 计算机网络的定义

计算机网络的精确定义并未统一。

计算机网络较好的定义是这样的：计算机网络主要是由一些通用的、可编程的硬件互连而成的，而这些硬件并非专门用来实现某一特定目的（例如，传送数据或视频信号）。这些可编程的硬件能够用来传送多种不同类型的数据，并能支持广泛的和日益增长的应用。

根据这个定义：(1) 计算机网络所连接的硬件，并不限于一般的计算机，而是包括了智能手机或智能电视机；(2) 计算机网络并非专门用来传送数据，而是能够支持很多种应用（包括今后可能出现的各种应用）。当然，没有数据的传送，这些应用是无法实现的。

请注意，上述的"可编程的硬件"表明这种硬件一定包含有中央处理器 CPU。

我们知道，起初，计算机网络是用来传送数据的。但随着网络技术的发展，计算机网络的应用范围不断增大，不仅能够传送音频和视频文件，而且应用的范围已经远远超过一般通信的范畴。

有时我们也能见到"计算机通信网"这一名词，但这个名词容易使人误认为这是一种专门为了通信而设计的计算机网络。计算机网络显然应具有通信的功能，但这种通信功能并非计算机网络最主要的功能。因此本书不使用"计算机通信网"这一名词。

1.5.2 几种不同类别的计算机网络

计算机网络有多种类别，下面进行简单的介绍。

1. 按照网络的作用范围进行分类

(1) **广域网 WAN** (Wide Area Network)　广域网的作用范围通常为几十到几千千米，因而有时也称为**远程网**(long haul network)。广域网是互联网的核心部分，其任务是长距离（例如，跨越不同的国家）运送主机所发送的数据。连接广域网各节点交换机的链路一般都是高速链路，具有较大的通信容量。本书不专门讨论广域网。

(2) **城域网 MAN** (Metropolitan Area Network)　城域网的作用范围一般是一个城市，可跨越几个街区甚至整个城市，其作用距离约为 5～50 km。城域网可以为一个或几个单位所拥有，也可以是一种公用设施，用来将多个局域网进行互连。目前很多城域网采用的是以太网技术，因此有时会并入局域网的范围进行讨论。

(3) **局域网 LAN** (Local Area Network)　局域网一般用微型计算机或工作站通过高速通信线路相连（速率通常在 10 Mbit/s 以上），但地理上则局限在较小的范围（如 1 km 左右）。在局域网发展的初期，一个学校或工厂往往只拥有一个局域网，但现在局域网已非常广泛地使用，学校或企业大都拥有许多个互连的局域网（这样的网络常称为**校园网**或**企业网**）。我们将在第 3 章 3.3 至 3.5 节详细讨论局域网。

(4) **个人区域网 PAN** (Personal Area Network)　个人区域网就是在个人工作的地方把属于个人使用的电子设备（如便携式电脑等）用无线技术连接起来的网络，因此也常称为**无线个人区域网 WPAN** (Wireless PAN)，其范围很小，大约在 10 m 左右。我们将在第 9 章 9.2 节对这种网络进行简单的介绍。

顺便指出，若中央处理机之间的距离非常近（如仅 1 m 的数量级或更小些），则一般就称之为**多处理机系统**而不称它为计算机网络。

2. 按照网络的使用者进行分类

(1) **公用网**(public network)　这是指电信公司（国有或私有）出资建造的大型网络。"公用"的意思就是所有愿意按电信公司的规定交纳费用的人都可以使用这种网络。因此公用网也可称为**公众网**。

(2) **专用网**(private network)　这是某个部门为满足本单位的特殊业务工作的需要而建造的网络。这种网络不向本单位以外的人提供服务。例如，军队、铁路、银行、电力等系统均有本系统的专用网。

公用网和专用网都可以传送多种业务。如传送的是计算机数据，则分别是公用计算机网络和专用计算机网络。

3. 用来把用户接入到互联网的网络

这种网络就是**接入网** AN (Access Network)，它又称为**本地接入网**或**居民接入网**。这是一类比较特殊的计算机网络。我们在前面的 1.2.2 节已经介绍了用户必须通过本地 ISP 才能接入到互联网。本地 ISP 可以使用多种接入网技术把用户的端系统连接到互联网。接入网实际上就是本地 ISP 所拥有的网络，它既不是互联网的核心部分，也不是互联网的边缘部分。接入网由某个端系统连接到本地 ISP 的第一个路由器（也称为边缘路由器）之间的一些物理链路所组成。从覆盖的范围看，其长度在几百米到几千米之间。很多接入网还是属于局域网。从作用上看，接入网只是起到让用户能够与互联网连接的"桥梁"作用。在互联网发展初期，用户多用电话线拨号接入互联网，速率很低（每秒几千比特到几十千比特），因此那时并没有使用接入网这个名词。直到最近，由于出现了多种宽带接入技术，宽带接入网才成为互联网领域中的一个热门课题。我们将在第 2 章 2.6 节讨论宽带接入技术。

1.6　计算机网络的性能指标

性能指标从不同的方面来度量计算机网络的性能。下面介绍常用的 7 个性能指标。

1. 速率

我们知道，计算机发送的信号都是数字形式的。**比特**(bit)来源于 binary digit，意思是一个"**二进制数字**"，因此一个比特就是二进制数字中的一个 1 或 0。比特也是信息论中使用的**信息量的单位**。网络技术中的**速率**指的是**数据的传送速率**，它也称为**速率**(data rate)或**比特率**(bit rate)。速率是计算机网络中最重要的一个性能指标。速率的单位是 bit/s（比特每秒）（或 b/s，有时也写为 bps，即 bit per second）。当速率较高时，就常常在 bit/s 的前面加上一个字母。例如，k (kilo) = 10^3 = 千，M (Mega) = 10^6 = 兆，G (Giga) = 10^9 = 吉，T (Tera) = 10^{12} = 太，P (Peta) = 10^{15} = 拍，E (Exa) = 10^{18} = 艾，Z (Zetta) = 10^{21} = 泽，Y (Yotta) = 10^{24} = 尧[①]。这样，4×10^{10} bit/s 的速率就记为 40 Gbit/s。现在人们在谈到网络速率时，常省略速率单位中应

[①] 注：在计算机领域，数的计算使用二进制。因此习惯上，千 = K = 2^{10} = 1024，兆 = M = 2^{20}，吉 = G = 2^{30}，太 = T = 2^{40}，拍 = P = 2^{50}，艾 = E = 2^{60}，泽 = Z = 2^{70}，尧 = Y = 2^{80}。此外，计算机中的数据量往往用字节 B 作为度量的单位（B 代表 byte）。通常 1 B = 8 bit。例如，15 GB 数据块的大小是 $15 \times 2^{30} \times 8$ bit，而不是 $15 \times 10^9 \times 8$ bit。但 10 Gbit/s 的速率则表示 10×10^9 bit/s。在计算机领域中，所有的这些单位都使用大写字母，但在通信领域中，只有"1000"使用小写"k"，其余的也都用大写。请注意，也有的书不这样严格区分，大写 K 既可表示 1000，又可表示 1024，因此这时要特别小心，不要弄错。

有的 bit/s，而使用不太正确的说法，如"40 G 的速率"。另外要注意的是，当提到网络的速率时，往往指的是**额定速率**或**标称速率**，而并非网络实际上运行的速率。

2. 带宽

"带宽"(bandwidth)有以下两种不同的意义：

(1) 带宽本来是指某个**信号具有的**频带宽度。信号的带宽是指该信号所包含的各种不同频率成分所占用的频率范围。例如，在传统的通信线路上传送的电话信号的标准带宽是 3.1 kHz（从 300 Hz 到 3.4 kHz，即话音的主要成分的频率范围）。这种意义的带宽的单位是赫（或千赫、兆赫、吉赫等）。在过去很长的一段时间，通信的主干线路传送的是模拟信号（即连续变化的信号）。因此，表示某信道允许通过的信号频带范围就称为该信道的**带宽**（或**通频带**）。

(2) 在计算机网络中，带宽用来表示网络中某**通道**传送数据的能力，因此网络带宽表示在单位时间内网络中的某信道所能通过的"**最高速率**"。在本书中提到"带宽"时，主要是指这个意思。这种意义的**带宽的单位**就是**速率的单位 bit/s，是"比特每秒"**。

在"带宽"的上述两种表述中，前者为**频域**称谓，而后者为**时域**称谓，其本质是相同的。也就是说，一条通信链路的"带宽"越宽，其所能传输的"最高速率"也越高。

3. 吞吐量

吞吐量(throughput)表示在单位时间内通过某个网络（或信道、接口）的实际数据量。吞吐量更经常地用于对现实世界中的网络的一种测量，以便知道实际上到底有多少数据量能够通过网络。显然，吞吐量受网络带宽或网络额定速率的限制。例如，对于一个 1 Gbit/s 的以太网，就是说其额定速率是 1 Gbit/s，那么这个数值也是该以太网的吞吐量的绝对上限值。因此，对 1 Gbit/s 的以太网，其实际的吞吐量可能只有 100 Mbit/s，甚至更低，并没有达到其额定速率。请注意，有时吞吐量还可用每秒传送的字节数或帧数来表示。

接入到互联网的主机的实际吞吐量，取决于互联网的具体情况。假定主机 A 和服务器 B 接入到互联网的链路速率分别是 100 Mbit/s 和 1 Gbit/s。如果互联网的各链路的容量都足够大，那么当 A 和 B 交换数据时，其吞吐量显然应当是 100 Mbit/s。这是因为，尽管服务器 B 能够以超过 100 Mbit/s 的速率发送数据，但主机 A 最高只能以 100 Mbit/s 的速率接收数据。现在假定有 100 个用户同时连接到服务器 B（例如，同时观看服务器 B 发送的视频节目）。在这种情况下，服务器 B 连接到互联网的链路容量被 100 个用户平分，每个用户平均只能分到 10 Mbit/s 的带宽。这时，主机 A 连接到服务器 B 的吞吐量就只有 10 Mbit/s 了。

最糟糕的情况就是如果互联网的某处发生了严重的拥塞，则可能导致主机 A 暂时收不到服务器发来的视频数据，因而使主机 A 的吞吐量下降到零！主机 A 的用户或许会想，我已经向运营商的 ISP 交了速率为 100 Mbit/s 的宽带接入费用，怎么现在不能保证这个速率呢？其实你交的宽带费用，只是保证了从你家里到运营商 ISP 的某个路由器之间的数据传输速率。再往后的速率就取决于整个互联网的流量分布了，这是任何单个用户都无法控制的。了解这一点，对理解互联网的吞吐量是有帮助的。

4. 时延

时延(delay 或 latency)是指数据（一个报文或分组，甚至比特）从网络（或链路）的一端传送到另一端所需的时间。时延是个很重要的性能指标，它有时也称为**延迟**或**迟延**。

需要注意的是，网络中的时延是由以下几个不同的部分组成的：

(1) **发送时延**　发送时延(transmission delay)是主机或路由器发送数据帧所需要的时间，也就是从发送数据帧的第一个比特算起，到该帧的最后一个比特发送完毕所需的时间。因此发送时延也叫作**传输时延**（我们尽量不采用传输时延这个名词，因为它很容易和下面要讲到的传播时延弄混）。发送时延的计算公式是：

$$发送时延 = \frac{数据帧长度(bit)}{发送速率(bit/s)} \tag{1-1}$$

由此可见，对于一定的网络，发送时延并非固定不变，而是与发送的帧长（单位是比特）成正比，与发送速率成反比。

(2) **传播时延** 传播时延(propagation delay)是电磁波在信道中传播一定的距离需要花费的**时间**。传播时延的计算公式是：

$$传播时延 = \frac{信道长度(m)}{电磁波在信道上的传播速率(m/s)} \tag{1-2}$$

电磁波在自由空间的传播速率是光速，即 3.0×10^5 km/s。电磁波在网络传输媒体中的传播速率比在自由空间要略低一些：在铜线电缆中的传播速率约为 2.3×10^5 km/s，在光纤中的传播速率约为 2.0×10^5 km/s。例如，1000 km 长的光纤线路产生的传播时延大约为 5 ms。

以上两种时延有本质上的不同。但只要理解这两种时延发生的地方就不会把它们弄混。发送时延发生在机器内部的发送器中（一般发生在网络适配器中，见第 3 章 3.3.1 节），**与传输信道的长度（或信号传送的距离）没有任何关系**。但传播时延则发生在机器外部的传输信道媒体上，而与信号的发送速率无关。**信号传送的距离越远，传播时延就越大**。可以用一个简单的比喻来说明。假定有 10 辆车按顺序从公路收费站入口出发到相距 50 千米的目的地。再假定每一辆车过收费站要花费 6 秒，而车速是每小时 100 千米。现在可以算出这 10 辆车从收费站到目的地总共要花费的时间：发车时间共需 60 秒（相当于网络中的发送时延），在公路上的行车时间需要 30 分钟（相当于网络中的传播时延）。因此从第一辆车到收费站开始计算，到最后一辆车到达目的地为止，总共花费的时间是二者之和，即 31 分钟。

下面还有两种时延也需要考虑，但比较容易理解。

(3) **处理时延** 主机或路由器在收到分组时要花费一定的时间进行处理，例如分析分组的首部、从分组中提取数据部分、进行差错检验或查找转发表等，这就产生了处理时延。

(4) **排队时延** 分组在经过网络传输时，要经过许多路由器。但分组在进入路由器后要先在输入队列中排队等待处理。在路由器确定了转发接口后，还要在输出队列中排队等待转发。这就产生了排队时延。排队时延的长短往往取决于网络当时的通信量。当网络的通信量很大时会发生队列溢出，使分组丢失，这相当于排队时延为无穷大。

这样，数据在网络中经历的总时延就是以上四种时延之和：

$$总时延 = 发送时延 + 传播时延 + 处理时延 + 排队时延 \tag{1-3}$$

一般说来，小时延的网络要优于大时延的网络。在某些情况下，一个低速率、小时延的网络很可能要优于一个高速率但大时延的网络。

图 1-12 画出了这几种时延所产生的地方，希望读者能够更好地分清这几种时延。

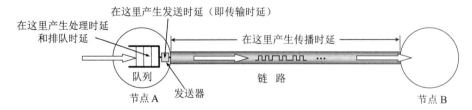

图 1-12　几种时延产生的地方不一样

必须指出，在总时延中，究竟是哪一种时延占主导地位，必须具体分析。下面举个例子。

现在我们暂时忽略处理时延和排队时延①。假定有一个长度为 100 MB 的数据块（这里的 M 显然不是指 10^6 而是指 2^{20}。B 是字节，1 字节 = 8 比特）。在带宽为 1 Mbit/s 的信道上（这里的 M 显然是 10^6）连续发送（即发送速率为 1 Mbit/s），其发送时延是

$$100 \times 2^{20} \times 8 \div 10^6 = 838.9 \text{ s}$$

现在把这个数据块用光纤传送到 1000 km 远的计算机。由于在 1000 km 的光纤上的传播时延约为 5 ms，因此在这种情况下，发送 100 MB 的数据块的总时延 = 838.9 + 0.005 ≈ 838.9 s。可见对于这种情况，发送时延决定了总时延的数值。

如果我们把发送速率提高到 100 倍，即提高到 100 Mbit/s，那么总时延就变为 8.389 + 0.005 = 8.394 s，缩小到原有数值的 1/100。

但是，并非在任何情况下，提高发送速率就能减小总时延。例如，要传送的数据仅有 1 个字节（如键盘上键入的一个字符，共 8 bit）。当发送速率为 1 Mbit/s 时，发送时延是

$$8 \div 10^6 = 8 \times 10^{-6} \text{ s} = 8 \text{ μs}$$

若传播时延仍为 5 ms，则总时延为 5.008 ms。在这种情况下，传播时延决定了总时延。如果我们把速率提高到 1000 倍（即将数据的发送速率提高到 1 Gbit/s），不难算出，总时延基本上仍是 5 ms，并没有明显减小。这个例子告诉我们，不能笼统地认为："数据的发送速率越高，其传送的总时延就越小"。这是因为数据传送的总时延是由公式(1-3)右端的四项时延组成的，不能仅考虑发送时延一项。

如果上述概念没有弄清楚，就很容易产生这样错误的概念："在高速链路（或高带宽链路）上，比特会传送得更快些"。但这是不对的。我们知道，汽车在路面质量很好的高速公路上可明显地提高行驶速率。**然而对于高速网络链路，我们提高的仅仅是数据的发送速率而不是比特在链路上的传播速率**。荷载信息的电磁波在通信线路上的传播速率（这是光速的数量级）取决于通信线路的介质材料，而与数据的发送速率并无关系。**提高数据的发送速率只是减小了数据的发送时延**。还有一点也应当注意，就是数据的发送速率的单位是每秒发送多少个比特，这是指在**某个点**或**某个接口**上的发送速率。而传播速率的单位是每秒传播多少千米，是指在**某一段传输线路上**比特的传播速率。因此，通常所说的"光纤信道的传输速率高"是指可以用很高的速率向光纤信道发送数据，而光纤信道的传播速率实际上比铜线的传播速率还要略低一点。这是因为经过测量得知，光在光纤中的传播速率约为每秒 20.5 万千米，它比电磁波在铜线（如 5 类线）中的传播速率（每秒 23.1 万千米）略低一些。

上述的重要概念请读者务必弄清。

5. 利用率

利用率有信道利用率和网络利用率两种。信道利用率指出某信道有百分之几的时间是被利用的（有数据通过）。完全空闲的信道的利用率是零。网络利用率则是全网络的信道利用率的加权平均值。信道利用率并非越高越好。这是因为，根据排队论的理论，当某信道的利用率增大时，该信道引起的时延会迅速增加。这和高速公路的情况有些相似。当高速公路上的车流量很大时，由于在公路上的某些地方会出现堵塞，因此行车所需的时间就会变长。网络也有类似的情况。当网络的通信量很小时，网络产生的时延并不大。但在网络通信量不断增大的情况下，由于分组在网络节点（路由器或节点交换机）进行处理时需要排队等候，因此网络引起的时延就会增大。如果令 D_0 表示网络空闲时的时延，D 表示网络当前的时延（设现在的网络利用率为 U），那么在适当的假定条件下，可以用下面的简单公式(1-4)来表示 D 与 D_0 以及利用

---

① 注：当计算机网络中的通信量过大时，网络中的许多路由器的处理时延和排队时延将会大大增加，因而处理时延和排队时延有可能在总时延中占据主要成分。这时整个网络的性能就变差了。

率 U 之间的关系：

$$D = \frac{D_0}{1-U} \qquad (1\text{-}4)$$

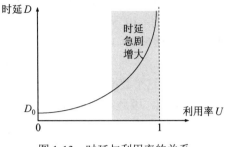

图 1-13 时延与利用率的关系

这里 U 是网络利用率，数值在 0 到 1 之间。当网络利用率达到其容量的 1/2 时，时延就要加倍。特别值得注意的就是：当网络利用率接近最大值 1 时，网络产生的时延就趋于无穷大。因此我们必须有这样的概念：**信道利用率或网络利用率过高就会产生非常大的时延**。图 1-13 给出了上述概念的示意图。因此，一些拥有较大主干网的 ISP 通常会控制信道利用率不超过 50%。如果超过了就要准备扩容，增大线路的带宽。

1.7 计算机网络体系结构

在计算机网络的基本概念中，分层次的**体系结构**（或架构）是最基本的。计算机网络体系结构的抽象概念较多，在学习时要多思考。这些概念对后面的学习很有帮助。

1.7.1 计算机网络体系结构的形成

计算机网络是一个非常复杂的系统。为了说明这一点，可以设想一种最简单的情况：连接在网络上的两台计算机要互相传送文件。

显然，在这两台计算机之间必须有一条传送数据的通路。但这还远远不够。至少还有以下几项工作需要去完成：

(1) 发起通信的计算机必须发出一些信令，保证要传送的计算机数据能在这条通路上正确发送和接收。

(2) 告诉网络如何识别接收数据的计算机。

(3) 发起通信的计算机必须查明对方计算机是否已开机，并且与网络连接正常。

(4) 发起通信的计算机中的应用程序必须弄清楚，在对方计算机中的文件管理程序是否已做好接收文件和存储文件的准备工作。

(5) 若计算机的文件格式不兼容，则至少其中一台计算机应完成格式转换功能。

(6) 对出现的各种差错和意外事故，如数据传送错误、重复或丢失，网络中某个节点交换机出现故障等，应当有可靠的措施保证对方计算机最终能够收到正确的文件。

还可以列举一些要做的其他工作。由此可见，相互通信的两个计算机系统必须高度协调工作才行，而这种"协调"是相当复杂的。为了设计这样复杂的计算机网络，早在最初的 ARPANET 设计时即提出了分层的方法。"分层"可将庞大而复杂的问题，转化为若干较小的局部问题，而这些较小的局部问题就比较易于研究和处理。

1974 年，美国的 IBM 公司宣布了**系统网络体系结构** SNA (System Network Architecture)。这个著名的网络标准就是按照分层的方法制定的。不久后，其他一些公司也相继推出自己公司的具有不同名称的体系结构。现在用 IBM 大型机构建的专用网络仍在使用 SNA。

不同的网络体系结构出现后，使用同一个公司生产的各种设备都能够很容易地互连成网。这种情况显然有利于一个公司垄断市场。但由于网络体系结构的不同，不同公司的设备很难互相连通。

然而，全球经济的发展使得不同网络体系结构的用户迫切要求能够互相交换信息。为了使不同体系结构的计算机网络都能互连，国际标准化组织 ISO 于 1977 年成立了专门机构研究该问题。他们提出了一个试图使各种计算机在世界范围内互连成网的标准框架，即著名的**开放系统互连基本参考模型** OSI/RM (Open Systems Interconnection Reference Model)，简称为 OSI。OSI/RM 是个抽象的概念。在 1983 年形成了开放系统互连基本参考模型的正式文件，即所谓的七层协议的体系结构。

OSI 试图达到一种理想境界，即全球计算机网络都遵循这个统一标准，因而全球的计算机将能够很方便地进行互连和交换数据。在 20 世纪 80 年代，许多大公司甚至一些国家的政府机构纷纷表示支持 OSI。当时看来似乎在不久的将来全世界一定会按照 OSI 制定的标准来构造自己的计算机网络。然而到了 20 世纪 90 年代初期，虽然整套的 OSI 国际标准都已经制定出来了，但由于基于 TCP/IP 的互联网已抢先在全球相当大的范围成功地运行了，而与此同时却几乎找不到有哪个厂家生产出符合 OSI 标准的商用产品。因此人们得出这样的结论：OSI 只获得了一些理论研究的成果，但在市场化方面则事与愿违地失败了。现今规模最大的、覆盖全球的、基于 TCP/IP 的互联网并未使用 OSI 标准。OSI 失败的原因可归纳为：

(1) OSI 的专家们缺乏实际经验，他们在完成 OSI 标准时缺乏商业驱动力；

(2) OSI 的协议实现起来过分复杂，而且运行效率很低；

(3) OSI 标准的制定周期太长，因而使得按 OSI 标准生产的设备无法及时进入市场；

(4) OSI 的层次划分不太合理，有些功能在多个层次中重复出现。

按照一般的概念，网络技术和设备只有符合有关的国际标准才能大范围地获得工程上的应用。但现在情况却反过来了。得到最广泛应用的不是**法律上的国际标准** OSI，而是非国际标准 TCP/IP。这样，TCP/IP 就常被称为**事实上的国际标准**。从这种意义上说，能够占领市场的就是标准。在过去制定标准的组织中往往以专家、学者为主。但现在许多公司都纷纷加入各种标准化组织，使得技术标准具有浓厚的商业气息。一个新标准的出现，有时不一定反映其技术水平是最先进的，而是往往有着一定的市场背景。

1.7.2 协议与划分层次

在计算机网络中要做到有条不紊地交换数据，就必须遵守一些事先约定好的规则。**这些规则明确规定了所交换的数据的格式以及有关的同步问题**。这里所说的同步不是狭义的（即同频或同频同相）而是广义的，即在一定的条件下应当发生什么事件（例如，应当发送一个应答信息），因而**同步含有时序的意思**。这些**为进行网络中的数据交换而建立的规则、标准或约定**称为**网络协议**(network protocol)。

网络协议是计算机网络不可缺少的组成部分。实际上，只要我们想让连接在网络上的另一台计算机做点什么事情（例如，从网络上的某台主机下载文件），都需要有协议。但是当我们经常在自己的个人电脑上进行文件存盘操作时，就**不需要任何网络协议**，除非这个用来存储文件的磁盘是网络上的某个文件服务器的磁盘。

协议通常有两种不同的形式。一种是使用便于人来阅读和理解的文字描述。另一种是使用让计算机能够理解的程序代码。这两种不同形式的协议都必须能够对网络上的信息交换过程做出精确的解释。

ARPANET 的研制经验表明，对于非常复杂的计算机网络协议，其结构应该是层次式的。我们可以举一个简单的例子来说明划分层次的概念。

现在假定我们在主机 1 和主机 2 之间通过一个通信网络传送文件。这是一项比较复杂的工作，因为需要做不少的工作。

我们可以将要做的工作划分为三类。第一类工作与传送文件直接有关。例如，发送端的文件传送应用程序应当确信接收端的文件管理程序已做好接收和存储文件的准备。若两台主机所用的文件格式不一样，则至少其中的一台主机应完成文件格式的转换。这两项工作可用一个文件传送模块来完成。这样，两台主机可将文件传送模块作为最高的一层（如图 1-14 所示）。在这两个模块之间的虚线表示两台主机系统交换文件和一些有关文件交换的命令。

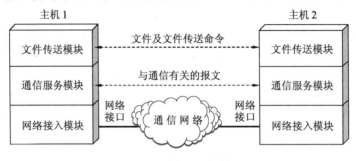

图 1-14　划分层次举例

但是，我们并不想让文件传送模块完成全部工作的细节，这样会使文件传送模块过于复杂。可以再设立一个通信服务模块，用来保证文件和文件传送命令可靠地在两个系统之间交换。也就是说，让位于上面的文件传送模块利用下面的通信服务模块所提供的服务。我们还可以看出，如果将位于上面的文件传送模块换成电子邮件模块，那么电子邮件模块同样可以利用在它下面的通信服务模块所提供的可靠通信的服务。

同理，我们可以再构造一个网络接入模块，让这个模块负责做与网络接口细节有关的工作，并向上层提供服务，使上面的通信服务模块能够完成可靠通信的任务。

从上述的简单例子可以更好地理解分层能带来很多好处，如：

(1) **各层之间是独立的**。某一层并不需要知道它的下一层是如何实现的，而仅仅需要知道该层通过层间的接口（即界面）所提供的服务。由于每一层只实现一种相对独立的功能，因而可将一个难以处理的复杂问题分解为若干个较容易处理的更小一些的问题。这样，整个问题的复杂程度就下降了。

(2) **灵活性好**。当任何一层发生变化时（例如由于技术的变化），只要层间接口关系保持不变，那么在这层以上或以下各层均不受影响。此外，对某一层提供的服务还可进行修改。当不再需要某层提供的服务时，甚至可以将这层取消。

(3) **结构上可分割开**。各层都可以采用最合适的技术来实现。

(4) **易于实现和维护**。这种结构使得实现和调试一个庞大而又复杂的系统变得更加容易，因为整个系统已被分解为若干个相对独立的子系统。

(5) **能促进标准化工作**。因为每一层的功能及其所提供的服务都已有了精确的说明。

分层时应注意使每一层的功能非常明确。若层数太少，就会使每一层的协议太复杂；但层数太多又会在描述和综合各层功能的系统工程任务时遇到较多的困难。通常各层所要完成的功能主要有以下一些（可以只包括一种，也可以包括多种）：

① **差错控制**　使相应层对等方的通信更加可靠。
② **流量控制**　发送端的发送速率必须使接收端来得及接收，不要太快。
③ **分段和重装**　发送端将要发送的数据块划分为更小的单位，在接收端将其还原。
④ **复用和分用**　发送端几个高层会话复用一条低层的连接，在接收端再进行分用。
⑤ **连接建立和释放**　交换数据前先建立一条逻辑连接，数据传送结束后释放连接。

分层当然也有一些缺点，例如，有些功能会在不同的层次中重复出现，因而产生额外开销。

计算机网络的各层及其协议的集合就是网络的**体系结构**(architecture)。换一种说法，**计算机网络的体系结构就是这个计算机网络及其构件所应完成的功能的精确定义**。需要强调的是：这些功能究竟是用何种硬件或软件完成的，则是一个遵循这种体系结构的**实现**(implementation)的问题。体系结构的英文名词 architecture 的原意是建筑学或建筑的设计和风格。它和一个具体的建筑物的概念很不相同。例如，我们可以走进一个明代的建筑物中，但却不能走进一个明代的建筑风格之中。同理，我们也不能把一个具体的计算机网络视为一个抽象的网络体系结构。总之，**体系结构是抽象的，而实现则是具体的，是真正在运行的计算机硬件和软件**。

1.7.3 具有五层协议的体系结构

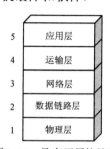

图 1-15 具有五层协议计算机网络体系结构

OSI 的七层协议体系结构的概念清楚，理论也较完整，但它既复杂又不实用。TCP/IP 体系结构则不同，它现在得到了非常广泛的应用。TCP/IP 是一个四层的体系结构，它包含应用层、运输层、网际层和链路层（网络接口层）。用网际层这个名字是强调本层解决不同网络的互连问题。从实质上讲，TCP/IP 只有最上面的三层，因为最下面的链路层并没有属于 TCP/IP 体系的具体协议。链路层所使用的各种局域网标准，并非由 IETF 而是由 IEEE 的 802 委员会下属的各工作组负责制定的。在讲授计算机网络原理时往往采取另外的办法，即综合 OSI 和 TCP/IP 的优点，采用如图 1-15 所示的五层协议的体系结构，这对阐述计算机网络的原理是十分方便的。

现在结合互联网的情况，自上而下地、非常简要地介绍一下各层的主要功能。实际上，只有认真学习完本书各章的协议后才能真正弄清各层的作用。

(1) 应用层(application layer)

应用层是体系结构中的最高层。应用层的任务是**通过应用进程间的交互来完成特定网络应用**。应用层协议定义的是**应用进程间通信和交互的规则**。这里的**进程**就是指主机中**正在运行的程序**。对于不同的网络应用需要有不同的应用层协议。互联网中的应用层协议很多，如域名系统 DNS、支持万维网应用的协议 HTTP、支持电子邮件的协议 SMTP，等等。我们把应用层交互的数据单元称为**报文**(message)。

(2) 运输层(transport layer)

运输层的任务就是负责向**两台主机中进程之间的通信**提供**通用的数据传输**服务。应用进程利用该服务传送应用层报文。所谓"通用的"，是指并不针对某个特定网络应用，而是多种应用可以使用同一个运输层服务。由于一台主机可同时运行多个进程，因此运输层有复用和分用的功能。复用就是多个应用层进程可同时使用下面运输层的服务，分用和复用相反，是运输层把收到的信息分别交付给上面应用层中的相应进程。

运输层主要使用以下两种协议：

- **传输控制协议 TCP** (Transmission Control Protocol)——提供面向连接的、可靠的数据传输服务，其数据传输的单位是**报文段**(segment)。

- **用户数据报协议 UDP** (User Datagram Protocol)——提供无连接的**尽最大努力** (best-effort)的数据传输服务（不保证数据传输的可靠性），其数据传输的单位是**用户数据报**。

顺便指出，现在很多人愿意把这一层称为**传输层**，因为这一层的重要协议 TCP 的 T 是传输的意思。但互联网标准 RFC 1122 采用的名词是 Transport 而不是 Transmission，因此本书采用"运输层"作为 Transport 的译名可能较为准确。

(3) 网络层(network layer)

网络层负责为分组交换网上的不同**主机**提供通信服务。在发送数据时，网络层把运输层产生的报文段或用户数据报封装成**分组**或**包**进行传送。在 TCP/IP 体系中，由于网络层使用协议 IP，因此分组也叫作 **IP 数据报**，或简称为**数据报**。**本书把"分组"和"数据报"作为同义词使用**。

请注意：不要将运输层的"用户数据报协议 UDP"和网络层的"IP 数据报"弄混。此外，**无论在哪一层传送的数据单元，都可笼统地用"分组"来表示**。

网络层的具体任务有两个。第一个任务是通过一定的算法，在互联网中的每一个路由器上生成一个用来转发分组的转发表。第二个任务较为简单，就是每一个路由器在接收到一个分组时，依据转发表中指明的路径把分组转发到下一个路由器。这样就可以使源主机运输层所传下来的分组，能够通过合适的路由最终到达目的主机。

这里要强调指出，网络层中的"**网络**"二字，已不是我们通常谈到的具体网络，而是在计算机网络体系结构模型中的第 3 层的名称。

互联网是由大量的**异构**(heterogeneous)网络通过**路由器**(router)相互连接起来的。互联网使用的网络层协议是无连接的**网际协议** IP (Internet Protocol)和许多种路由选择协议，因此互联网的网络层也叫作**网际层**或 **IP 层**。在本书中，网络层、网际层和 IP 层都是同义语。

(4) 数据链路层(data link layer)

数据链路层常简称为**链路层**。我们知道，两台主机之间的数据传输，总是在一段一段的链路上传送的，这就需要使用专门的链路层的协议。在两个相邻节点之间传送数据时，数据链路层将网络层交下来的 IP 数据报**组装成帧**(framing)，在两个相邻节点间的链路上传送**帧**(frame)。每一帧包括数据和必要的**控制信息**（如同步信息、地址信息、差错控制信息等）。

在接收数据时，控制信息使接收端能够知道一个帧从哪个比特开始和到哪个比特结束。这样，数据链路层在收到一个帧后，就可从中提取出数据部分，上交给网络层。

控制信息还使接收端能够检测到所收到的帧中有无差错。如发现有差错，数据链路层就简单地**丢弃**这个出了差错的帧，以免继续在网络中传送下去白白浪费网络资源。如果需要改正数据在数据链路层传输时出现的差错（这就是说，数据链路层不仅要检错，而且要纠错），那么就要采用可靠传输协议来纠正出现的差错。这种方法会使数据链路层的协议复杂些。

(5) 物理层(physical layer)

在物理层上所传数据的单位是**比特**。发送方发送 1（或 0）时，接收方应当收到 1（或 0）而不是 0（或 1）。因此物理层要考虑用多大的电压代表"1"或"0"，以及接收方如何识别出发送方所发送的比特。物理层还要确定连接电缆的插头应当有多少个引脚以及各引脚应如何连接。当然，解释比特代表的意思，不是物理层的任务。请注意，传递信息所利用的一些物理传输媒体，如双绞线、同轴电缆、光缆、无线信道等，并不在物理层协议之内，而是在物理层协议的下面。因此也有人把物理层下面的物理传输媒体当作第 0 层。

在互联网所使用的各种协议中，最重要的和最著名的就是 TCP 和 IP 两个协议。现在人们经常提到的 TCP/IP 并不一定单指 TCP 和 IP 这两个具体的协议，而往往表示互联网所使用的整个 **TCP/IP 协议族**(protocol suite)[①]。

图 1-16 说明的是应用进程的数据在各层之间的传递过程中所经历的变化。这里为简单起见，假定两台主机通过一台路由器连接起来。

---

① 注：请注意 suite 这个词的特殊读音/swi:t/，不要读错。

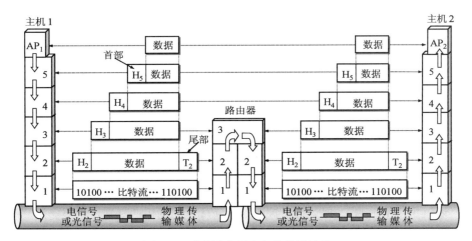

图 1-16　数据在各层之间的传递过程

假定主机 1 的应用进程 AP_1 向主机 2 的应用进程 AP_2 传送数据。AP_1 先将其数据交给本主机的第 5 层（应用层）。第 5 层加上必要的控制信息 H_5 就变成了下一层的数据单元。第 4 层（运输层）收到这个数据单元后，加上本层的控制信息 H_4，再交给第 3 层（网络层），成为第 3 层的数据单元。以此类推。不过到了第 2 层（数据链路层）后，控制信息被分成两部分，分别加到本层数据单元的首部（H_2）和尾部（T_2）；而第 1 层（物理层）由于是比特流的传送，所以不再加上控制信息。请注意，传送比特流时应从首部开始传送。

OSI 参考模型把对等层之间传送的数据单元称为该层的**协议数据单元 PDU**(Protocol Data Unit)。这个名词现已被许多非 OSI 标准采用。

当这一串的比特流离开主机 1 经网络的物理传输媒体传送到路由器时，就从路由器的第 1 层依次上升到第 3 层。每一层都根据控制信息进行必要的操作，然后将控制信息剥去，将该层剩下的数据单元上交给更高的一层。当分组上升到第 3 层（网络层）时，就根据首部中的目的地址查找路由器中的转发表，找出转发分组的接口，然后往下传送到第 2 层，加上新的首部和尾部后，再到最下面的第 1 层，然后在物理传输媒体上把每一个比特发送出去。

当这一串的比特流离开路由器到达目的站主机 2 时，就从主机 2 的第 1 层按照上面讲过的方式，依次上升到第 5 层。最后，把应用进程 AP_1 发送的数据交给目的站的应用进程 AP_2。

可以用一个简单例子来比喻上述过程。有一封信从最高层向下传。每经过一层就包上一个新的信封，写上必要的地址信息。包有多个信封的信件传送到目的站后，从第 1 层起，每层拆开一个信封后就把信封中的信交给它的上一层。传到最高层后，取出发信人所发的信交给收信人。

虽然应用进程数据要经过如图 1-16 所示的复杂过程才能送到终点的应用进程，但这些复杂过程对用户屏蔽掉了，以致应用进程 AP_1 觉得好像是直接把数据交给了应用进程 AP_2。同理，任何两个同样的层（例如在两个系统的第 4 层）之间，也好像如同图 1-17 中的水平虚线所示的那样，把数据（即数据单元加上控制信息）通过水平虚线直接传递给对方。这就是所谓的"**对等层**"(peer layers)之间的通信。我们以前经常提到的各层协议，实际上就是在各个对等层之间传递数据时的各项规定。

在文献中也还可以见到术语"**协议栈**"(protocol stack)。这是因为几个层画在一起很像一个**栈**(stack)的结构。

1.7.4　实体、协议、服务和服务访问点

当研究开放系统中的信息交换时，往往使用**实体**(entity)这一较为抽象的名词表示**任何可发**

送或接收信息的硬件或软件进程。在许多情况下，实体就是一个特定的软件模块。

协议是控制两个对等实体（或多个实体）进行通信的规则的集合。协议的语法方面的规则定义了所交换的信息的格式，而协议的语义方面的规则就定义了发送者或接收者所要完成的操作，例如，在何种条件下，数据必须重传或丢弃。

在协议的控制下，两个对等实体间的通信使得本层能够向上一层提供服务。要实现本层协议，还需要使用下面一层所提供的服务。

一定要弄清楚，协议和服务在概念上是很不一样的。

首先，协议的实现保证了能够向上一层提供服务。**使用本层服务的实体只能看见服务而无法看见下面的协议。**也就是说，**下面的协议对上面的实体是透明的。**

其次，**协议是"水平的"**，即协议是控制对等实体之间通信的规则。但**服务是"垂直的"**，即服务是由下层向上层通过层间接口提供的。另外，并非在一个层内完成的全部功能都称为服务。只有那些能够被高一层实体**"看得见"**的功能才能称之为"服务"。

在同一系统中相邻两层的实体进行交互（即交换信息）的地方，通常称为**服务访问点 SAP** (Service Access Point)。服务访问点 SAP 是一个抽象的概念，它实际上就是一个逻辑接口，有点像邮政信箱（可以把邮件放入信箱和从信箱中取走邮件），但这种层间的逻辑接口和两个设备之间的硬件接口（并行的或串行的）是不一样的。

计算机网络的协议还有一个很重要的特点，就是协议必须把**所有**不利的条件事先都估计到，而**不能假定一切都是正常的和非常理想的。**例如，两个朋友在电话中约好，下午 3 时在某公园门口碰头，并且约定"不见不散"。这就是一个很不科学的协议，因为任何一方临时有急事来不了而又无法通知对方时（如对方的电话或手机都无法接通），则另一方按照协议就必须永远等待下去。因此，看一个计算机网络协议是否正确，不能只看在正常情况下是否正确，还必须**非常仔细地检查协议能否应付任何一种出现概率极小的异常情况。**

下面是一个有关网络协议的非常著名的例子。

【例 1-1】 占据东、西两个山顶的蓝军 1 和蓝军 2 与驻扎在山谷的白军作战。其力量对比是：单独的蓝军 1 或蓝军 2 打不过白军，但蓝军 1 和蓝军 2 协同作战则可战胜白军。现蓝军 1 拟于次日正午向白军发起攻击。于是用计算机发送电文给蓝军 2。但通信线路很不好，电文出错或丢失的可能性较大（没有电话可使用）。因此要求收到电文的友军必须送回一个确认电文。但此确认电文也可能出错或丢失。试问能否设计出一种协议使得蓝军 1 和蓝军 2 能够实现协同作战因而一定（即 100 %而不是 99.999…%）取得胜利？

【解】 蓝军 1 先发送："拟于明日正午向白军发起攻击。请协同作战和确认。"

假定蓝军 2 收到电文后发回了确认。

然而现在蓝军 1 和蓝军 2 都不敢下决心进攻。因为，蓝军 2 不知道此确认电文对方是否正确地收到了。如未正确收到，则蓝军 1 必定不敢贸然进攻。在此情况下，自己单方面发起进攻就肯定要失败。因此，必须等待蓝军 1 发送"对确认的确认"。

假定蓝军 2 收到了蓝军 1 发来的确认。但蓝军 1 同样关心自己发出的确认是否已被对方正确地收到。因此还要等待蓝军 2 的"对确认的确认的确认"。

这样无限循环下去，蓝军 1 和蓝军 2 都始终无法确定自己最后发出的电文对方是否已经收到（如图 1-17 所示）。因此，在本例题给出的条件下，没有一种协议可以使蓝军 1 和蓝军 2 能够 100%地确保胜利。

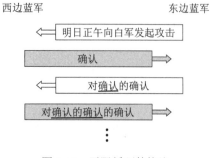

图 1-17　无限循环的协议

这个例子告诉我们，看似非常简单的协议，设计起来要考虑的问题还是比较多的。

1.7.5 TCP/IP 的体系结构

前面已经说过，TCP/IP 的体系结构比较简单，它只有四层。图 1-18 为这种四层协议表示方法举例。

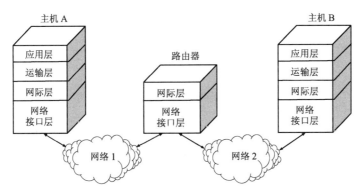

图 1-18　TCP/IP 四层协议的表示方法举例

还有另一种方法用来表示 TCP/IP 协议族（如图 1-19 所示），它的特点是上下两头大而中间小：应用层和网络接口层都有多种协议，而中间的 IP 层很小，上层的各种协议都向下汇聚到一个协议 IP 中。这种很像沙漏计时器形状的 TCP/IP 协议族表明：IP 层可以支持多种运输层协议（虽然这里只画出了最主要的两种），而不同的运输层协议上面又可以有多种应用层协议（所谓的 everything over IP），同时协议 IP 也可以在多种类型的网络上运行（所谓的 IP over everything）。正因为如此，互联网才会发展到今天的这种全球规模。从图 1-19 不难看出 IP 协议在互联网中的核心作用。

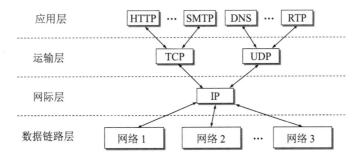

图 1-19　沙漏计时器形状的 TCP/IP 协议族示意

实际上，图 1-19 还反映出互联网的一个十分重要的设计理念，这就是网络的核心部分越简单越好，把一切复杂的部分让网络的边缘部分去实现。

【例 1-2】　利用协议栈的概念，说明在互联网中常用的客户–服务器工作方式。

【解】　图 1-20 中的主机 A 和主机 B 都各有自己的协议栈。主机 A 中的应用进程（即客户进程）的位置在最高的应用层。这个客户进程向主机 B 应用层的服务器进程发出请求，请求建立连接（图中的❶）。然后，主机 B 中的服务器进程接受 A 的客户进程发来的请求（图中的❷）。所有这些通信，实际上都需要使用下面各层所提供的服务。但若仅仅考虑客户进程和服务器进程的交互，则可把它们之间的交互看成图 1-20 中的水平虚线所示的那样。

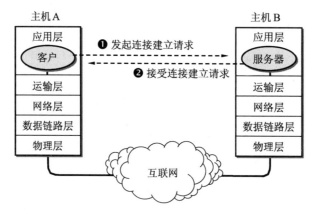

图 1-20　在应用层的客户进程和服务器进程的交互

图 1-21 画出了三台主机的协议栈。主机 C 的应用层中同时有两个服务器进程在通信。服务器 1 在和主机 A 中的客户 1 通信，而服务器 2 在和主机 B 中的客户 2 通信。有的服务器进程可以同时向几百个或更多的客户进程提供服务。

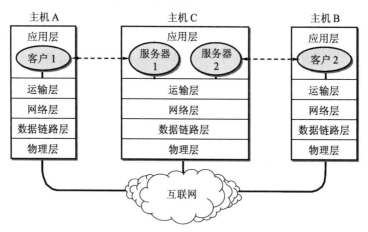

图 1-21　主机 C 的两个服务器进程分别向 A 和 B 的客户进程提供服务

本章的重要概念

- 计算机网络（可简称为网络）把许多计算机连接在一起，而互连网则把许多网络连接在一起，是网络的网络。

- 以小写字母 i 开始的 internet（互连网）是通用名词，它泛指由多个计算机网络互连而成的网络。在这些网络之间的通信协议（即通信规则）可以是任意的。

- 以大写字母 I 开始的 Internet（互联网）是专用名词，它指当前全球最大的、开放的、由众多网络相互连接而成的特定计算机网络，并采用 TCP/IP 协议族作为通信规则，且其前身是美国的 ARPANET。Internet 的推荐译名是"因特网"，但很少被使用。

- 互联网现在采用存储转发的分组交换技术以及三层 ISP 结构。

- 互联网按工作方式可划分为边缘部分与核心部分。主机在网络的边缘部分，其作用是进行信息处理。路由器在网络的核心部分，其作用是按存储转发方式进行分组交换。

- 计算机通信是计算机中的进程（即运行着的程序）之间的通信。计算机网络采用的通信方式是客户–服务器方式和对等连接方式（P2P 方式）。

- 客户和服务器都是指通信中所涉及的应用进程。客户是服务请求方，服务器是服务提供方。
- 按作用范围的不同，计算机网络分为广域网 WAN、城域网 MAN、局域网 LAN 和个人区域网 PAN。
- 计算机网络最常用的性能指标是：速率、带宽、吞吐量、时延（发送时延、传播时延、处理时延、排队时延）和信道（或网络）利用率。
- 网络协议即协议，是为进行网络中的数据交换而建立的规则。计算机网络的各层及其协议的集合，称为网络的体系结构。
- 五层协议的体系结构由应用层、运输层、网络层（或网际层）、数据链路层和物理层组成。运输层最重要的协议是 TCP 和 UDP，而网络层最重要的协议是协议 IP。

习题

1-01　计算机网络可以向用户提供哪些服务？

1-02　试简述分组交换的要点。

1-03　试从多个方面比较电路交换、报文交换和分组交换的主要优缺点。

1-04　为什么说互联网是自印刷术发明以来人类在存储和交换信息领域的最大变革？

1-05　互联网基础结构的发展大致分为哪几个阶段？请指出这几个阶段最主要的特点。

1-06　简述互联网标准制定的几个阶段。

1-07　小写和大写开头的英文名字 internet 和 Internet 在意思上有何重要区别？

1-08　计算机网络都有哪些类别？各种类别的网络都有哪些特点？

1-09　计算机网络中的主干网和本地接入网的主要区别是什么？

1-10　互联网的两大组成部分（边缘部分与核心部分）的特点是什么？它们的工作方式各有什么特点？

1-11　客户-服务器方式与 P2P 对等通信方式的主要区别是什么？有没有相同的地方？

1-12　计算机网络有哪些常用的性能指标？

1-13　假定网络的利用率达到了 90%。试估算一下现在的网络时延是它的最小值的多少倍？

1-14　收发两端之间的传输距离为 1000 km，信号在媒体上的传播速率为 2×10^8 m/s。试计算以下两种情况的发送时延和传播时延：

(1) 数据长度为 10^7 bit，数据发送速率为 100 kbit/s。

(2) 数据长度为 10^3 bit，数据发送速率为 1 Gbit/s。

从以上计算结果可得出什么结论？

1-15　假设信号在媒体上的传播速率为 2.3×10^8 m/s。媒体长度 l 分别为：

(1) 10 cm（网络接口卡）

(2) 100 m（局域网）

(3) 100 km（城域网）

(4) 5000 km（广域网）

现在连续传送数据，速率分别为 1 Mbit/s 和 10 Gbit/s。试计算每一种情况下在媒体中的比特数。（提示：媒体中的比特数实际上无法使用仪表测量。本题是假想我们能够看见媒体中正在传播的比特，能够给媒体中的比特拍个快照。媒体中的比特数取决于媒体的长度和速率。）

1-16　网络体系结构为什么要采用分层次的结构？试举出一些与分层体系结构的思想相似的日常生活的例子。

1-17　协议与服务有何区别？有何关系？

1-18 为什么一个网络协议必须把各种不利的情况都考虑到？

1-19 试述具有五层协议的网络体系结构的要点，包括各层的主要功能。

1-20 试举出日常生活中有关"透明"这一名词的例子。

1-21 试解释以下名词：协议栈、实体、对等层、协议数据单元、服务访问点、客户、服务器、客户-服务器方式。

1-22 试解释 everything over IP 和 IP over everything 的含义。

第2章 物 理 层

本章首先讨论物理层的基本概念。然后介绍有关数据通信的重要概念，以及各种传输媒体的主要特点，但传输媒体本身并不属于物理层的范围。在讨论几种常用的信道复用技术后，对数字传输系统进行简单介绍。最后再讨论几种常用的宽带接入技术。

对于已具备一些必要的通信基础知识的读者，可以跳过本章的许多部分的内容。

本章最重要的内容是：

(1) 物理层的任务。

(2) 几种常用的信道复用技术。

(3) 几种常用的宽带接入技术，重点是 FTTx。

2.1　物理层的基本概念

首先要强调指出，物理层考虑的是怎样才能在连接各种计算机的传输媒体上传输数据比特流，而不是具体的传输媒体。大家知道，现有的计算机网络中的硬件设备和传输媒体的种类非常繁多，而通信手段也有许多不同方式。物理层的作用正是要尽可能地屏蔽掉这些传输媒体和通信手段的差异，使物理层上面的数据链路层感觉不到这些差异，这样就可使数据链路层只需要考虑如何完成本层的协议和服务，而不必考虑网络具体的传输媒体和通信手段是什么。用于物理层的协议也常称为物理层**规程**(procedure)。其实物理层规程就是物理层协议。只是在"协议"这个名词出现之前人们就先使用了"规程"这一名词。

可以将物理层的主要任务描述为确定与传输媒体的接口有关的一些特性，即：

(1) **机械特性**　　指明接口所用接线器的形状和尺寸、引脚数目和排列、固定和锁定装置等。平时常见的各种规格的接插件都有严格的标准化的规定。

(2) **电气特性**　　指明在接口电缆的各条线上出现的电压的范围。

(3) **功能特性**　　指明某条线上出现的某一电平的电压的意义。

(4) **过程特性**　　指明对于不同功能的各种可能事件的出现顺序。

大家知道，数据在计算机内部多采用并行传输方式。但数据在通信线路（传输媒体）上的传输方式一般都是**串行传输**（这是出于经济上的考虑），即逐个比特按照时间顺序传输。因此物理层还要完成传输方式的转换。

具体的物理层协议种类较多。这是因为物理连接的方式很多（例如，可以是点对点的，也可以采用多点连接或广播连接），而传输媒体的种类也非常之多（如架空明线、双绞线、对称电缆、同轴电缆、光缆，以及各种波段的无线信道等）。因此在学习物理层时，应将重点放在掌握基本概念上。

考虑到使用本教材的一部分读者可能没有学过"接口与通信"或有关数据通信的课程，因此我们利用下面的 2.2 节简单地介绍一下有关现代通信的一些最基本的知识和最重要的结论（不给出证明）。已具有这部分知识的读者可略过这部分内容。

2.2 数据通信的基础知识

2.2.1 数据通信系统的模型

下面我们通过一个最简单的例子来说明数据通信系统的模型。这个例子就是两台计算机经过普通电话机的连线，再经过公用电话网进行通信。

如图 2-1 所示，一个数据通信系统可划分为三大部分，即**源系统**（或发送端、发送方）、**传输系统**（或传输网络）和**目的系统**（或接收端、接收方）。

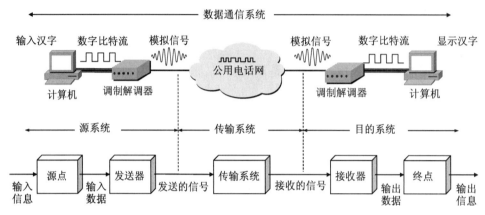

图 2-1 数据通信系统的模型

源系统一般包括以下两个部分：

- **源点**(source) 源点设备产生要传输的数据，例如，从计算机的键盘输入汉字，计算机产生输出的数字比特流。源点又称为**源站**或**信源**。
- **发送器** 通常源点生成的数字比特流要通过发送器编码后才能够在传输系统中进行传输。典型的发送器就是调制器。现在很多计算机使用内置的调制解调器（包含调制器和解调器），用户在计算机外面看不见调制解调器。

目的系统一般包括以下两个部分：

- **接收器** 接收传输系统传送过来的信号，并把它转换为能够被目的设备处理的信息。典型的接收器就是解调器，它把来自传输线路上的模拟信号进行解调，提取出在发送端置入的消息，还原出发送端产生的数字比特流。
- **终点**(destination) 终点设备从接收器获取传送来的数字比特流，然后把信息输出（例如，把汉字在计算机屏幕上显示出来）。终点又称为**目的站**或**信宿**。

在源系统和目的系统之间的传输系统可以是简单的传输线，也可以是连接在源系统和目的系统之间的复杂网络系统。

图 2-1 所示的数据通信系统，也可以说是计算机网络。这里我们使用数据通信系统这个名词，主要是为了从通信的角度来介绍数据通信系统中的一些要素，而有些数据通信系统的要素在计算机网络中可能就不去讨论它们了。

下面我们先介绍一些常用术语。

通信的目的是传送**消息**(message)。话音、文字、图像、视频等都是消息。**数据**(data)是运送消息的实体，是使用特定方式表示的信息，通常是有意义的符号序列。这种信息的表示可用计算机或其他机器（或人）处理或产生。**信号**(signal)则是数据的电气或电磁的表现。

根据信号中代表消息的参数的取值方式不同，信号可分为以下两大类：

(1) **模拟信号**，或**连续信号**——代表消息的参数的取值是连续的。例如在图 2-1 中，用户家中的调制解调器到电话端局之间的用户线上传送的就是模拟信号。

(2) **数字信号**，或**离散信号**——代表消息的参数的取值是离散的。例如在图 2-1 中，用户家中的计算机到调制解调器之间或在电话网中继线上传送的就是数字信号。在使用时间域（或简称为时域）的波形表示数字信号时，代表不同离散数值的基本波形就称为**码元**[①]。在使用二进制编码时，只有两种不同的码元，一种代表 0 状态而另一种代表 1 状态。

下面我们介绍有关信道的几个基本概念。

2.2.2 有关信道的几个基本概念

在许多情况下，我们要使用"**信道**(channel)"这一名词。信道和电路并不等同。信道一般都是用来表示向某一个方向传送信息的媒体。因此，一条通信电路往往包含一条发送信道和一条接收信道。

从通信的双方信息交互的方式来看，可以有以下三种基本方式：

(1) **单向通信**   又称为**单工通信**，即只能有一个方向的通信而没有反方向的交互。无线电广播或有线电广播以及电视广播就属于这种类型。

(2) **双向交替通信**   又称为**半双工通信**，即通信的双方都可以发送信息，但不能双方同时发送（当然也就不能同时接收）。这种通信方式是一方发送另一方接收，过一段时间后可以再反过来。

(3) **双向同时通信**   又称为**全双工通信**，即通信的双方可以同时发送和接收信息。

单向通信只需要一条信道，而双向交替通信或双向同时通信则需要两条信道（每个方向各一条）。显然，双向同时通信的传输效率最高。

来自信源的信号常称为**基带信号**（即基本频带信号）。像计算机输出的代表各种文字或图像文件的数据信号都属于基带信号。基带信号往往包含较多的低频分量，甚至有直流分量，而许多信道并不能传输这种低频分量或直流分量。为了解决这一问题，就必须对基带信号进行**调制**(modulation)。

调制可分为两大类。一类是仅仅对基带信号的波形进行变换，使它能够与信道特性相适应。变换后的信号仍然是基带信号。这类调制称为**基带调制**。由于基带调制是把数字信号转换为另一种形式的数字信号，因此大家更愿意把该过程称为**编码**(coding)。另一类调制则需要使用**载波**(carrier)进行调制，把基带信号的频率范围搬移到较高的频段，并转换为模拟信号，这样就能够更好地在模拟信道中传输。经过载波调制后的信号称为**带通信号**（即仅在一段频率范围内能够通过信道），而使用载波的调制称为**带通调制**。

最基本的调制方法有：

- **调幅**(AM)，即载波的振幅随基带数字信号而变化。例如，0 或 1 分别对应于无载波或有载波输出。
- **调频**(FM)，即载波的频率随基带数字信号而变化。例如，0 或 1 分别对应于频率 f_1 或 f_2。
- **调相**(PM)，即载波的初始相位随基带数字信号而变化。例如，0 或 1 分别对应于相位 $0°$ 或 $180°$。

为了达到更高的信息传输速率，必须采用技术上更为复杂的多元制的振幅相位混合调制方

---

① 注：一个码元所携带的信息量不是固定的，而是由调制方式和编码方式决定的。

法。例如，**正交振幅调制 QAM (Quadrature Amplitude Modulation)**。

有了上述的一些基本概念之后，我们再讨论信道的极限容量。

2.2.3 信道的极限容量

几十年来，通信领域的学者一直在努力寻找提高数据传输速率的途径。这个问题很复杂，因为任何实际的信道都不是理想的，都不可能以任意高的速率进行传送。我们知道，数字通信的优点就是：虽然信号在信道上传输时会不可避免地产生失真，但在接收端只要我们从失真的波形中能够识别出原来的信号，那么这种失真对通信质量就可视为无影响。例如，图 2-2(a)表示信号通过实际的信道传输后虽然有失真，但在接收端还可识别并恢复出原来的码元。但图 2-2(b)就不同了，这时信号的失真已很严重，在接收端无法识别码元是 1 还是 0。码元传输的速率越高、信号传输的距离越远、噪声干扰越大或传输媒体质量越差，在接收端的波形的失真就越严重。

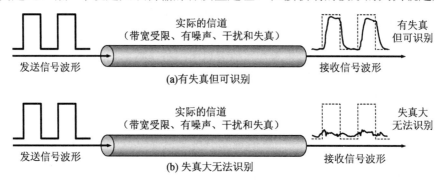

图 2-2　数字信号通过实际的信道

简单来说，提高数据在信道上的传输速率可以从以下两个方面着手。

首先，要使用性能更好的传输媒体。例如，现在广泛使用的光缆就是很好的传输媒体，信号经过光缆的传输后，只产生极少的差错。

其次，使用先进的调制技术可以使信号传输的距离增大，同时也可以在同样大的噪声干扰下，减小出现差错的概率。

但不管采用怎样好的传输媒体和怎样先进的调制技术，数据传输速率总是受限的，不可能任意地提高，否则就会出现较多的差错。

2.3 物理层下面的传输媒体

传输媒体也称为传输介质或传输媒介，它就是数据传输系统中在发送器和接收器之间的物理通路。传输媒体可分为两大类，即**导引型传输媒体**和**非导引型传输媒体**（这里的"导引型"的英文就是 guided，也可译为"导向传输媒体"）。在导引型传输媒体中，电磁波被导引沿着固体媒体（铜线或光纤）传播；而非导引型传输媒体就是指自由空间，在非导引型传输媒体中电磁波的传输常称为无线传输。图 2-3 是电信领域使用的电磁波的频谱。

2.3.1 导引型传输媒体

1. 双绞线

双绞线也称为双扭线，是最古老但又是最常用的传输媒体。把两根互相绝缘的铜导线并排放在一起，然后用规则的方法**绞合(twist)**起来就构成了双绞线。绞合可减少对相邻导线的电磁干扰。使用双绞线最多的地方就是到处都有的电话系统。几乎所有的电话都用双绞线连接到电话交换机。这段从用户电话机到交换机的双绞线称为**用户线**或**用户环路(subscriber loop)**。通常将一定数量的这种双绞线捆成电缆，在其外面包上护套。

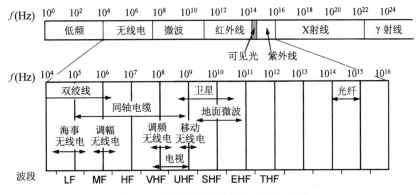

图 2-3　电信领域使用的电磁波的频谱

当局域网问世后，人们就研究怎样把原来用于传送话音信号的双绞线用来传送计算机网络中的高速数据。在传送高速数据的情况下，为了提高双绞线抗电磁干扰的能力以及减少电缆内不同双绞线对之间的串扰，可以采用增加双绞线的绞合度以及增加电磁屏蔽的方法。于是在市场上就陆续出现了多种不同类型的双绞线，可以使用在各种不同的情况下。

无屏蔽双绞线 UTP (Unshielded Twisted Pair)（图 2-4(a)）的价格较便宜。当数据的传送速率提高时，可以采用**屏蔽双绞线** STP (Shielded Twisted Pair)。如果是对整条双绞线电缆进行屏蔽，则标记为 F/UTP，F 表示 Foiled，表明采用铝箔屏蔽层（图 2-4(b)）。若采用铜编织层进行屏蔽，则记为 S/UTP，S 表示 braid Screen。这种电缆的弹性较好，便于弯曲。图 2-4(c)表示 5 类线具有比 3 类线更高的绞合度（3 类线的绞合长度是 7.5～10 cm，而 5 类线的绞合长度则是 0.6～0.85 cm）。绞合度越高的双绞线能够用越高的速率传送数据。

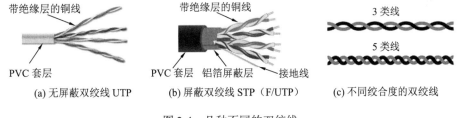

(a) 无屏蔽双绞线 UTP　　　(b) 屏蔽双绞线 STP（F/UTP）　　　(c) 不同绞合度的双绞线

图 2-4　几种不同的双绞线

1991 年，美国电子工业协会 EIA (Electronic Industries Association)和电信行业协会 TIA (Telecommunications Industries Association)联合发布了标准 EIA/TIA-568，其名称是"商用建筑物电信布线标准" (Commercial Building Telecommunications Cabling Standard)。这个标准规定了用于室内以及在建筑物之间传送数据的各种电缆的有关标准。有时，在标准的制定单位前面还加上美国国家标准协会 ANSI (American National Standards Institute)。为了适应技术的发展，每隔数年就要更新一次标准。2017 年颁布的新标准是 ANSI/EIA-568-D，新的标准还包括了连接局域网所用的光缆。在 5 类线问世后就不断研制出具有更高绞合度的双绞线。现在最新的 8 类线的带宽已达到 2000 MHz，可用于 40 吉比特以太网的连接。表 2-1 给出了常用的绞合线的类别、带宽和典型应用。

表 2-1　常用的绞合线的类别、带宽和典型应用

绞合线类别	带宽	线缆特点	典型应用
3	16 MHz	2 对 4 芯双绞线	模拟电话；传统以太网（10 Mbit/s）
5	100 MHz	与 3 类相比增加了绞合度	传输速率 100 Mbit/s（距离 100 m）
5E（超 5 类）	125 MHz	与 5 类相比衰减更小	传输速率 1 Gbit/s（距离 100 m）
6	250 MHz	改善了串扰等性能，可使用屏蔽双绞线	传输速率 10 Gbit/s（距离 35～55 m）
6A	500 MHz	改善了串扰等性能，可使用屏蔽双绞线	传输速率 10 Gbit/s（距离 100 m）
7	600 MHz	必须使用屏蔽双绞线	传输速率超过 10 Gbit/s，距离 100 m
8	2000 MHz	必须使用屏蔽双绞线	传输速率 25 Gbit/s 或 40 Gbit/s，距离 30 m

　　无论是哪种类别的双绞线，衰减都随频率的升高而增大。使用更粗的导线可以减小衰减，但却增加了导线的质量和价格。信号应当有足够大的振幅，以便在噪声干扰下能够在接收端正确地被检测出来。双绞线的最高速率还与数字信号的编码方法有很大的关系。

2. 同轴电缆

　　同轴电缆由内导体铜质芯线（单股实心线或多股绞合线）、绝缘层、网状编织的外导体屏蔽层（也可以是单股的）以及绝缘保护套层所组成（如图 2-5 所示）。由于外导体屏蔽层的作用，同轴电缆具有很好的抗干扰特性，被广泛用于传输较高速率的数据。

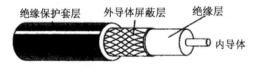

图 2-5　同轴电缆的结构

　　在局域网发展的初期曾广泛地使用同轴电缆作为传输媒体。但随着技术的进步，在局域网领域基本上都采用双绞线作为传输媒体。目前同轴电缆主要用在有线电视网的居民小区中。同轴电缆的带宽取决于电缆的质量。目前高质量的同轴电缆的带宽已接近 1 GHz。

3. 光缆

　　从 20 世纪 70 年代到现在，通信和计算机都发展得非常快。据统计，计算机的运行速度大约每 10 年提高 10 倍。在通信领域里，信息的传输速率则提高得更快，从 20 世纪 70 年代的 56 kbit/s（使用铜线）提高到现在的数百 Gbit/s（使用光纤），并且这个速率还在继续提高。因此，光纤通信成为现代通信技术中的一个十分重要的领域。

　　光纤通信就是利用光导纤维（以下简称为光纤）传递光脉冲来进行通信的。有光脉冲相当于 1，而没有光脉冲相当于 0。由于可见光的频率非常高，约为 10^8 MHz 的量级，因此一个光纤通信系统的传输带宽远远大于目前其他各种传输媒体的带宽。

　　光纤是光纤通信的传输媒体。在发送端有光源，可以采用发光二极管或半导体激光器，它们在电脉冲的作用下能产生出光脉冲。在接收端利用光电二极管做成光检测器，在检测到光脉冲时可还原出电脉冲。

　　光纤通常由非常透明的石英玻璃拉成细丝，主要由纤芯和包层构成双层通信圆柱体。纤芯很细，其直径只有 8～100 μm(1 μm = 10^{-6} m)。光波正是通过纤芯进行传导的。包层较纤芯有较低的折射率。当光线从高折射率的媒体射向低折射率的媒体时，其折射角将大于入射角（如图 2-6 所示）。因此，如果入射角足够大，就会出现全反射，即光线碰到包层时就会折射回纤芯。这个过程不断重复，光就沿着光纤传输下去。

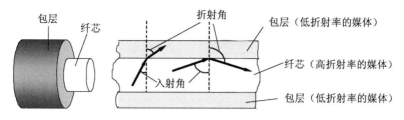

图 2-6　光线在光纤中的折射

图 2-7 画出了光波在纤芯中传输的示意图。现代的生产工艺可以制造出超低损耗的光纤，即做到光线在纤芯中传输数千米而基本上没有什么衰耗。这一点乃是光纤通信得到飞速发展的最关键因素。

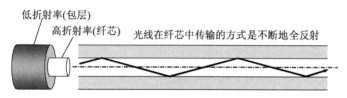

图 2-7　光波在纤芯中的传输示意图

图 2-7 中只画了一条光线。实际上，只要从纤芯中射到纤芯表面的光线的入射角大于某个临界角，就可产生全反射。因此，可以存在多条不同角度入射的光线在一条光纤中传输。这种光纤就称为**多模光纤**（如图 2-8(a)所示）。光脉冲在多模光纤中传输时会逐渐展宽，造成失真。因此多模光纤只适合近距离传输。若光纤的直径减小到几个光波长的量级，则光纤就像一根波导那样，可使光线一直向前传播，而不会产生多次反射。这样的光纤称为单模光纤（如图 2-8(b)所示）。单模光纤的纤芯很细，其直径只有几个微米，制造起来成本较高。同时单模光纤的光源要使用昂贵的半导体激光器，而不能使用较便宜的发光二极管。但单模光纤的衰耗较小，在 100 Gbit/s 的高速率下可传输 100 千米而不必采用中继器。

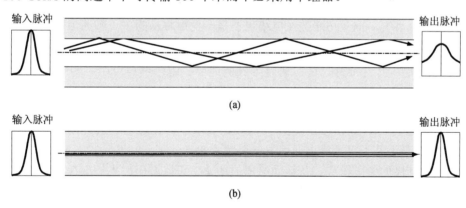

图 2-8　多模光纤(a)和单模光纤(b)的比较

在光纤通信中常用的三个波段的中心分别位于 850 nm, 1300 nm 和 1550 nm[1]。后两种情况的衰减都较小。850 nm 波段的衰减较大，但在此波段的其他特性均较好。所有这三个波段都具有 25000～30000 GHz 的带宽，可见光纤的通信容量非常大。

由于光纤非常细，连包层一起的直径也不到 0.2 mm。因此必须将光纤做成很结实的光缆。一根光缆少则只有一根光纤，多则可包括数十至数百根光纤，再加上加强芯和填充物就可

---

① 注：单位 nm 是"纳米"，即 10^{-9} 米。1310 nm = 1.31 μm。

以大大提高其机械强度。必要时还可放入远供电源线。最后加上包带层和外护套，就可使抗拉强度达到几千克，完全可满足工程施工的强度要求。图 2-9 为四芯光缆剖面的示意图。

光纤不仅具有通信容量非常大的优点，而且还具有以下特点：

(1) 传输损耗小，中继距离长，对远距离传输特别经济。

(2) 抗雷电和电磁干扰性能好。这在有大电流脉冲干扰的环境下尤为重要。

(3) 无串音干扰，保密性好，也不易被窃听或截取数据。

(4) 体积小，质量轻。这在现有电缆管道已拥塞不堪的

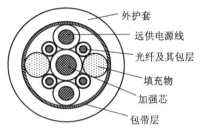

图 2-9　四芯光缆剖面的示意图

情况下特别有利。例如，1 km 长的 1000 对双绞线电缆约重 8000 kg，而同样长度但容量大得多的一对两芯光缆仅重 100 kg。但要把两根光纤精确地连接起来，需要使用专用设备。

由于生产工艺的进步，光纤的价格不断降低，因此现在已经非常广泛地应用在计算机网络、电信网络和有线电视网络的主干网络中。光纤提供了很高的带宽，而且性价比很高，在高速局域网中也使用得很多。例如，2016 年问世的 OM5 光纤（宽带多模光纤）使用短波分复用 SWDM (Short WDM)，可支持 40 Gbit/s 和 100 Gbit/s 的数据传输。

最后要提一下，在导引型传输媒体中，还有一种是**架空明线**（铜线或铁线）。这是在 20 世纪初就已大量使用的方法——在电线杆上架设的互相绝缘的明线。架空明线安装简单，但通信质量差，受气候环境等影响较大。许多国家现在都已停止了铺设架空明线。目前在我国的一些农村和边远地区的通信仍使用架空明线。

2.3.2　非导引型传输媒体

前面介绍了三种导引型传输媒体。但是，若通信线路要通过一些高山或岛屿，有时就很难施工。即使是在城市中，挖开马路敷设电缆也不是一件很容易的事。当通信距离很远时，敷设电缆既昂贵又费时。但利用无线电波在自由空间的传播就可较快地实现多种通信。由于这种通信方式不使用上一节所介绍的各种导引型传输媒体，因此就将自由空间称为"非导引型传输媒体"。

特别要指出的是，由于信息技术的发展，社会各方面的节奏变快了。人们不仅要求能够在运动中进行电话通信（即移动电话通信），而且还要求能够在运动中进行计算机数据通信（俗称上网）。因此在最近几十年无线电通信发展得特别快。

无线传输可使用的频段很广。从前面给出的图 2-3 可以看出，人们现在已经利用了好几个波段进行通信。紫外线和更高的波段目前还不能用于通信。图 2-3 的最下面一行还给出了国际电信联盟 ITU (International Telecommunication Union)对波段取的正式名称。例如，LF 波段的波长为 1～10 km（对应于 30～300 kHz）。LF, MF 和 HF 的中文名字分别是低频、中频(300 kHz～3 MHz)和高频(3～30 MHz)。更高的频段中的 V, U, S 和 E 分别对应于 Very, Ultra, Super 和 Extremely，相应的频段的中文名字分别是**甚高频**(30～300 MHz)、**特高频**(300 MHz～3 GHz)、**超高频**(3～30 GHz)和**极高频**(30～300 GHz)，最高的一个频段中的 T 是 Tremendously，目前尚无标准译名。在低频 LF 的下面其实还有几个更低的频段，如甚低频 VLF、特低频 ULF、超低频 SLF 和极低频 ELF 等，因不用于一般的通信，故未画在图中。

无线电微波通信在当前的数据通信中占有特殊重要的地位。微波的频率范围为 300 MHz～300 GHz

（波长 1 m～1 mm），但主要使用 2～40 GHz 的频率范围。微波在空间主要是直线传播的，由于地球表面是个曲面，因此其传播距离受到限制，一般只有 50 km 左右。但若采用 100 m 高的天线塔，则传播距离可增大到 100 km。微波会穿透电离层而进入宇宙空间，因此它不像短波那样可以经电离层反射传播到地面上很远的地方。

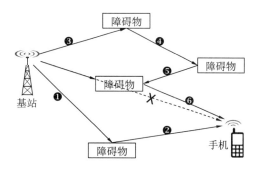

图 2-10　多径效应的影响

在使用微波频段的无线蜂窝通信系统中，有时基站向手机发送的信号被障碍物阻挡了（如图 2-10 中的虚线所示），无法直接到达手机。但基站发出的信号可以经过多个障碍物的数次反射到达手机，如图中所示的 ❶→❷ 和 ❸→❹→❺→❻ 这样的两条路径。多条路径的信号叠加后一般都会产生很大的失真，这就是所谓的**多径效应**，必须设法解决。

短波通信（即高频通信）主要靠电离层的反射。但电离层的不稳定所产生的衰落现象，以及电离层反射所产生的多径效应，使得短波信道的通信质量较差。

当利用无线信道传送数字信号时，必须使误码率（即比特错误率）不大于可容许的范围。

为实现远距离通信必须在一条微波通信信道的两个终端之间建立若干个中继站。中继站把前一站送来的信号经过放大后再发送到下一站，这种通信方式称为"**微波接力**"。大多数长途电话业务使用 4～6 GHz 的频率范围。

常用的卫星通信方法是在地球站之间利用位于约 3.6 万千米高空的人造同步地球卫星作为中继器的一种微波接力通信。对地静止通信卫星就是在太空的无人值守的微波通信的中继站。可见卫星通信的主要优缺点大体上应当和地面微波通信差不多。

卫星通信的最大特点是通信距离远，且通信费用与通信距离无关。同步地球卫星发射出的电磁波能辐射到地球上的通信覆盖区的跨度达 1.8 万千米，面积约占全球的三分之一。只要在地球赤道上空的同步轨道上，等距离地放置 3 颗相隔 120° 的卫星，就能基本上实现全球的通信。

和微波接力通信相似，卫星通信的频带很宽，通信容量很大，信号所受到的干扰也较小，通信比较稳定。为了避免产生干扰，卫星之间相隔如果不小于 2°，那么整个赤道上空只能放置 180 个同步卫星。好在人们发现可以在卫星上使用不同的频段来进行通信。因此总的通信容量资源还是很大的。

卫星通信的另一个特点是具有**较大的传播时延**。由于各地球站的天线仰角并不相同，因此不管两个地球站之间的地面距离是多少（相隔一条街或相隔上万千米），从一个地球站经卫星到另一地球站的传播时延均在 250～300 ms 之间。一般可取为 270 ms。这和其他的通信有较大差别（请注意：这和两个地球站之间的距离没有什么关系）。对比之下，地面微波接力通信链路的传播时延一般取为 3.3 μs/km。

请注意，"卫星信道的传播时延较大"并不等于"用卫星信道传送数据的时延较大"。这是因为传送数据的总时延除了传播时延，还有发送时延、处理时延和排队时延等部分。传播时延在总时延中所占的比例有多大，取决于具体情况。但利用卫星信道进行交互式的网上游戏显然是不合适的。

在十分偏远的地方，或在离大陆很远的海洋中，要进行通信就几乎完全要依赖于卫星通信。卫星通信还非常适合于广播通信，因为它的覆盖面很广。但从安全方面考虑，卫星通信系统的保密性则相对较差。

通信卫星本身和发射卫星的火箭造价都较高。受电源和元器件寿命的限制，同步卫星的使用寿命一般为 10~15 年。卫星地球站的技术较复杂，价格还比较贵。这就使得卫星通信的费用较高。

除上述的同步卫星外，低轨道卫星通信系统（卫星高度在 2000 千米以下）已开始使用。低轨道卫星相对于地球不是静止的，而是不停地围绕地球旋转。目前，大功率、大容量、低轨道宽带卫星已开始在空间部署，并构成了空间高速链路。由于低轨道卫星离地球很近，因此轻便的手持通信设备都能够利用卫星进行通信。这里值得一提的就是美国太空探索技术公司 SpaceX 在 2015 年 1 月提出的"星链"（Starlink）计划。这个计划是要把约 1.2 万颗通信卫星发射到轨道上，并从 2020 年开始工作。在 2019 年 5 月 23 日，"猎鹰 9"运载火箭已成功将"星链"首批 60 颗卫星送入轨道。2016 年 11 月 2 日，中国航天科技集团公司宣布将在 2020 年建成"鸿雁卫星星座通信系统"。2018 年 12 月 29 日，"鸿雁"星座首发星，在我国酒泉卫星发射中心由长征二号丁运载火箭发射成功，并进入预定轨道，标志着"鸿雁"星座的建设全面启动。

从 20 世纪 90 年代起，无线移动通信和互联网一样，得到了飞速的发展。与此同时，使用无线信道的计算机局域网也获得了越来越广泛的应用。我们知道，要使用某一段无线电频谱进行通信，通常必须得到本国政府有关无线电频谱管理机构的许可证。但是，也有一些无线电频段是可以自由使用的（只要不干扰他人在这个频段中的通信），这正好满足计算机无线局域网的需求。图 2-11 给出了美国的 ISM 频段，现在的无线局域网就使用其中的 2.4 GHz 和 5.8 GHz 频段。ISM 是 Industrial, Scientific, and Medical（工业、科学与医药）的缩写，即所谓的"工、科、医频段"。各国的 ISM 标准可能略有差别。

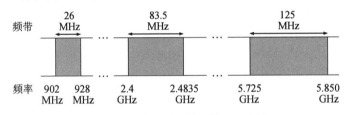

图 2-11　无线局域网使用的 ISM 频段

红外通信、激光通信也使用非导引型媒体，可用于近距离的笔记本电脑间相互传送数据。

2.4　信道复用技术

2.4.1　频分复用、时分复用和统计时分复用

复用(multiplexing)是通信技术中的基本概念。计算机网络中的信道广泛地使用各种复用技术。下面对信道复用技术进行简单的介绍。

图 2-12(a)表示 A_1, B_1 和 C_1 分别使用一个单独的信道与 A_2, B_2 和 C_2 进行通信，总共需要 3 个信道。但如果在发送端使用一个复用器，就可以用一个共享信道传送原来的 3 路信号。在接收端使用分用器，把合起来传输的信息分别送到相应的终点，如图 2-12(b)所示。当然，复用要付出一定代价（共享信道由于带宽较大因而费用也较高，再加上复用器和分用器）。但如果复用的信道数量较大，那么在经济上还是合算的。

最基本的复用就是**频分复用** FDM (Frequency Division Multiplexing)和**时分复用** TDM (Time Division Multiplexing)。频分复用的概念是这样的。例如，有 N 路信号要在一个信道中传送。

可以使用调制的方法，把各路信号分别搬移到适当的频率位置，使彼此不产生干扰，如图 2-13(a)所示。各路信号就在自己所分配到的信道中传送。可见**频分复用的各路信号在同样的时间占用不同的带宽资源**（请注意，这里的"带宽"是频率带宽而不是数据的发送速率）。而时分复用则是将时间划分为一段段等长的时分复用帧（即 TDM 帧）。每一路信号在每一个 TDM 帧中占用固定序号的时隙。为简单起见，在图 2-13(b)中只画出了 4 路信号 A, B, C 和 D。每一路信号所占用的时隙周期性地出现（其周期就是 TDM 帧的长度）。因此 TDM 信号也称为**等时(isochronous)信号**。可以看出，**时分复用的所有用户是在不同的时间占用同样的频带宽度**。这两种复用方法的优点是技术比较成熟，但缺点是不够灵活。时分复用则更有利于数字信号的传输。

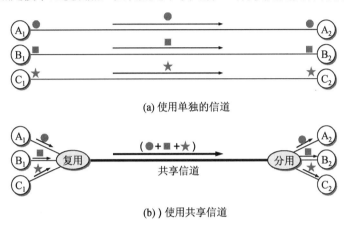

(a) 使用单独的信道

(b)) 使用共享信道

图 2-12　复用的示意图

使用 FDM 或 TDM 的复用技术，可以让多个用户（可以处在不同地点）共享信道资源。例如在图 2-13(a)中的频分信道，可让 N 个用户各使用一个频带，或让更多的用户轮流使用这 N 个频带。这种方式称为频分多址接入 FDMA (Frequency Division Multiple Access)，简称为**频分多址**。在图 2-13(b)中的时分信道，则可让 4 个用户各使用一个时隙，或让更多的用户轮流使用这 4 个时隙。这种方式称为时分多址接入 TDMA (Time Division Multiple Access)，简称为**时分多址**。请注意：FDMA 或 TDMA 中的"MA"表明"多址"，意思是强调这种复用信道可以让多个用户（可以在不同地点）接入进来。而"FD"或"TD"则表示所使用的复用技术是"频分复用"或"时分复用"。但术语 FDM 或 TDM 则说明是在频域还是在时域进行复用，而并不强调复用的信道是用于多个用户还是一个用户。

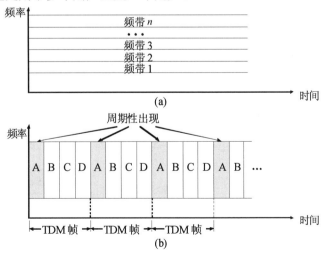

图 2-13　频分复用(a)和时分复用(b)

在使用频分复用时，若每个用户占用的带宽不变，则当复用的用户数增加时，复用后的信道的总带宽就跟着变宽。例如，传统的电话通信中每个标准话路的带宽是 4 kHz（即通信用的 3.1 kHz 加上两边的保护频带），那么若有 1000 个用户进行频分复用，则复用后的总带宽就是 4 MHz。但在使用时分复用时，每个时分复用帧的长度是不变的，始终是 125 μs。若有 1000 个用户进行时分复用，则每一个用户分配到的时隙宽度就是 125 μs 的千分之一，即 0.125 μs，时隙宽度变得非常窄。我们应注意到，时隙宽度非常窄的脉冲信号所占的频谱范围也是非常宽的。

在进行通信时，**复用器**(multiplexer)总是和**分用器**(demultiplexer)成对地使用。在复用器和分用器之间是用户共享的高速信道。分用器的作用正好和复用器的相反，它把高速信道传送过来的数据进行分用，分别送交到相应的用户。

当使用时分复用系统传送计算机数据时，由于计算机数据的突发性质，一个用户对已经分配到的子信道的利用率一般是不高的。当用户在某一段时间暂时无数据传输时（例如用户正在键盘上输入数据或正在浏览屏幕上的信息），那就只能让已经分配到手的子信道空闲着，而其他用户也无法使用这个暂时空闲的线路资源。图 2-14 说明了这一概念。这里假定有 4 个用户 A, B, C 和 D 进行时分复用。复用器按 A→B→C→D 的顺序依次对用户的时隙进行扫描，然后构成一个个时分复用帧。图中共画出了 4 个时分复用帧，每个时分复用帧有 4 个时隙。请注意，在时分复用帧中，每一个用户所分配到的时隙长度缩短了，在本例中，只有原来的 1/4。可以看出，当某用户暂时无数据发送时，在时分复用帧中分配给该用户的时隙只能处于空闲状态，其他用户即使一直有数据要发送，也不能使用这些空闲的时隙。这就导致复用后的信道利用率不高。

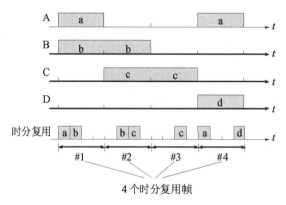

图 2-14　时分复用可能会造成线路资源的浪费

统计时分复用 STDM (Statistic TDM)是一种改进的时分复用，它能明显地提高信道的利用率。**集中器**(concentrator)常使用这种统计时分复用。图 2-15 是统计时分复用的原理图。一个使用统计时分复用的集中器连接 4 个低速用户，然后将其数据集中起来通过高速线路发送到一个远地计算机。

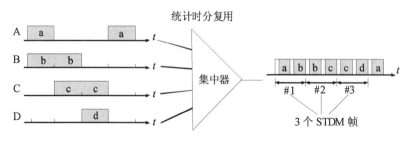

图 2-15　统计时分复用的原理图

统计时分复用使用 STDM 帧来传送复用的数据。但每一个 STDM 帧中的时隙数小于连接在集中器上的用户数。各用户有了数据就随时发往集中器的输入缓存，然后集中器按顺序依次扫描输入缓存，把缓存中的输入数据放入 STDM 帧中。对没有数据的缓存就跳过去。当一个帧的数据放满了，就发送出去。可以看出，STDM 帧不固定分配时隙，而按需动态地分配时隙。因此，统计时分复用可以提高线路的利用率。我们还可看出，在输出线路上，某一个用户所占用的时隙并不是周期性地出现的。因此，统计时分复用又称为**异步时分复用**，而普通的时分复用称为**同步时分复用**。这里应注意的是，虽然统计时分复用的输出线路上的速率小于各输入线路速率的总和，但从**平均的角度来看，这二者是平衡的**。假定所有的用户都不间断地向集中器发送数据，那么集中器肯定无法应付，它内部设置的缓存都将溢出，所以集中器能够正常工作的前提是假定各用户都是间歇地工作的。

由于 STDM 帧中的时隙并不是固定地分配给某个用户的，因此在每个时隙中还必须有用户的地址信息，这是统计时分复用必须有的和不可避免的一些开销。图 2-15 中输出线路上每个时隙之前的短时隙（白色）就用于放入这样的地址信息。使用统计时分复用的集中器也叫作**智能复用器**，它能提供对整个报文的存储转发能力（但大多数复用器一次只能存储一个字符或一个比特），通过排队方式使各用户更合理地共享信道。此外，许多集中器还可能具有路由选择、数据压缩、前向纠错等功能。

最后要强调一下，TDM 帧和 STDM 帧都是在物理层传送的比特流中所划分的帧。这种"帧"和我们以后要讨论的数据链路层的"帧"是完全不同的概念，不可弄混。

2.4.2 波分复用

波分复用 WDM (Wavelength Division Multiplexing)就是**光的频分复用**。光纤技术的应用使得数据的传输速率空前提高。现在人们借用传统的载波电话的频分复用的概念，就能做到使用一根光纤来同时传输多个频率很接近的光载波信号。这样就可使光纤的传输能力成倍地提高。由于光载波的频率很高，因此习惯上用波长而不用频率来表示所使用的光载波。这样就产生了波分复用这一名词。最初，人们只能在一根光纤上复用两路光载波信号。这种复用方式称为**波分复用 WDM**。随着技术的发展，在一根光纤上复用的光载波信号的路数越来越多。现在已能做到在一根光纤上复用几十路或更多路数的光载波信号。于是就使用了**密集波分复用 DWDM** (Dense Wavelength Division Multiplexing)这一名词。例如，每一路的速率是 40 Gbit/s，使用 DWDM 后，如果在一根光纤上复用 64 路，就能够获得 2.56 Tbit/s 的速率。图 2-16 给出了波分复用的概念。

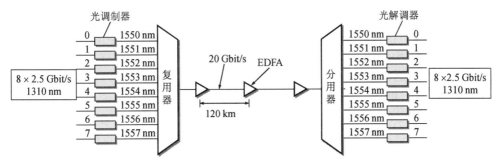

图 2-16　波分复用的概念

图 2-16 表示 8 路传输速率均为 2.5 Gbit/s 的光载波（其波长均为 1310 nm），经光的调制后，分别将波长变换到 1550～1557 nm，每个光载波相隔 1 nm（这里只是为了说明问题的方

便。实际上，对于密集波分复用，光载波的间隔一般是 0.8 nm 或 1.6 nm）。这 8 个波长很接近的光载波经过**光复用器**（波分复用的复用器又称为**合波器**）后，就在一根光纤中传输。因此，在一根光纤上数据传输的总速率就达到了 8 × 2.5 Gbit/s = 20 Gbit/s。但光信号传输了一段距离后就会衰减，因此必须对衰减了的光信号进行放大才能继续传输。现在已经有了很好的**掺铒光纤放大器** EDFA (Erbium Doped Fiber Amplifier)。它是一种光放大器，不需要像以前那样复杂，先把光信号转换成电信号，经过电放大器放大后，再转换成为光信号。EDFA 不需要进行光电转换而直接对光信号进行放大，并且在 1550 nm 波长附近有 35 nm（即 4.2 THz）频带范围，提供较均匀的、最高可达 40~50 dB 的增益。两个光纤放大器之间的光缆线路长度可达 120 km，而**光复用器**和**光分用器**（波分复用的分用器又称为**分波器**）之间的无光电转换的距离可达 600 km（只需放入 4 个 EDFA 光纤放大器）。

在地下铺设光缆是耗资很大的工程。因此人们总是在一根光缆中放入尽可能多的光纤（例如，放入 100 根以上的光纤），然后对每一根光纤使用密集波分复用技术。因此，对于具有 100 根速率为 2.5 Gbit/s 光纤的光缆，采用 16 倍的密集波分复用，得到一根光缆的总速率为 100 × 40 Gbit/s 或 4 Tbit/s。这里的 T 为 10^{12}，中文名词是"太"，即"兆兆"。

现在光纤通信的容量和传输距离还在不断增长。例如，一条从美国弗吉尼亚州横跨大西洋到西班牙的长达 6600 千米的海底光缆 MAREA，在 2018 年 2 月已投入商业运营。这根光缆共有 8 个光纤对，每根光纤的传输速率可达到 26.2 Tbit/s。

2.4.3 码分复用

码分复用 CDM (Code Division Multiplexing)是另一种共享信道的方法。当码分复用信道为多个不同地址的用户所共享时，就称为**码分多址 CDMA** (Code Division Multiple Access)。每一个用户可以在同样的时间使用同样的频带进行通信。由于**各用户使用经过特殊挑选的不同码型，因此各用户之间不会造成干扰**。码分复用最初用于军事通信，因为这种系统发送的信号**有很强的抗干扰能力，其频谱类似于白噪声，不易被敌人发现**。随着技术的进步，CDMA 设备的价格大幅度下降，体积大幅度缩小，因而现在已广泛使用在民用的移动通信中，特别是在无线局域网中。采用 CDMA 可提高通信的话音质量和数据传输的可靠性，减少干扰对通信的影响，增大通信系统的容量（是使用 GSM[①]的 4~5 倍），降低手机的平均发射功率，等等。下面简述其工作原理。

在 CDMA 中，每一个比特时间再划分为 m 个短的间隔，称为**码片**(chip)。通常 m 的值是 64 或 128。在下面的原理性说明中，为了画图简单起见，我们设 m 为 8。

使用 CDMA 的每一个站被指派一个唯一的 m bit **码片序列**(chip sequence)。一个站如果要发送比特 1，则发送它自己的 m bit 码片序列。如果要发送比特 0，则发送该码片序列的二进制反码。例如，指派给 S 站的 8 bit 码片序列是 00011011。当 S 发送比特 1 时，它就发送序列 00011011，而当 S 发送比特 0 时，就发送 11100100。为了方便，我们按惯例将码片中的 0 记为–1，将 1 记为+1。因此 S 站的码片序列是(–1 –1 –1 +1 +1 –1 +1 +1)。

现假定 S 站要发送信息的速率为 b bit/s。由于每一个比特要转换成 m 个比特的码片，因此 S 站实际上发送的速率提高到 mb bit/s，同时 S 站所占用的频带宽度也提高到原来数值的 m 倍。这种通信方式是**扩频**(spread spectrum)通信中的一种。扩频通信通常有两大类。一种是**直接序列扩频 DSSS** (Direct Sequence Spread Spectrum)，如上面讲的使用码片序列就是这一类。

---

① 注：GSM (Global System for Mobile)即全球移动通信系统，是欧洲和我国现在广泛使用的移动通信体制。

另一种是**跳频扩频** FHSS (Frequency Hopping Spread Spectrum)。

现假定有一个 X 站要接收 S 站发送的数据。X 站就必须知道 S 站所特有的码片序列。X 站使用它得到的 S 站码片序列与接收到的未知信号进行专门的运算。结果是：所有其他站的信号都被过滤掉，而只剩下 S 站发送的信号。当 S 站发送比特 1 时，在 X 站计算出的结果是 +1，当 S 站发送比特 0 时，在 X 站计算出的结果是–1。图 2-17 所示为 CDMA 的工作原理。

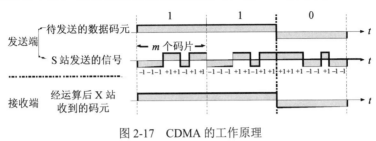

图 2-17　CDMA 的工作原理

2.5　数字传输系统

在早期电话网中，从市话局到用户电话机的用户线采用最廉价的双绞线电缆，而长途干线采用的是频分复用 FDM 的模拟传输方式。由于数字通信与模拟通信相比，无论是传输质量上还是经济上都有明显的优势，目前，长途干线大都采用时分复用 PCM 的数字传输方式。因此，现在的模拟线路就基本上只剩下从用户电话机到市话交换机之间的这一段几千米长的用户线。

现代电信网早已不只有话音这一种业务了，还包括视频、图像和各种数据业务。因此需要一种能承载来自其他各种业务网络数据的传输网络。在数字化的同时，光纤开始成为长途干线最主要的传输媒体。光纤的高带宽适用于承载今天的高速率数据业务（比如视频会议）和大量复用的低速率业务（比如话音）。基于这个原因，当前光纤和要求高带宽传输的技术还在共同发展。早期的数字传输系统存在着许多缺点，其中最主要的是以下两个：

(1) **速率标准不统一**。由于历史的原因，多路复用的速率体系有两个互不兼容的国际标准，北美和日本的 T1 速率（1.544 Mbit/s）和欧洲的 E1 速率（2.048 Mbit/s）。但是再往上的复用，日本又使用了第三种不兼容的标准。这样，国际范围的基于光纤的高速数据传输就很难实现。

(2) **不是同步传输**。在过去相当长的时间，为了节约经费，各国的数字网主要采用**准同步**方式。在准同步系统中，各支路信号的时钟频率有一定的偏差，给时分复用和分用带来许多麻烦。当数据传输的速率很高时，收发双方的时钟同步就成为很大的问题。

为了解决上述问题，美国在 1988 年首先推出了一个数字传输标准，叫作**同步光纤网** SONET (Synchronous Optical Network)。整个同步网络的各级时钟都来自一个非常精确的主时钟（通常采用昂贵的铯原子钟，其精度优于 $\pm 1 \times 10^{-11}$）。SONET 为光纤传输系统定义了同步传输的线路速率等级结构，其传输速率以 51.840 Mbit/s 为基础[①]，大约对应于 T3/E3 的传输速率，此速率对电信号称为第 1 级**同步传送信号**(Synchronous Transport Signal)，即 STS-1；对光信号则称为第 1 级**光载波**(Optical Carrier)，即 OC-1。现已定义了从 51.840 Mbit/s（即 OC-1）一直到 39813.120 Mbit/s（即 OC-768/STS-768）的标准。

---

　　① 注：SONET 规定，SONET 每秒传送 8000 帧（和 PCM 的采样速率一样）。每个 STS-1 帧长为 810 字节，因此 STS-1 的数据率为 $8000 \times 810 \times 8 = 51840000$ bit/s。为了便于表示，通常将一个 STS-1 帧画成 9 行 90 列的字节排列。在这种排列中的每一个字节对应的数据率是 64 kbit/s。一个 STS-n 的帧长就是 STS-1 的帧长的 n 倍，也同样是每秒传送 8000 帧，因此 STS-n 的数据率就是 STS-1 的数据率的 n 倍。

国际电信联盟电信标准化部门 ITU-T 以美国标准 SONET 为基础，制定出国际标准**同步数字系列** SDH (Synchronous Digital Hierarchy)，即 1988 年通过的 G.707～G.709 等三个建议书。到 1992 年又增加了十几个建议书。一般可认为 SDH 与 SONET 是同义词，但其主要不同点是：SDH 的基本速率为 155.520 Mbit/s，称为**第 1 级同步传递模块**(Synchronous Transfer Module)，即 STM-1，相当于 SONET 体系中的 OC-3 速率（见表 2-2）。为方便起见，在谈到 SONET/SDH 的常用速率时，往往不使用速率的精确数值而是使用表中第二列给出的近似值作为简称。

表 2-2　SONET 的 OC 级/STS 级与 SDH 的 STM 级的对应关系

线路速率(Mbit/s)	线路速率的近似值	SONET 符号	ITU-T 符号	相当的话路数（每个话路 64 kbit/s）
51.840	–	OC-1/STS-1	–	810
155.520	155 Mbit/s	OC-3/STS-3	STM-1	2430
622.080	622 Mbit/s	OC-12/STS-12	STM-4	9720
1244.160	–	OC-24/STS-24	STM-8	19440
2488.320	2.5 Gbit/s	OC-48/STS-48	STM-16	38880
4976.640	–	OC-96/STS-96	STM-32	77760
9953.280	10 Gbit/s	OC-192/STS-192	STM-64	155520
39813.120	40 Gbit/s	OC-768/STS-768	STM-256	622080

现在可以在网上查到 OC-1920/STM-640（对应于 100 Gbit/s）和 OC-3840/STM-1234（对应于 200 Gbit/s）的记法，但未见到更多有关应用的报道。

SDH/SONET 定义了标准光信号，规定了波长为 1310 nm 和 1550 nm 的激光源。在物理层定义了帧结构。SDH 的帧结构是以 STM-1 为基础的，更高的等级是用 N 个 STM-1 复用组成 STM-N，如 4 个 STM-1 构成 STM-4，16 个 STM-1 构成 STM-16。

SDH/SONET 标准的制定，使北美、日本和欧洲这三个地区三种不同的数字传输体制在 STM-1 等级上获得了统一。各国都同意将这一速率以及在此基础上的更高的数字传输速率作为国际标准。这是第一次真正实现了数字传输体制上的世界性标准。现在 SDH/SONET 标准已成为公认的新一代理想的传输网体制，因而对世界电信网络的发展具有重大的意义。SDH 标准也适合于微波和卫星传输的技术体制。

2.6　宽带接入技术

在第 1 章中已讲过，用户要连接到互联网，必须先连接到某个 ISP，以便获得上网所需的 IP 地址。在互联网的发展初期，用户都是利用电话的用户线通过调制解调器连接到 ISP 的，经过多年的努力，从电话的用户线接入到互联网的速率最高只能达到 56 kbit/s。为了提高用户的上网速率，近年来已经有多种宽带技术进入用户的家庭。然而目前"宽带"尚无统一的定义。很早以前，有人认为只要接入到互联网的速率远大于 56 kbit/s 就是宽带。后来美国联邦通信委员会 FCC 认为只要双向速率之和超过 200 kbit/s 就是宽带。以后，宽带的标准也不断提高。2015 年 1 月，美国联邦通信委员会 FCC 又对接入网的"宽带"进行了重新定义，将原定的宽带下行速率调整至 25 Mbit/s，原定的宽带上行速率调整至 3 Mbit/s。

从宽带接入的媒体来看，可以划分为两大类。一类是有线宽带接入，而另一类是无线宽带接入。由于无线宽带接入比较复杂，我们将在第 9 章中讨论这个问题。下面我们只限于讨论有线宽带接入。

2.6.1 ADSL 技术

非对称数字用户线 ADSL (Asymmetric Digital Subscriber Line)技术是**用数字技术对现有模拟电话的用户线进行改造**，使它能够承载宽带数字业务。虽然标准模拟电话信号的频带被限制在 300～3400 Hz 的范围内（这是电话局的交换机设置的标准话路频带），但用户线本身实际可通过的信号频率却超过 1 MHz。ADSL 技术把 0～4 kHz 低端频谱留给传统电话使用，而把原来没有被利用的高端频谱留给用户上网使用。ADSL 的 ITU 的标准是 G.992.1（或称 G.dmt，表示它使用 DMT 技术，见后面的介绍）。由于用户当时上网主要是从互联网下载各种文档，而向互联网发送的信息量一般都不太大，因此 ADSL 的下行（从 ISP 到用户）带宽都远远大于上行（从用户到 ISP）带宽。"非对称"这个名词就是这样得出的。

ADSL 的传输距离取决于速率和用户线的线径（用户线越细，信号传输时的衰减就越大）。此外，ADSL 所能得到的最高数据传输速率还与实际的用户线上的信噪比密切相关。

ADSL 在用户线（铜线）的两端各安装一个 ADSL 调制解调器。这种调制解调器的实现方案有许多种。我国采用的方案是**离散多音调 DMT**（Discrete Multi-Tone）调制技术。这里的"多音调"就是"多载波"或"多子信道"的意思。DMT 调制技术采用频分复用的方法，把 40 kHz 以上一直到 1.1 MHz 的高端频谱划分为许多子信道，其中 25 个子信道用于上行信道，而 249 个子信道用于下行信道，并使用不同的载波（即不同的音调）进行数字调制。这种做法相当于在一对用户线上使用许多小的调制解调器**并行地**传送数据。由于用户线的具体条件往往相差很大（距离、线径、受到相邻用户线的干扰程度等都不同），因此 ADSL 采用自适应调制技术使用户线能够传送尽可能高的速率。当 ADSL 启动时，用户线两端的 ADSL 调制解调器就测试可用的频率、各子信道受到的干扰情况，以及在每一段频率上测试信号的传输质量。这样就使 ADSL 能够选择合适的调制方案以获得尽可能高的速率。可见 ADSL **不能保证固定的速率**。对于质量很差的用户线甚至无法开通 ADSL。因此电信局需要定期检查用户线的质量，以保证能够提供向用户承诺的最高的 ADSL 速率。图 2-18 所示为 DMT 技术的频谱分布。

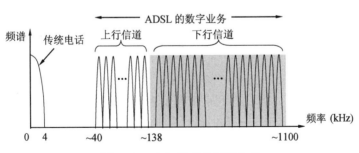

图 2-18　DMT 技术的频谱分布

基于 ADSL 的接入网由以下三大部分组成：**数字用户线接入复用器 DSLAM** (DSL Access Multiplexer)、用户线和用户家中的一些设施（见图 2-19）。数字用户线接入复用器包括许多 ADSL 调制解调器。ADSL 调制解调器又称为**接入端接单元 ATU** (Access Termination Unit)。由于 ADSL 调制解调器必须成对使用，因此把在电话端局（或远端站）和用户家中所用的 ADSL 调制解调器分别记为 ATU-C（C 代表**端局**(Central Office)）和 ATU-R（R 代表**远端**(Remote)）。用户电话通过电话**分离器**(Splitter)和 ATU-R 连在一起，经用户线到端局，并再次经过一个电话分离器把电话连到本地电话交换机。电话分离器是无源的，它利用低通滤波器将电话信号与数字信号分开。将电话分离器做成无源的是为了在停电时不影响传统电话的使用。一个 DSLAM 可支持多达 500～1000 个用户。若按每户 6 Mbit/s 计算，则具有 1000 个端口的 DSLAM（这就需要用 1000 个 ATU-C）应有高达 6 Gbit/s 的转发能力。由于 ATU-C 要使用数字信号处理技术，因此 DSLAM 的价格较高。

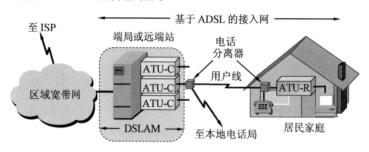

图 2-19 基于 ADSL 的接入网的组成

ADSL 最大的好处就是可以利用现有电话网中的用户线（铜线），而不需要重新布线。有许多老的建筑，电话线都早已存在。但若重新铺设光纤，往往会对原有建筑产生一些损坏。从尽量少损坏原有建筑考虑，使用 ADSL 进行宽带接入就非常合适了。

最后我们要指出，ADSL 借助于在用户线两端安装的 ADSL 调制解调器（即 ATU-R 和 ATU-C）对数字信号进行了调制，使得调制后的数字信号的频谱适合在原来的用户线上传输。用户线本身并没有发生变化，但给用户的感觉是：加上 ADSL 调制解调器的用户线好像能够直接把用户计算机产生的数字信号传送到远方的 ISP。正因为这样，原来的用户线加上两端的调制解调器就变成了可以传送数字信号的数字用户线 DSL。

近年来，高速 DSL 技术的发展又有了新的突破。2011 年 ITU-T 成立了 G.fast 项目组。这个项目组致力于短距离超高速接入新标准的制定，目标是使用单对直径为 0.5 mm 的铜线在 100 m 距离提供 900 Mbit/s 的接入速率，而 200 m 距离的速率为 600 Mbit/s，300 m 距离的速率为 300 Mbit/s。我国的华为公司积极参加了此标准的制定工作，是该标准的主要技术贡献者之一。现在新的建议标准 G.mgfast 已被提出（这里的 mg 表示几个吉比特 Multi-Gigabit 的高速接入），其目标是在近期商用化。

利用电话线进行宽带接入一直是欧洲宽带接入的主流方式。这是因为在欧洲，具有历史意义的古老建筑非常多，而各国政府都已制定了非常严格的保护文物的法律。在受保护的古老建筑的墙上钻洞铺设光缆，在法律上是被严格禁止的。但这些国家的电话普及率很高，进入这些建筑的电话线都早已铺设好了。因此，利用现有电话线（铜线）来实现宽带接入，在欧洲就特别具有现实意义。

在我国，情况有些不同。在建设新的高楼时，就已经把各种电缆的管线位置预留好了。因此，高楼中的用户可以根据自己的需要选择合适的接入方式，因此上述这种超高速的 DSL 接入方式在国内使用得还较少。

2.6.2 光纤同轴混合网（HFC 网）

光纤同轴混合网（HFC 网，HFC 是 Hybrid Fiber Coax 的缩写）是在目前覆盖面很广的有线电视网的基础上开发的一种居民宽带接入网，除可传送电视节目外，还能提供电话、数据和其他宽带交互型业务。最早的有线电视网是树形拓扑结构的同轴电缆网络，它采用模拟技术的频分复用对电视节目进行单向广播传输。但后来有线电视网进行了改造，变成了现在的光纤同轴混合网（HFC网）。使用这种HFC网在北美是主流的宽带接入方式。

为了提高传输的可靠性和电视信号的质量，HFC网把原有线电视网中的同轴电缆主干部分改换为光纤（如图2-20所示）。光纤从头端连接到**光纤节点**(fiber node)。在光纤节点光信号被转换为电信号，然后通过同轴电缆传送到每个用户家庭。从头端到用户家庭所需的放大器数目也就减少到仅4～5个。连接到一个光纤节点的典型用户数是500左右，但不超过2000。

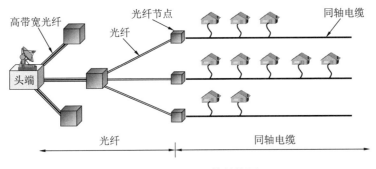

图2-20　HFC网的结构图

光纤节点与头端的典型距离为25 km，而从光纤节点到其用户的距离则不超过2～3 km。

原来的有线电视网的最高传输频率是450 MHz，并且仅用于电视信号的下行传输。但现在的HFC网具有双向传输功能，而且扩展了传输频带。根据有线电视频率配置标准GB/T 17786-1999，目前我国的HFC网的频带划分如图2-21所示。

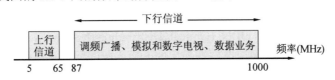

图2-21　我国的HFC网的频带划分

要使现有的模拟电视机能够接收数字电视信号，需要把一个叫作**机顶盒**(set-top box)的设备连接在同轴电缆和用户的电视机之间。但为了使用户能够利用HFC网接入到互联网，以及在上行信道中传送交互数字电视所需的一些信息，我们还需要增加一个为HFC网使用的调制解调器，它又称为**电缆调制解调器**(cable modem)。电缆调制解调器可以做成一个单独的设备（类似于ADSL的调制解调器），也可以做成内置式的，安装在电视机的机顶盒里面。用户只要把自己的计算机连接到电缆调制解调器，就可方便地上网了。

美国的有线电视实验室CableLabs制定的**电缆调制解调器规约** DOCSIS(Data Over Cable Service Interface Specifications)的第一个版本DOCSIS 1.0，已在1998年3月被ITU-T批准为国际标准。后来又有了2001年的DOCSIS 2.0和2006年的DOCSIS 3.0等新的标准。

电缆调制解调器不需要成对使用，而只需安装在用户端。电缆调制解调器比ADSL使用的调制解调器复杂得多，因为它必须解决共享信道中可能出现的冲突问题。在使用ADSL调制解调器时，用户计算机所连接的电话用户线是该用户专用的，因此在用户线上所能达到的最高速率是确定的，与其他ADSL用户是否在上网无关。但在使用HFC的电缆调制解调器时，在同轴电缆这一段用户所享用的最高速率是不确定的，因为某个用户所能享用的速率取决于这段电缆上现在有多少个用户正在传送数据。有线电视运营商往往宣传通过电缆调制解调器上网可以达到比ADSL更高的速率（例如达到10 Mbit/s甚至30 Mbit/s），但只有在很少几个用户上网时才可能会是这样的。若出现大量用户（例如几百个）同时上网，那么每个用户实际的上网速率可能会低到令人难以忍受的程度。

2.6.3 FTTx 技术

由于互联网上已经有了大量的视频信息资源，因此近年来宽带上网的普及率增长得很快。但是为了更快地下载视频文件，以及更加流畅地欣赏网上的各种高清视频节目，尽快地对用户的上网速率进行升级就成为 ISP 的重要任务。从技术上讲，**光纤到户 FTTH (Fiber To The Home)**应当是最好的选择，这也是广大网民最终所向往的。所谓光纤到户，就是把光纤一直铺设到用户家庭。只有在光纤进入用户的家门后，才把光信号转换为电信号。这样做就可以使用户获得最高的上网速率。

现在还有多种宽带光纤接入方式，称为 FTTx，表示 Fiber To The …。这里字母 x 可代表不同的光纤接入地点。实际上，光电进行转换的地方，可以在用户家中（这时 x 就是 H），也可以向外延伸到离用户家门口有一定距离的地方。例如，光纤到路边 FTTC（C 表示 Curb）、光纤到小区 FTTZ（Z 表示 Zone）、光纤到大楼 FTTB（B 表示 Building）、光纤到楼层 FTTF（F 表示 Floor）、光纤到办公室 FTTO（O 表示 Office）、光纤到桌面 FTTD（D 表示 Desk），等等。截至 2019 年 12 月，我国光纤接入 FTTH/O 的用户，已占互联网宽带接入用户总数的92.9%，说明光纤接入已在我国互联网宽带接入中占绝对优势。

其实，信号在陆地上长距离的传输，现在基本上都已经实现了光纤化。在前面所介绍的 ADSL 和 HFC 宽带接入方式中，用于远距离的传输媒体也早都使用了光缆，只是到了临近用户家庭的地方，才转为铜缆（电话的用户线和同轴电缆）。我们知道，一个家庭用户远远用不了一根光纤的通信容量。为了有效地利用光纤资源，在光纤干线和广大用户之间，还需要铺设一段中间的转换装置即**光配线网** ODN (Optical Distribution Network)，使得数十个家庭用户能够共享一根光纤干线。图 2-22 是现在广泛使用的无源光配线网的示意图。"无源"表明在光配线网中无须配备电源，因此基本上不用维护，其长期运营成本和管理成本都很低。无源光配线网常称为**无源光网络** PON (Passive Optical Network)。

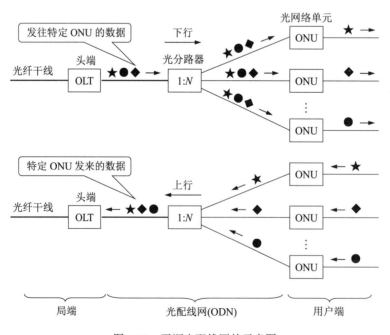

图 2-22　无源光配线网的示意图

在图 2-22 中，**光线路终端** OLT (Optical Line Terminal)是连接到光纤干线的终端设备。OLT 把收到的下行数据发往无源的 $1：N$ **光分路器**(splitter)，然后用广播方式向所有用户端的 **光网络单元** ONU (Optical Network Unit) 发送。典型的光分路器使用分路比是 $1：32$，有时也可以使用多级的光分路器。每个 ONU 根据特有的标识只接收发送给自己的数据，然后转换为电信号发往用户家中。每一个 ONU 到用户家中的距离可根据具体情况来设置，OLT 则给各 ONU 分配适当的光功率。如果 ONU 在用户家中，那就是光纤到户 FTTH 了。

当 ONU 发送上行数据时，先把电信号转换为光信号，光分路器把各 ONU 发来的上行数据汇总后，以 TDMA 方式发往 OLT，而发送时间和长度都由 OLT 集中控制，以便有序地共享光纤主干网。

光配线网采用波分复用，上行和下行分别使用不同的波长。

无源光网络 PON 的种类很多，但最流行的有以下两种，各有其优缺点。

一种是以太网无源光网络 EPON (Ethernet PON)，已在 2004 年 6 月形成了 IEEE 的标准 802.3ah，较新的版本是 802.3ah-2008。EPON 在链路层使用以太网协议，利用 PON 的拓扑结构实现了以太网的接入。EPON 的优点是：与现有以太网的兼容性好，并且成本低，扩展性强，管理方便。

另一种是吉比特无源光网络 GPON (Gigabit PON)，其标准是 ITU 在 2003 年 1 月批准的 ITU-T G.984。之后更新多次，目前较新的是 2010 年的 G.984.7。GPON 采用**通用封装方法** GEM (Generic Encapsulation Method)，可承载多种业务，对各种业务类型都能够提供服务质量保证，总体性能比 EPON 好。GPON 虽成本稍高，但仍是很有潜力的宽带光纤接入技术。

采用光纤接入时，究竟把光网络单元 ONU 放在什么地方，应通过详细的预算对比才能确定。从总的趋势来看，光网络单元 ONU 越来越靠近用户的家庭，因此就有了"光进铜退"的说法。

需要注意的是，目前有些网络运营商所宣传的"光纤到户"，往往并非真正的 FTTH，而是 FTTx，对居民来说就是 FTTB 或 FTTF。有的运营商把这种接入方式叫作"光纤宽带"或"光纤加局域网"，这样可能较为准确。

本章的重要概念

- 物理层的主要任务就是确定与传输媒体的接口有关的一些特性，如机械特性、电气特性、功能特性和过程特性。
- 一个数据通信系统可划分为三大部分，即源系统、传输系统和目的系统。源系统包括源点（或源站、信源）和发送器，目的系统包括接收器和终点（或目的站、信宿）。
- 通信的目的是传送消息。话音、文字、图像、视频等都是消息。数据是运送消息的实体。信号则是数据的电气或电磁的表现。
- 根据信号中代表消息的参数的取值方式不同，信号可分为模拟信号（或连续信号）和数字信号（或离散信号）。代表数字信号不同离散数值的基本波形称为码元。
- 根据双方信息交互的方式，通信可以划分为单向通信（或单工通信）、双向交替通信（或半双工通信）和双向同时通信（或全双工通信）。
- 来自信源的信号叫作基带信号。信号要在信道上传输就要经过调制。调制有基带调制和带通调制之分。最基本的带通调制方法有调幅、调频和调相。还有更复杂的调制方法，如正交振幅调制。
- 要提高数据在信道上的传输速率，可以使用更好的传输媒体，或使用先进的调制技术。但数据传输速率不可能被任意地提高。

- 传输媒体可分为两大类，即导引型传输媒体（双绞线、同轴电缆或光纤）和非导引型传输媒体（无线、红外或大气激光）。
- 常用的信道复用技术有频分复用、时分复用、统计时分复用、码分复用和波分复用（光的频分复用）。
- 最初在数字传输系统中使用的传输标准是脉冲编码调制 PCM。现在高速的数字传输系统使用同步光纤网 SONET（美国标准）或同步数字系列 SDH（国际标准）。
- 用户到互联网的宽带接入方法有非对称数字用户线 ADSL（用数字技术对现有的模拟电话用户线进行改造）、光纤同轴混合网 HFC（在有线电视网的基础上开发的）和 FTTx（即光纤到⋯⋯）。光纤接入在我国的宽带接入中已占绝对优势。
- 为了有效地利用光纤资源，在光纤干线和用户之间广泛使用无源光网络 PON。无源光网络无须配备电源，其长期运营成本和管理成本都很低。最流行的无源光网络是以太网无源光网络 EPON 和吉比特无源光网络 GPON。

习题

2-01 物理层要解决哪些问题？物理层的主要特点是什么？

2-02 规程与协议有什么区别？

2-03 试给出数据通信系统的模型并说明其主要组成构件的作用。

2-04 试解释以下名词：数据、信号、模拟数据、模拟信号、基带信号、带通信号、数字数据、数字信号、码元、单工通信、半双工通信、全双工通信、串行传输、并行传输。

2-05 物理层的接口有哪几个方面的特性？各包含些什么内容？

2-06 常用的传输媒体有哪几种？各有何特点？

2-07 为什么要使用信道复用技术？常用的信道复用技术有哪些？

2-08 试写出下列英文缩写的全称，并进行简单的解释。

FDM，FDMA，TDM，TDMA，STDM，WDM，DWDM，CDMA，SONET，SDH，STM-1，OC-48。

2-10 试比较 ADSL，HFC 以及 FTTx 接入技术的优缺点。

2-11 为什么在 ADSL 技术中，在不到 1 MHz 的带宽中却可以使传送速率高达每秒几个兆比特？

2-12 什么是 EPON 和 GPON？

第 3 章　数据链路层

数据链路层属于计算机网络的低层。数据链路层使用的信道主要有以下两种类型：

(1) **点对点信道**。这种信道使用一对一的点对点通信方式。

(2) **广播信道**。这种信道使用一对多的广播通信方式，因此过程比较复杂。广播信道上连接的主机很多，因此必须使用专用的共享信道协议来协调这些主机的数据发送。

局域网虽然是一个网络，但我们并不把局域网放在网络层中讨论。这是因为在网络层要讨论的问题是多个网络互连的问题，是讨论分组怎样从一个网络，通过路由器，转发到另一个网络。在本章中我们研究的是在同一个局域网中，分组怎样从一台主机传送到另一台主机，但并不经过路由器转发。从整个互联网来看，局域网仍属于数据链路层的范围。

本章首先介绍点对点信道和在这种信道上最常用的点对点协议 PPP。然后再用较大的篇幅讨论共享信道的局域网和有关的协议。关于无线局域网的讨论将在第 9 章中进行。

本章最重要的内容是：

(1) 数据链路层的点对点信道和广播信道的特点，以及这两种信道所使用的协议（PPP 协议以及 CSMA/CD 协议）的特点。

(2) 数据链路层的三个基本问题：封装成帧、透明传输和差错检测。

(3) 以太网 MAC 层的硬件地址。

(4) 适配器、转发器、集线器、以太网交换机的作用以及使用场合。

3.1　使用点对点信道的数据链路层

本节重点讨论使用点对点信道的数据链路层的一些基本问题。其中的某些概念对广播信道也是适用的。

3.1.1　数据链路和帧

我们在这里要明确一下，"链路"和"数据链路"并不是一回事。

所谓**链路**(link)就是从一个节点**到相邻节点**的一段物理线路（有线或无线），而中间没有任何其他的交换节点。在进行数据通信时，两台计算机之间的通信路径往往要经过许多段这样的链路。可见链路只是一条路径的组成部分。

数据链路(data link)则是另一个概念。这是因为当需要在一条线路上传送数据时，除了必须有一条物理线路，还必须有一些必要的通信协议来控制这些数据的传输（这将在后面几节讨论）。若把实现这些协议的硬件和软件加到链路上，就构成了数据链路。现在最常用的方法是使用**网络适配器**（既有硬件，也包括软件）来实现这些协议。一般的适配器都包括数据链路层和物理层这两层的功能。

也有人采用另外的术语。这就是把链路分为物理链路和逻辑链路。物理链路就是上面所说的链路，而逻辑链路就是上面的数据链路，是物理链路加上必要的通信协议。

早期的数据通信协议曾叫作通信**规程**(procedure)。因此在数据链路层，规程和协议是同义语。

下面再介绍点对点信道的数据链路层的协议数据单元——**帧**。

数据链路层把网络层交下来的数据构成**帧**发送到链路上，以及把接收到的**帧**中的数据取出并上交给网络层。在互联网中，网络层协议数据单元就是 IP 数据报（或简称为**数据报、分组**或**包**）。

为了把主要精力放在点对点信道的数据链路层协议上，可以采用如图 3-1(a)所示的三层模型。在这种三层模型中，不管在哪一段链路上的通信（主机和路由器之间或两个路由器之间），我们都看成节点和节点的通信（如图中的节点 A 和节点 B），而每个节点只有下三层——网络层、数据链路层和物理层。

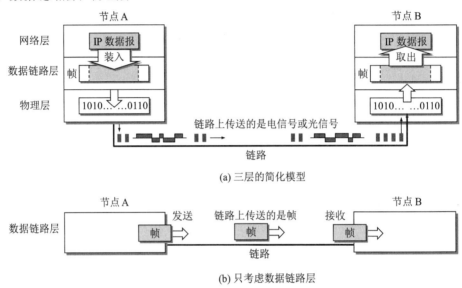

(a) 三层的简化模型

(b) 只考虑数据链路层

图 3-1 使用点对点信道的数据链路层

点对点信道的数据链路层在进行通信时的主要步骤如下：

(1) 节点 A 的数据链路层把网络层交下来的 IP 数据报添加首部和尾部封装成帧。

(2) 节点 A 把封装好的帧发送给节点 B 的数据链路层。

(3) 若节点 B 的数据链路层收到的帧无差错，则从收到的帧中提取出 IP 数据报交给上面的网络层；否则丢弃这个帧。

数据链路层不必考虑物理层如何实现比特传输的细节。我们甚至还可以更简单地设想**好像是**沿着两个数据链路层之间的水平方向把帧直接发送到对方，如图 3-1(b)所示。

3.1.2 三个基本问题

数据链路层协议有许多种，但有三个基本问题则是共同的。这三个基本问题是：**封装成帧、透明传输和差错检测**。下面分别讨论这三个基本问题。

1. 封装成帧

封装成帧(framing)就是在一段数据的前后分别添加首部和尾部，这样就构成了一个帧。接收端在收到物理层上交的比特流后，就能根据首部和尾部的标记，从收到的比特流中识别帧的开始和结束。图 3-2 示意了用帧首部和帧尾部把数据封装成帧。我们知道，分组交换的一个重要概念就是：所有在互联网上传送的数据都以分组（即 IP 数据报）为传送单位。网络层的 IP 数据报传送到数据链路层就成为帧的数据部分。在帧的数据部分的前面和后面分别添加上首部和尾部，构成了一个完整的帧。这样的帧就是数据链路层的数据传送单元。一个帧的帧长等于帧的数据部分长度加上帧首部和帧尾部的长度。首部和尾部的一个重要作用就是进行**帧定界**（即确定帧的界限）。此外，首部和尾部还包括许多必要的控制信息。在发送帧时，是从帧首部开始发送的。各种数据链路层协议都对帧首部和帧尾部的格式有明确的规定。显然，为了提高帧的传输效率，应当使帧的数据部分长度尽可能地大于首部和尾部的长度。但是，每一种链路层协议都规定了所能传送的帧的**数据部分长度上限——最大传送单元 MTU** (Maximum Transfer Unit)。图 3-2 给出了帧的首部和尾部的位置，以及帧的数据部分与 MTU 的关系。

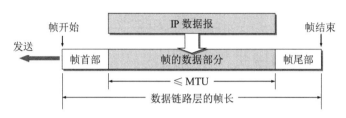

图 3-2　用帧首部和帧尾部把数据部分封装成帧

2. 透明传输

由于帧的开始和结束的标记使用专门指明的控制字符，因此，所传输的数据中的任何组合一定不允许和用作帧定界的控制字符的比特编码一样，否则就会出现帧定界的错误。如果数据部分碰巧出现了和帧首部或帧尾部一样的比特组合，那么数据链路层协议就必须设法解决这个问题（即在这样的比特组合之前再增加一个事先约定好的控制字符，接收端在读取数据时再删除发送端所增加的控制字符）。

如果数据链路层协议允许所传送的数据可具有任意形式的比特组合（即使出现了和帧首部或帧尾部标记完全一样的比特组合，协议也会采取适当的措施来处理），那么这样的传输就称为**透明传输**（表示任意形式的比特组合都可以不受限制地在数据链路层传输）。

"**透明**"是一个很重要的术语。它表示：**某一个实际存在的事物看起来却好像不存在一样**。例如，你看不见在你前面有一块 100%透明的玻璃的存在。"在数据链路层透明传送数据"表示无论什么样的比特组合的数据，都能够按照原样没有差错地通过这个数据链路层。因此，对所传送的数据来说，这些数据就"看不见"数据链路层有什么妨碍数据传输的东西。或者说，数据链路层对这些数据来说是透明的。

3. 差错检测

现实的通信链路都不会是理想的。比特在传输过程中可能会产生差错。这就是说，接收端在最后判决时，1 可能会判为 0，而 0 也可能会判为 1。这就叫作**比特差错**。比特差错是传输差错中的一种。本小节所说的"差错"，如无特殊说明，就是指"比特差错"。在一段时间内，传输错误的比特占所传输比特总数的比率称为**误码率 BER** (Bit Error Rate)。例如，误码率为 10^{-10} 时，表示平均每传送 10^{10} 个比特就会出现一个比特的差错。误码率与信噪比有很大的关系。如果设法提高信噪比，就可以使误码率减小。实际的通信链路并非是理想的，它不可能使误码率下降到零。因此，为了保证数据传输的可靠性，在计算机网络传输数据时，必须采取各种差错检测措施。目前在数据链路层广泛使用了**循环冗余检验 CRC** (Cyclic Redundancy Check)的检错技术，其原理如图 3-3 所示。

图 3-3 中，发送方先把数据划分为固定长度的组（也就是要传送的分组），然后在数据的后面添加 n 位的**帧检验序列 FCS**（Frame Check Sequence）。通常 $n=16$ 或 32，但为了提

高传送效率，n 应当远小于数据部分的长度。帧检验序列是经过简单的除法运算得出的。方法是：先在数据的后面添加 n 位的 0，然后作为被除数送到除法器进行运算。除数有（$n+1$）位，是经过精心挑选的。通过除法器的运算，最后得出的 n 位的余数就是我们所需要的帧检验序列。

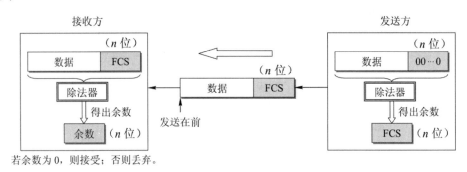

图 3-3　循环冗余检验 CRC 的原理

顺便说一下，CRC 和 FCS 并不是同一个概念。CRC 是一种**检错方法**，而 FCS 是添加在数据后面用来检错的**冗余码**；在检错方法上可以选用 CRC，但也可不选用 CRC。

接收方把接收到的数据以帧为单位进行 CRC 检验：把收到的每一帧都送到除法器进行运算（除以和发送方生成 FCS 时所使用的同样除数），然后检查得到的 n 位余数。

如果在传输过程中未出现差错，那么经过 CRC 检验后得出的余数肯定是零。于是这样的帧就被接受下来。但当出现差错时，则余数将不为零，这样的帧就被丢弃。

严格来讲，当出现误码时，余数仍有可能等于零，但这种概率是极小的，通常可以忽略不计。因此只要余数为 0，就可以认为没有传输差错。

总之，在接收方对收到的每一帧经过 CRC 检验后，若得出的余数为零，则判定该帧没有差错，就接受（accept）；若余数不为 0，则判定该帧有差错（但无法确定究竟是哪一位或哪几位出现了差错），就丢弃。

显然，如果数据不以帧为单位来传送，那么就无法加入冗余码以进行差错检验。

最后再强调一下，在数据链路层若**仅仅**使用 CRC 差错检测技术，则只能做到**无差错接受**，也就是说，**凡是接收方数据链路层接受的帧均无传输比特差错**。换一种说法，就是把收到的帧都检查一遍，有差错的帧就丢掉，只接受无差错的帧。

但是，无传输比特差错并不等于可靠传输。所谓"**可靠传输**"就是：数据链路层的用户在发送方发送什么，在接收方就收到什么。这不仅表明在接收方所接受的帧中的每一个比特都和发送的帧一样，而且所有收下的帧都无丢失、不重复，同时顺序还和发送的一样。

目前使用光缆的有线通信线路的质量已经很好了，在这种条件下，数据链路层向上不需要提供可靠传输的服务（因为这样付出的代价太高，不划算）。但在使用无线局域网时，信道的传输质量较差，这时的数据链路层就应当提供可靠传输的服务（见后面的 9.1 节）。关于可靠传输协议我们将在第 5 章中详细讨论。

3.2　点对点协议 PPP

对于点对点链路，**点对点协议 PPP** (Point-to-Point Protocol)是目前使用得最广泛的数据链路层协议。

3.2.1 协议 PPP 的主要特点

我们知道，互联网用户通常都要连接到某个 ISP 才能接入到互联网。协议 PPP 就是用户计算机和 ISP 进行通信时所使用的数据链路层协议（如图 3-4 所示）。

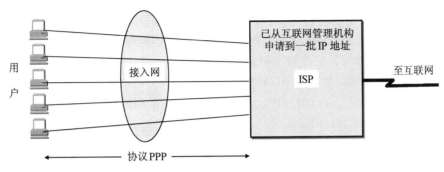

图 3-4 用户到 ISP 的链路使用协议 PPP

现在的协议 PPP 在 1994 年就已成为互联网的正式标准。协议 PPP 最主要的特点就是简单。它只检测差错（检测到有比特差错的帧就丢弃），而不纠正差错。它不使用序号，也不进行流量控制。PPP 可同时支持多种网络层协议。PPP 既支持异步链路，也支持面向比特的同步链路。IP 数据报在 PPP 帧中就是其信息部分。这个信息部分的长度受最大传送单元 MTU 的限制。

协议 PPP 还有两个配套的协议。一个是**链路控制协议 LCP** (Link Control Protocol)，用来建立、配置和测试数据链路的连接。另一个是**网络控制协议 NCP** (Network Control Protocol)，这个协议使 PPP 协议能够支持不同的网络层协议。

3.2.2 协议 PPP 的帧格式

1. 各字段的意义

PPP 的帧格式如图 3-5 所示。PPP 帧的首部和尾部分别为四个字段和两个字段。

首部的第一个字段和尾部的第二个字段都是标志字段 F (Flag)，规定为 01111110。标志字段表示一个帧的开始或结束。因此标志字段就是 PPP 帧的定界符。连续两帧之间只需要用一个标志字段。如果出现连续两个标志字段，就表示这是一个空帧，应当丢弃。

首部中的地址字段 A 规定为 11111111，控制字段 C 规定为 00000011。最初曾考虑以后再对这两个字段的值进行其他定义，但至今也没有给出。可见这两个字段实际上并没有携带 PPP 帧的信息。

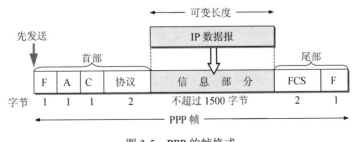

图 3-5 PPP 的帧格式

PPP 首部的第四个字段是 2 字节的协议字段。当协议字段为 00000000 00100001 时，PPP

帧的信息字段就是 IP 数据报。

信息字段的长度是可变的，不超过 1500 字节。

尾部中的第一个字段（2 字节）是使用 CRC 的帧检验序列 FCS。

2. 字节填充

当信息字段中出现和标志字段 01111110 一样的比特组合时，为了保证透明传输，就必须采取一些措施使这种形式上和标志字段一样的比特组合不出现在信息字段中。

当 PPP 使用异步传输时，它把转义符定义为 01111101，并使用**字节填充**，即：

(1) 把信息字段中出现的每一个 01111110 字节的前面插入 01111101。

(2) 若信息字段中出现一个 01111101 的字节（即出现了和转义字符一样的比特组合），则在 01111101 的后面插入 01111101。

(3) 若信息字段中出现 ASCII 码的控制字符（即数值小于 00100000 的 ASCII 字符），则在该字符前面要插入 01111101，同时将该字符的编码加以改变（具体的改变规则都有详细的规定）。

由于在发送端进行了字节填充，因此在链路上将多传送一些字节。但接收端在收到数据后再进行与发送端字节填充相反的变换，就可以正确地恢复出原来的信息。

3. 零比特填充

PPP 协议用在 SONET/SDH 链路时，使用同步传输（一连串的比特连续传送）而不是异步传输（逐个字符地传送）。在这种情况下，PPP 协议采用零比特填充方法来实现透明传输。

零比特填充的具体做法是：在发送端，先扫描整个信息字段（通常用硬件实现，但也可用软件实现，只是会慢些）。只要发现有 5 个连续 1，则立即填入一个 0。因此经过这种零比特填充后的数据，就可以保证在信息字段中不会出现 6 个连续 1。接收端在收到一个帧时，先找到标志字段 F 以确定一个帧的边界，接着再用硬件对其中的比特流进行扫描。每当发现 5 个连续 1 时，就把这 5 个连续 1 后的一个 0 删除，以还原成原来的信息比特流（如图 3-6 所示）。这样就保证了透明传输：在所传送的数据比特流中可以传送任意组合的比特流，而不会引起对帧边界的错误判断。

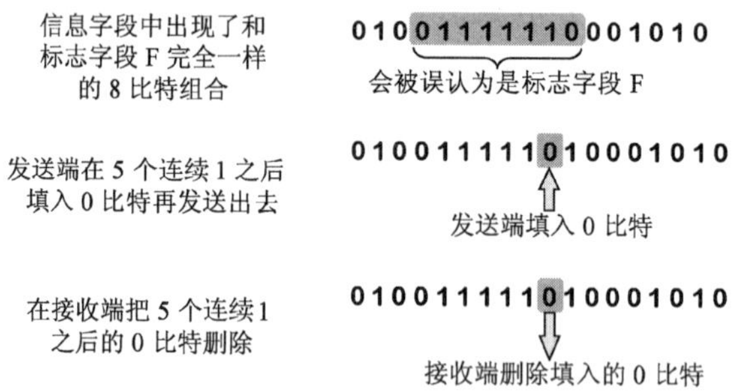

信息字段中出现了和标志字段 F 完全一样的 8 比特组合

0100**011111110**001010

会被误认为是标志字段 F

发送端在 5 个连续 1 之后填入 0 比特再发送出去

0100111110100001010

发送端填入 0 比特

在接收端把 5 个连续 1 之后的 0 比特删除

0100111110100001010

接收端删除填入的 0 比特

图 3-6　零比特的填充与删除

3.2.3　协议 PPP 的工作状态

上一节我们通过 PPP 帧的格式讨论了 PPP 帧是怎样组成的。但 PPP 链路一开始是怎样被初始化的？当用户拨号接入 ISP 后，就建立了一条从用户个人电脑到 ISP 的物理连接。这时，用户个人电脑向 ISP 发送一系列的链路控制协议 LCP 分组（封装成多个 PPP 帧），以便建立 LCP 连接。这些分组及其响应选择了将要使用的一些 PPP 参数。接着还要进行网络层配置，网络控制协议 NCP 给新接入的用户个人电脑分配一个临时的 IP 地址。这样，用户个人电脑就成为互联网上的一个有 IP 地址的主机了。从这里可以看出，协议 PPP **并不单纯是数据链路层的协议**，因为还涉及物理层和网络层（IP 地址）的问题。这里只是为了方便，才把 PPP 协议放在数据链路层这一章中介绍。

当用户通信完毕时，NCP 释放网络层连接，收回原来分配出去的 IP 地址。接着，LCP 释放数据链路层连接。最后释放的是物理层的连接，链路重新回到静止状态。

3.3　使用广播信道的数据链路层

广播信道可以进行一对多的通信。下面要讨论的局域网使用的就是广播信道。局域网是在 20 世纪 70 年代末发展起来的。局域网技术在计算机网络中占有非常重要的地位。

3.3.1　局域网的数据链路层

局域网最主要的特点是：**网络为一个单位所拥有，且地理范围和站点数目均有限**。在局域网刚刚出现时，局域网比广域网具有较高的速率、较低的时延和较小的误码率。但随着光纤技术在广域网中普遍使用，现在广域网也具有很高的速率和很低的误码率。

局域网具有如下优点：

(1) 具有广播功能，从一个站点可很方便地访问全网。局域网上的主机可共享连接在局域网上的各种硬件和软件资源。

(2) 便于系统的扩展和逐渐地演变，各设备的位置可灵活调整和改变。

(3) 提高了系统的可靠性(reliability)、可用性(availability)和生存性(survivability)。

局域网可按网络拓扑进行分类。图 3-7(a)是**星形网**。由于**集线器(hub)**的出现和双绞线大量用于局域网中，星形以太网以及多级星形结构的以太网获得了非常广泛的应用。图 3-7(b)是**环形网**，图 3-7(c)为**总线网**，各站直接连在总线上。总线两端的匹配电阻吸收在总线上传播的电磁波信号的能量，避免在总线上产生有害的电磁波反射。总线网以传统以太网最为著名，但以太网后来又演变成了星形网。经过四十多年的发展，以太网的速率已大大提高。现在最常用的以太网的速率是 1 Gbit/s（家庭或中小企业）、10 Gbit/s（数据中心）和 100 Gbit/s（长距离传输），且其速率仍在继续提高。现在以太网已成为局域网的同义词，因此本章从本节开始都是讨论以太网技术。

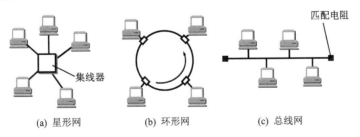

(a) 星形网　　　　　　　(b) 环形网　　　　　　　(c) 总线网

图 3-7　局域网的拓扑

局域网可使用多种传输媒体。双绞线最便宜，原来只用于低速(1~2 Mbit/s)基带局域网。现在从 10 Mbit/s 至 10 Gbit/s 的局域网都可使用双绞线。双绞线已成为局域网中的主流传输媒体。当速率更高时，往往需要使用光纤作为传输媒体。

必须指出，局域网工作的层次跨越了数据链路层和物理层。由于局域网技术中有关数据链路层的内容比较丰富，因此我们就把局域网的内容放在数据链路层这一章中讨论。但这并不表示局域网仅仅和数据链路层有关。

共享信道要着重考虑的一个问题就是如何使众多用户能够合理而方便地共享通信媒体资源。这在技术上有两种方法：

(1) **静态划分信道**，如在第 2 章的 2.4 节中已经介绍过的频分复用、时分复用、波分复用和码分复用等。用户只要分配到了信道就不会和其他用户发生冲突。但这种划分信道的方法代价较高，不适合于局域网使用。

(2) **动态媒体接入控制**，又称为**多点接入**(multiple access)，其特点是信道并非固定分配给通信的用户。现在使用得最多的就是**随机接入**，其特点是想进行通信的用户可随机地发送信息。但如果恰巧有两个或更多的用户在同一时刻发送信息，那么在共享媒体上就要产生**碰撞**（即发生了**冲突**），使得所有的发送都失败。因此，必须有解决碰撞的网络协议。下面重点介绍的以太网就采用了这种动态媒体接入控制。

1. 以太网的两个主要标准

以太网是美国施乐(Xerox)公司的 Palo Alto 研究中心（简称为 PARC）于 1975 年研制成功的。那时，以太网是一种基带总线局域网，当时的速率为 2.94 Mbit/s。以太网用无源电缆作为总线来传送数据帧（当时的观点是无源的电缆的可靠性高），并以曾经表示传播电磁波的**以太**(Ether)来命名。1980 年 9 月，DEC 公司、英特尔(Intel)公司和施乐公司联合提出了 10 Mbit/s 以太网规约的第一个版本 DIX V1（DIX 是这三个公司名称的缩写）。1982 年又修改为第二版规约（实际上也就是最后的版本），即 DIX Ethernet V2，成为世界上第一个局域网产品的规约。

在此基础上，IEEE 802 委员会的 802.3 工作组于 1983 年制定了第一个 IEEE 的以太网标准 IEEE 802.3，速率为 10 Mbit/s。802.3 局域网对以太网标准中的帧格式做了很小的一点更动，但允许基于这两种标准的硬件实现可以在同一个局域网上互操作。以太网的两个标准 DIX Ethernet V2 与 IEEE 的 802.3 标准只有很小的差别，因此很多人也常把 802.3 局域网简称为"以太网"（本书也经常不严格区分它们，虽然严格说来，"以太网"应当是指符合 DIX Ethernet V2 标准的局域网）。

出于有关厂商在商业上的激烈竞争，IEEE 802 委员会当初未能形成一个统一的、"最佳的"局域网标准，而是被迫制定了几个不同的局域网标准，如 802.4 令牌总线网、802.5 令牌环网等。为了使数据链路层能更好地适应多种局域网标准，IEEE 802 委员会把局域网的数据链路层拆成两个子层，即**逻辑链路控制 LLC** (Logical Link Control)子层和**媒体接入控制 MAC** (Medium Access Control)子层。与接入到传输媒体有关的内容都放在 MAC 子层，而 LLC 子层则与传输媒体无关，不管采用何种传输媒体和 MAC 子层的局域网对 LLC 子层来说都是透明的（如图 3-8 所示）。

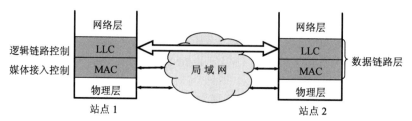

图 3-8 局域网对 LLC 子层是透明的

然而到了 20 世纪 90 年代后，激烈竞争的局域网市场逐渐明朗。以太网在局域网市场中已取得了垄断地位，并且几乎成为局域网的代名词。这里不必叙述后来陆续出现的多种以太网标准的详细过程。目前使用最多的局域网只剩下 DIX Ethernet V2（简称为以太网），而不是 IEEE 802 委员会制定的几种局域网。IEEE 802 委员会制定的逻辑链路控制子层 LLC（即 IEEE 802.2 标准）的作用已经消失了，很多厂商生产的适配器上就仅装有 MAC 协议而没有 LLC 协议。本章在介绍以太网时就不再考虑 LLC 子层。这样对以太网工作原理的讨论会更加简洁。

2. 适配器的作用

首先我们从一般的概念上讨论一下计算机是怎样连接到局域网上的。

计算机与外界局域网的连接通过**适配器**(adapter)。适配器本来是在主机箱内插入的一块网络接口板（或者是在笔记本电脑中插入一块 PCMCIA 卡——个人计算机存储器卡接口适配器）。这种接口板又称为**网络接口卡 NIC** (Network Interface Card)或简称为"**网卡**"。由于现在计算机主板上都已经嵌入了这种适配器，不再使用单独的网卡了，因此本书使用适配器这个更准确的术语。在这种通信适配器上面装有处理器和存储器（包括 RAM 和 ROM）。适配器和局域网之间的通信是通过电缆或双绞线以串行传输方式进行的，而适配器和计算机之间的通信则是通过计算机主板上的 I/O 总线以并行传输方式进行的。因此，适配器的一个重要功能就是要进行数据串行传输和并行传输的转换。由于网络上的速率和计算机总线上的速率并不相同，因此在适配器中必须装有对数据进行缓存的存储芯片。在主板上插入适配器时，还必须把管理该适配器的设备驱动程序安装在计算机的操作系统中。这个驱动程序以后就会告诉适配器，应当从存储器的什么位置上把多长的数据块发送到局域网，或者应当在存储器的什么位置上把局域网传送过来的数据块存储下来。适配器还要能够实现以太网协议。

请注意，虽然我们把适配器的内容放在数据链路层中讲授，但适配器所实现的功能却包含了数据链路层及物理层这两个层次的功能。现在的芯片的集成度都很高，以致很难把一个适配器的功能严格按照层次的关系精确划分开。

适配器在接收和发送各种帧时，不使用计算机的 CPU。这时计算机中的 CPU 可以处理其他任务。当适配器收到有差错的帧时，就把这个帧直接丢弃而不必通知计算机。当适配器收到正确的帧时，它就使用中断来通知该计算机，并交付协议栈中的网络层。当计算机要发送 IP 数据报时，就由协议栈把 IP 数据报向下交给适配器，组装成帧后发送到局域网。图 3-9 表示适配器的作用。我们特别要注意，计算机的硬件地址就在适配器的 ROM 中，而计算机的软件地址——IP 地址（在第 4 章 4.2 节讨论），则在计算机的存储器中。

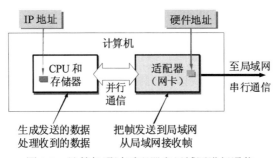

图 3-9　计算机通过适配器和局域网进行通信

3.3.2　CSMA/CD 协议

最早的以太网是将许多计算机都连接到一根总线上。当初认为这种连接方法既简单又可靠，因为在那个时代普遍认为："有源器件不可靠，而无源的电缆线才是最可靠的"。

总线的特点是：当一台计算机发送数据时，总线上的所有计算机都能检测到这个数据。这种就是广播通信方式。但我们并不总是要在局域网上进行一对多的广播通信。为了在总线上实现一对一的通信，可以使每一台计算机的适配器都拥有一个与其他适配器不同的地址。在发送数据帧时，在帧的首部写明接收站的地址。现在的电子技术可以很容易做到：仅当数据帧中的目的地址与适配器 ROM 中存放的硬件地址一致时，该适配器才能接收这个数据帧。适配器对不是发送给自己的数据帧就丢弃。这样，具有广播特性的总线上就实现了一对一的通信。

人们也常把局域网上的计算机称为"**主机**""**工作站**""**站点**"或"**站**"。在本书中，这几个名词都可以当成同义词。

为了通信的简便，以太网采取了以下两种措施：

第一，采用较为灵活的**无连接**的工作方式，即不必先建立连接就可以直接发送数据。适配器对发送的数据帧**不进行编号，也不要求对方发回确认**。这样做可以使以太网工作起来非常简单，而局域网信道的质量很好，因通信质量不好产生差错的概率是很小的。因此，**以太网提供的服务是尽最大努力的交付，即不可靠的交付**。当目的站收到有差错的数据帧时（例如，用 CRC 查出有差错），就把帧丢弃，其他什么也不做。**对有差错帧是否需要重传则由高层来决定**。例如，如果高层使用协议 TCP，那么 TCP 就会发现丢失了一些数据。于是经过一定的时间后，TCP 就把这些数据重新传递给以太网进行重传。**但以太网并不知道这是重传帧，而当作新的数据帧来发送**。

我们知道，总线上只要有一台计算机在发送数据，总线的传输资源就被占用。因此，**在同一时间只能允许一台计算机发送数据**，否则各计算机之间就会互相干扰，使得所发送数据被破坏。因此，如何协调总线上各计算机的工作就是以太网要解决的一个重要问题。以太网采用最简单的随机接入，但有很好的协议用来减少冲突发生的概率。这好比人们在室内开讨论会，没有会议主持人控制发言。想发言的随时可发言，不需要举手示意。但我们还必须有个协议来协调大家的发言。这就是：当听见有人在发言，就必须等发言者讲完后才能发言（否则就干扰了他人的发言）。但有时碰巧两个或更多的人同时发言了，那么一旦发现冲突，大家都必须立即停止发言，等听到没有人发言了你再发言。以太网采用的协调方法和上面的办法非常像，它使用的协议是 CSMA/CD，意思是**载波监听多点接入/碰撞检测**(Carrier Sense Multiple Access with Collision Detection)。下面是协议的要点。

"**多点接入**"就是说明这是总线型网络，许多计算机以多点接入的方式连接在一根总线上。协议的实质是"载波监听"和"碰撞检测"。

"**载波监听**"也就是"**边发送边监听**"。在通信领域 Carrier 的标准译名是"载波"。但对于以太网，总线上根本没有什么"载波"。其实英语 Carrier 有多种意思，如"承运器""传导管"或"运载工具"等。因此在以太网中，把 Carrier 译为"**载体**"或"**媒体**"可能更加准确些。考虑到"载波"这个译名已经在我国广泛流行了好几十年，本书也就继续使用这个不准确的译名。载波监听就是**不管在想要发送数据之前，还是在发送数据之中，每个站都必须不停地检测信道**。在发送前检测信道，是为了避免冲突。如果检测出已经有其他站在发送，则本站就暂时不要发送数据。在发送中检测信道，是为了及时发现如果有其他站也在发送，就**立即中断本站的发送**。这就称为**碰撞检测**。

"**碰撞检测**"是适配器边发送数据边检测信道上的信号电压的变化情况。当两个或几个站同时在总线上发送数据时，总线上的信号电压变化幅度将会增大（互相叠加）。当适配器检测到的信号电压变化幅度超过一定的门限值时，就认为总线上至少有两个站同时在发送数据，表明产生了碰撞。所谓"碰撞"就是发生了冲突。因此"碰撞检测"也称为"**冲突检测**"。这时，总线上传输的信号产生了严重的失真，无法从中恢复出有用的信息来。因此，任何一个正在发送数据的站，一旦发现总线上出现了碰撞，其适配器就要立即停止发送，免得继续进行无效的发送，白白浪费网络资源，然后等待一段随机时间后再次发送。

既然每一个站在发送数据之前已经监听到信道为"**空闲**"，那么为什么还会出现数据在总线上的碰撞呢？这是因为电磁波在总线上总是以有限的速率传播的。因此，当 A 站监听到总线空闲时，也许有另一个 B 站正好在发送数据，不过这时 B 站所发送的信号还没有从总线上传播到 A 站，因此 A 站以为总线是空闲的。等到 B 站发送的信号传播到 A 站时（这段时间是很短的），A 站才检测出碰撞的发生，于是中止发送数据。当然，B 站也会在发送数据后不久检测出碰撞的发生，因而也中止发送数据。

由此可见，**每一个站在自己发送数据之后的一小段时间内，存在着遭遇碰撞的可能性**。这一小段时间是**不确定的**，它取决于数据发送的速率，和另一个发送数据的站到本站的距离。因此，以太网**不能保证**某一段时间之内一定能够把自己的数据帧成功地发送出去（因为存在产生碰撞的可能）。以太网的这一特点称为**发送的不确定性**。如果希望在以太网上发生碰撞的机会很小，必须使整个以太网的平均通信量远小于以太网的最高速率。

总之，以太网上各站的关系是：所有站点都平等地**争用**以太网信道——谁先接入到总线信道，谁就占用这个信道。但所有站点都必须遵守以太网的 CSMA/CD 协议的规则：

第一，发送之前先检测信道，只有信道空闲时才允许发送数据。

第二，边发送边监听，发送过程中一旦发现碰撞，就立即停止发送。实际上，协议还规定在检测出碰撞时，还应当继续发送几十个比特的强化碰撞信号，以便让以太网上所有站点更加清楚地知道现在网络上出现了碰撞，使大家都暂时不要发送数据了。

如果几个站在监听到信道变为空闲时就都立即发送数据，那么肯定要发生碰撞。为了减小再次发生碰撞的概率，CSMA/CD 协议还规定，当等待信道变为空闲后不能立即就发送数据，争用信道的各站都必须**进行退避**，即每个站各自推迟一段随机时间再发送，这样即可使再次发生冲突的概率减小（不同的站点选择的随机推迟时间相同的概率很小）。

在使用 CSMA/CD 协议时，由于边发送边监听，因此一个站**不可能同时进行发送和接收**，即不能进行全双工通信，而只能进行**双向交替通信**。

3.3.3 使用集线器的星形拓扑

传统以太网最初使用粗同轴电缆，后来演进到使用比较便宜的细同轴电缆，最后发展为使用更便宜和更灵活的双绞线。这种以太网采用星形拓扑，在星形的中心则增加了一种可靠性非常高的设备，叫作**集线器(hub)**，如图 3-10 所示。双绞线以太网总是和集线器配合使用的。每个站需要用两对无屏蔽双绞线（放在一根电缆内），分别用于发送和接收。双绞线的两端使用 RJ-45 插头。由于集线器使用了大规模集成电路芯片，因此集线器的可靠性就大大提高了。1990 年 IEEE 制定出星形以太网 10BASE-T 的标准 802.3i。"10"代表 10 Mbit/s 的速率，BASE 表示连接线上的信号是基带信号，T 代表双绞线。实践证明，这比使用具有大量机械接头的无源电缆要可靠得多。由于使用双绞线电缆的以太网价格便宜和使用方便，因此粗缆和细缆以太网现在都已成为历史，并已从市场上消失了。

图 3-10　使用集线器的双绞线以太网

但 10BASE-T 以太网的通信距离稍短，每个站点到集线器的距离不超过 100 m。这种性价比很高的 **10BASE-T 双绞线以太网的出现，是局域网发展史上的一个非常重要的里程碑**，从此以太网的拓扑就从总线型变为更加方便的星形网络，而以太网也就在局域网中占据了统治地位。

使双绞线能够传送高速数据的主要措施是把双绞线的绞合度做得非常精确。这样不仅可使特性阻抗均匀以减少失真，而且大大减少了电磁波辐射和无线电频率的干扰。在多对双绞线的电缆中，还要使用更加复杂的绞合方法。

集线器的一些特点如下：

(1) 从表面上看，使用集线器的局域网在物理上是一个星形网，但由于集线器使用电子器件来模拟实际电缆线的工作，因此整个系统仍像一个传统以太网那样运行。也就是说，**使用集线器的以太网在逻辑上仍是一个总线网**，各站共享逻辑上的总线，使用的还是 **CSMA/CD 协议**（更具体地说，是各站中的**适配器**执行 CSMA/CD 协议）。网络中的各站必须竞争对传输媒体的控制，并且**在同一时刻至多只允许一个站发送数据**。

(2) 一个集线器有许多**端口**[①]，例如，8 至 16 个，每个端口通过 RJ-45 插头（与电话机使用的插头 RJ-11 相似，但略大一些）用两对双绞线与一台计算机上的适配器相连（这种插座可连接 4 对双绞线，实际上只用 2 对，即发送和接收各使用 1 对双绞线）。因此，一个集线器很像一个多端口的转发器。

(3) **集线器工作在物理层**，它的每个端口仅仅**简单地转发比特**——收到 1 就转发 1，收到 0 就转发 0，**不进行碰撞检测**。若两个端口同时有信号输入（即发生碰撞），那么所有的端口都将收不到正确的帧。

(4) 集线器采用了专门的芯片，进行自适应串音回波抵消。这样就可使端口转发出去的较强信号不致对该端口接收到的较弱信号产生干扰（这种干扰即近端串音）。每个比特在转发之前还要进行再生整形并重新定时。

集线器本身必须非常可靠。现在的**堆叠式**(stackable)集线器由 4～8 个集线器堆叠起来使用。集线器一般都有少量的容错能力和网络管理功能。例如，假定在以太网中有一个适配器出了故障，不停地发送以太网帧。这时，集线器可以检测到这个问题，在内部断开与出故障的适配器的连线，使整个以太网仍然能够正常工作。模块化的机箱式智能集线器有很高的可靠性。它全部的网络功能都以模块方式实现。各模块均可进行热插拔，出故障时不断电即可更换或增加新模块。集线器上的指示灯还可显示网络上的故障情况，给网络的管理带来了很大的方便。

IEEE 802.3 标准还可使用光纤作为传输媒体，相应的标准是 10BASE-F 系列，F 代表光纤。它主要用作集线器之间的远程连接。

3.3.4 以太网的 MAC 层

1. MAC 地址

大家知道，在所有计算机系统的设计中，**标识系统**(identification system)[②]都是一个核心问题。在标识系统中，地址就是识别某个系统的一个非常重要的标识符。

从概念上讲，计算机的名字应当与系统的所在地无关。这就像人的名字一样，不随人所处

---

① 注：集线器的端口(port)就是集线器和外接计算机的一个硬件接口(interface)。在运输层要经常使用软件端口(port)，它和集线器的硬件端口是两个不同的概念。本书以前曾把集线器的硬件端口称为接口，是为了避免和运输层的端口弄混。考虑到大多数文献使用的是 port，因此现在改用译名"端口"。

② 注：名词 identification 原来的标准译名是"标识"。2004 年出版的《现代汉语规范词典》给出"标识"的读音是"biaozhi（读音是"志"），并且说明：现在规范词形写作"标志"。现在教育部国家语言文字工作委员会发布"第一批异形词整理表"规定今后不再使用"标识"而应当用"标志"。但《计算机科学技术名词》又将 flag 译为"标志"。这样，若 identification 和 flag 均译为"标志"就会引起混乱。因此，本书采取这样的做法：作为动词用时，我们使用"标志"，但作为名词使用时，我们用"标识"(identification)和"标志"(flag)。请读者注意。

的地点而改变。但是 802 标准为局域网规定了一种 48 位的全球地址（一般都简称为"地址"），并**固化在计算机适配器的 ROM 中**。这种 48 位地址可以保证全球各地所使用的适配器中的地址都是全球唯一的。这种地址又称为**硬件地址**或**物理地址**，但大家更愿意称之为 MAC 地址，因为它是局域网 MAC 层所使用的地址。MAC 地址具有以下两个特点：

(1) 假定连接在局域网上的一台计算机的适配器坏了而我们更换了一个新的适配器，那么这台计算机的局域网的"MAC 地址"也就改变了，虽然这台计算机的地理位置一点也没有变化，所接入的局域网也没有任何改变。

(2) 假定我们把位于南京的某局域网上的一台笔记本电脑携带到北京，并连接在北京的某局域网上。虽然这台电脑的地理位置改变了，但只要电脑中的适配器不变，那么该电脑在北京的局域网中的"MAC 地址"仍然和它在南京的局域网中的"MAC 地址"一样。

由此可见，局域网上的某台主机的"MAC 地址"并不指明这台主机位于什么地方。因此，**严格地讲，局域网的"MAC 地址"应当是每一个站的"名字"或标识符**。不过，计算机的名字通常都是比较适合人记忆的不太长的字符串，而这种 48 位二进制的"地址"却很不像一般计算机的名字。但现在人们还是习惯于把这种 48 位的"名字"称为"MAC 地址"。请注意，如果连接在局域网上的主机或路由器安装有多个适配器，那么这样的主机或路由器就有多个"MAC 地址"。实际上，这种 48 位"MAC 地址"应当是某个接口的标识符。

48 位的 MAC 地址用二进制码表示太不方便，因此习惯上都用十六进制记法来表示 48 位的 MAC 地址。我们知道，4 个二进制数字能够表达的十进制数字是 0~15（即 0000~1111）。十六进制的记法是把每 4 个二进制数字用一个字符来表示。0000~1001 用 0~9 来表示，而 1010~1111 则用字母 A~F 来表示。这样，48 位的 MAC 地址，只需用 12 个十六进制的字符表示。通常在每两个字符之间加上一个连字符，例如 A8-E5-44-22-48-AC。

我们知道，一台路由器至少应同时连接到两个网络上，这样的路由器就需要两个适配器和两个 MAC 地址。

我们知道适配器有**过滤功能**。当适配器从网络上每收到一个 MAC 帧就先用硬件检查 MAC 帧中的目的地址。如果是发往本站的帧则收下，然后再进行其他的处理。否则就将此帧丢弃，不再进行其他的处理。这样做就不浪费主机的处理机和内存资源了。这里"发往本站的帧"包括以下三种帧：

(1) **单播**(unicast)帧（一对一），即收到的帧的 MAC 地址与本站的 MAC 地址相同。

(2) **广播**(broadcast)帧（一对全体），即发送给本局域网上所有站点的帧（全 1 地址）。

(3) **多播**(multicast)帧（一对多），即发送给本局域网上一部分站点的帧。

所有的适配器都至少应当能够识别前两种帧，即能够识别单播和广播地址。有的适配器可用编程方法识别多播地址。当操作系统启动时，它就把适配器初始化，使适配器能够识别某些多播地址。显然，只有目的地址才能使用广播地址和多播地址。

以太网适配器还可设置为一种特殊的工作方式，即**混杂方式**(promiscuous mode)。工作在混杂方式的适配器只要"听到"有帧在以太网上传输就都悄悄地接收下来，而不管这些帧发往哪个站。请注意，这样做实际上是"窃听"其他站点的通信而并不中断其他站点的通信。网络上的黑客(hacker 或 cracker)常利用这种方法非法获取网上用户的口令。因此，以太网上的用户不愿意网络上有工作在混杂方式的适配器。

但混杂方式有时却非常有用。例如，网络维护和管理人员需要用这种方式来监视和分析以太网上的流量，以便找出提高网络性能的具体措施。有一种很有用的网络工具叫作**嗅探器**(Sniffer)，它就使用了设置为混杂方式的网络适配器。此外，这种嗅探器还可帮助学习网络的人员更好地理解各种网络协议的工作原理。因此，混杂方式就像一把双刃剑，是利是弊要看你怎样使用它。

2. MAC 帧的格式

下面介绍使用得最多的以太网 V2 的 MAC 帧格式（如图 3-11 所示）。图中假定网络层使用的是 IP 协议。实际上使用其他协议也是可以的。

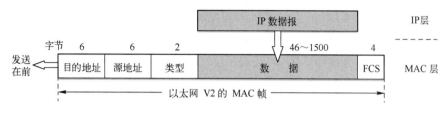

图 3-11　以太网 V2 的 MAC 帧格式

以太网 V2 的 MAC 帧较为简单，由五个字段组成。前两个字段分别为 6 字节的**目的地址**和**源地址**字段。第三个字段是 2 字节的**类型字段**，用来标志上一层使用的是什么协议，以便把收到的 MAC 帧的数据上交给该协议。例如，当类型字段的值是 0000100000000000 时，就表示上层使用的是 IP 数据报。第四个字段是**数据字段**，其长度在 46～1500 字节之间（这表明，以太网的帧长在 64～1518 字节之间）。最后一个字段是 4 字节的**帧检验序列** FCS（使用 CRC 检验）。当传输媒体的误码率为 1×10^{-8} 时，MAC 子层可使未检测到的差错小于 1×10^{-14}。

为什么以太网要设置一个最小帧长呢？前面已经讲过，CSMA/CD 规定，正在发送数据的站一旦检测出碰撞，就必须立即停止发送。这时，已发送出去的数据就构成了一个非常短的帧。由于这种异常中止的短帧都小于 64 字节，因此 CSMA/CD 规定，长度小于 64 字节的短帧都是无效帧，任何站收到无效帧时就丢弃它，其他什么也不做。因此，当数据字段的长度小于 46 字节时，MAC 子层就会在数据字段的后面加入一个整数字节的填充字段，以保证以太网的 MAC 帧长不小于 64 字节。应当指出，从 MAC 帧的首部无法看出数据字段的长度是多少。在有填充字段的情况下，接收方的 MAC 子层在剥去首部和尾部后就把数据字段和填充字段一起交给上层协议。现在的问题是：上层协议如何知道填充字段的长度呢？在 4.2 节将会讲到，IP 数据报的首部有一个"总长度"字段。例如，当 IP 数据报的总长度为 42 字节时，填充字段共有 4 字节。当 MAC 帧把 46 字节的数据上交给 IP 层后，IP 层一查到总长度是 42 字节，就把 46 个字节中的最后 4 个字节的填充字段丢弃。

在以太网上是以帧为单位传送数据的。以太网在传送帧时，各帧之间还必须有一定的间隙。因此接收只要找到帧开始定界符，其后面的连续到达的比特流就都属于同一个 MAC 帧。以太网不需要使用帧结束定界符，也不需要使用字节插入来保证透明传输。

3.4　扩展的以太网

在许多情况下，我们希望把以太网的覆盖范围扩展。本节先讨论在物理层把以太网扩展，然后讨论在数据链路层把以太网扩展。**这种扩展的以太网在网络层看来仍然是一个网络。**

3.4.1　在物理层扩展以太网

以太网上的主机之间的距离不能太远（例如，10BASE-T 以太网的两台主机之间的距离不超过 200 m），否则主机发送的信号经过铜线的传输就会衰减到使 CSMA/CD 协议无法正常工作。在过去广泛使用粗缆或细缆以太网时，常使用工作在物理层的转发器来扩展以太网的地理覆盖范围。那时，两个网段可用一个转发器连接起来。IEEE 802.3 标准还规定，任意两个站之间最多可以经过三个电缆网段。但随着双绞线以太网成为以太网的主流类型，扩展以太网的覆盖范围已很少使用转发器了。

现在，扩展主机和集线器之间的距离的一种简单方法就是使用光纤（通常是一对光纤）和一对光纤调制解调器，如图 3-12 所示。

图 3-12　主机使用光纤和一对光纤调制解调器连接到集线器

光纤调制解调器的作用就是进行电信号和光信号的转换。由于光纤带来的时延很小，并且带宽很宽，因此使用这种方法可以很容易地使主机和几千米以外的集线器相连接。

如果使用多个集线器，就可以连接成覆盖更大范围的多级星形结构的以太网。例如，一个学院的三个系各有一个 10BASE-T 以太网（如图 3-13(a)所示），可通过一个主干集线器把各系的以太网连接起来，成为一个更大的以太网（如图 3-13(b)所示）。

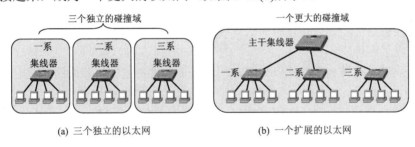

(a) 三个独立的以太网　　　　　　　(b) 一个扩展的以太网

图 3-13　用多个集线器连成更大的以太网

这样做可以有以下两个好处。第一，使这个学院不同系的以太网上的计算机能够进行跨系的通信。第二，扩大了以太网覆盖的地理范围。例如，在一个系的 10BASE-T 以太网中，主机与集线器的最大距离是 100 m，因而两台主机之间的最大距离是 200 m。但在通过主干集线器相连接后，不同系的主机之间的距离就可扩展了，因为集线器之间的距离可以是 100m（使用双绞线）或更远（如使用光纤）。

使用集线器的以太网有下面所述的两个缺点。

(1) 如图 3-13(a)所示的例子，在三个系的以太网互连起来之前，每一个系的 10BASE-T 以太网是一个独立的**碰撞域**(collision domain，又称为**冲突域**)，即在任一时刻，在每一个碰撞域中只能有一个站在发送数据。

(2) 集线器基本上是一个多端口（也称为接口）的转发器，它并不能把帧进行缓存。如果不同的系使用不同速率的以太网，那么就不可能用集线器将它们互连起来。

现在集线器的市场已让位给性能更好的以太网交换机。

3.4.2　在数据链路层扩展以太网

扩展以太网更好的方法是在数据链路层进行的。最初人们使用的是**网桥**(bridge)。网桥对收到的帧根据其 MAC 帧的目的地址进行**转发**和**过滤**。当网桥收到一个帧时，并不是向所有的端口转发此帧，而是根据此帧的目的 MAC 地址，查找网桥中的地址表，然后确定将该帧转发到哪一个端口，或者把它丢弃（即过滤）。

1990 年问世的**交换式集线器**(switching hub)，很快就淘汰了网桥。交换式集线器常称为以太网**交换机**(switch)或**第二层交换机**(L2 switch)，强调这种交换机**工作在数据链路层**。下面简单地介绍以太网交换机的特点。

1. 以太网交换机的特点

以太网交换机通常都有十几个或更多的端口，和工作在物理层的转发器、集线器有很大的差别。以太网交换机的每个端口都直接与一个单台主机或另一个以太网交换机相连，并且一般都工作在**全双工方式**。以太网交换机还具有并行性，即能同时连通多对端口，使多对主机能同时通信（而网桥只能一次分析和转发一个帧）。相互通信的主机都**独占传输媒体，无碰撞地传输数据**。

以太网交换机的端口还有存储器，能在输出端口繁忙时把到来的帧进行缓存。因此，如果连接在以太网交换机上的两台主机，同时向另一台主机发送帧，那么当这台主机的端口繁忙时，发送帧的这两台主机的端口会把收到的帧暂存一下，以后再发送出去。

以太网交换机是一种即插即用设备，其内部的帧**交换表**（又称为**地址表**）是通过**自学习**算法自动地逐渐建立起来的。以太网交换机由于使用了专用的交换结构芯片，用硬件转发收到的帧，其转发速率要比使用软件转发的网桥快很多。

以太网交换机的性能远远超过普通的集线器，而且价格也不贵，这就使工作在物理层的集线器逐渐地退出了市场。

从共享总线以太网转到交换式以太网时，所有接入设备的软件和硬件、适配器等都不需要做任何改动。

以太网交换机一般都具有多种速率的端口，例如，可具有 10 Mbit/s, 100 Mbit/s 和 1 Gbit/s 端口的各种组合（记为"支持 10/100/1000M 自适应"），这就大大方便了不同用户的使用。

虽然许多以太网交换机对收到的帧采用存储转发方式进行转发，但也有一些交换机采用**直通**(cut-through)的交换方式。直通交换不必把整个数据帧先缓存后再进行处理，而是在接收数据帧的同时就立即按数据帧的目的 MAC 地址决定该帧的转发端口，因而提高了帧的转发速度。如果在这种交换机的内部采用基于硬件的交叉矩阵，交换时延就非常小。直通交换的一个缺点是它不检查差错就直接将帧转发出去，因此有可能也将一些无效帧转发给其他的站。在某些情况下，仍需要采用基于软件的存储转发方式进行交换，例如当需要进行线路速率匹配、协议转换或差错检测时。现在有的厂商已生产出能支持两种交换方式的以太网交换机。以太网交换机的发展与建筑物结构化布线系统的普及应用密切相关。在结构化布线系统中，广泛地使用了以太网交换机。

2. 以太网交换机的自学习功能

我们用一个简单例子来说明以太网交换机是怎样进行自学习的。

假定在图 3-14 中的以太网交换机有 4 个端口，各连接一台计算机，其 MAC 地址分别是 A, B, C 和 D。在一开始，以太网交换机里面的交换表是空的（如图 3-14(a)所示）。

假定 A 先向 B 发送一帧，从端口 1 进入到交换机。交换机收到帧后，先查找交换表。现在表中没有 B 的地址。于是，交换机把此帧的**源地址** A 和端口 1 写入交换表中，并向除端口 1 以外的所有端口广播这个帧（从端口 1 收到的帧显然不应再从端口 1 转发出去）。

广播发送可以保证让 B 收到这个帧，而 C 和 D 在收到帧后，因目的地址不匹配将丢弃此帧。这一过程也称为**过滤**。

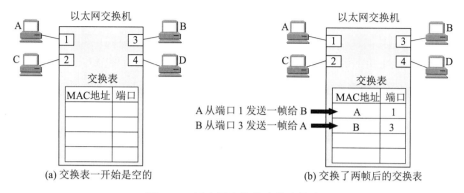

图 3-14　以太网交换机中的交换表

由于在交换表中写入了项目(A, 1)，因此以后不管从哪个端口收到帧，只要其**目的地址**是A，就把收到的帧从端口 1 转发出去送交 A。这样做的依据是：既然 A 发送的帧是从端口 1 进入交换机的，那么从端口 1 转发出的帧肯定到达 A。

接下来假定 B 通过端口 3 向 A 发送一帧。交换机查找交换表，发现交换表中的 MAC 地址有 A，表明凡是发给 A 的帧（即目的地址为 A 的帧）都应从端口 1 转发。显然，现在应直接把收到的帧从端口 1 转发给 A，而没有必要再广播收到的帧。交换表这时用源地址 B 写入一个项目(B, 3)，表明今后如有发送给 B 的帧，应从端口 3 转发。

经过一段时间后，只要主机 C 和 D 也向其他主机发送帧，以太网交换机中的交换表就会把转发到 C 或 D 应当经过的端口号（2 或 4）写入交换表中。这样，交换表中的项目就逐渐增多了，以后再转发帧时就可以直接从交换表中找到转发的端口，而不必使用发送广播帧的方法了。

考虑到有时可能要在交换机的端口更换主机，或者主机要更换其网络适配器，这就需要及时更改交换表中的项目。为此，当交换表中写入一个项目时就记下当时的时间，只要超过预先设定的时间（例如 300 秒），该项目就自动被删除。用这样的方法保证交换表中的数据都符合当前网络的实际状况。这就是说，图 3-14 中的交换表实际上有三列，即 MAC 地址、端口和写入时间。

以太网交换机的这种自学习方法使得以太网交换机能够即插即用，不必人工进行配置，因此非常方便。

但有时为了增加网络的可靠性，在使用以太网交换机组网时，往往会增加一些冗余的链路。在这种情况下，自学习的过程就可能导致以太网帧在网络的某个环路中无限制地兜圈子。我们用图 3-15 的简单例子来说明这个问题。

在图 3-15 中，假定一开始主机 A 通过端口交换机#1 向主机 B 发送帧❶。

由于交换表目前是空的，因此交换机#1 收到帧❶后就向本交换机的所有其他端口进行广播发送。我们现在观察其中一个帧的走向：

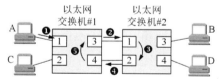

图 3-15　在两个交换机之间兜圈子的帧

离开交换机#1 端口 3 的帧❷到达交换机#2 端口 1，然后向交换机#2 所有其他端口广播发送；

广播发送的帧中有一个帧❸到达交换机#2 端口 2，然后发送到交换机#1 端口 4（图中的帧❹），接着又向交换机#1 所有其他端口广播发送帧；

广播发送的帧中有一个帧❺到达交换机#1 端口 3；

……

上述过程就这样无限制地循环兜圈子（❷→❸→❹→❺），白白消耗了网络资源。

为了解决这种兜圈子问题，IEEE 的 802.1D 标准制定了一个**生成树协议 STP (Spanning Tree Protocol)**。其要点就是在不改变网络实际拓扑的条件下，在逻辑上切断某些链路，使得从一台主机到所有其他主机的路径是**无环路的树状结构**，从而消除了兜圈子现象。

3. 从总线以太网到星形以太网

大家知道，传统的电话网是星形结构，其中心就是电话交换机。那么在 20 世纪 70 年代中期出现的局域网，为什么不采用这种星形结构呢？这是因为在当时的技术条件下，还很难用廉价的方法制造出高可靠性的以太网交换机。所以那时的以太网就采用无源的总线结构。这种总线以太网一问世就受到广大用户的欢迎，并获得了很快的发展。

然而随着以太网上站点数目的增多，使得总线结构以太网的可靠性下降。与此同时，大规模集成电路以及专用芯片的发展，使得星形结构的以太网交换机可以做得既便宜又可靠。在这种情况下，采用以太网交换机的星形结构就成为以太网的首选拓扑，而传统的总线以太网也很快从市场上消失了。

总线以太网使用 CSMA/CD 协议，以半双工方式工作。但以太网交换机不使用共享总线，没有碰撞问题，因此不使用 CSMA/CD 协议，而以全双工方式工作。既然连以太网的重要协议 CSMA/CD 都不使用了（相关的"争用期"也没有了），为什么还叫作以太网呢？原因就是它的帧结构未改变，**仍然采用以太网的帧结构**。

3.5 更高速率的以太网

随着电子技术的发展，以太网的速率也不断提升。先从传统的 10 Mbit/s 以太网发展到速率为 100 Mbit/s 的快速以太网，接着又演进到速率为 1 Gbit/s 的千兆以太网，又称为吉比特以太网（1GbE）。但以太网的传输速率还在不断提高。在吉比特以太网问世以后，以太网的速率又陆续提升到 10 Gbit/s、40 Gbit/s、100 Gbit/s 甚至 400 Gbit/s，这些以太网通常分别记为 10GbE、40GbE、100GbE 和 400GbE。

当以太网速率为 100 Mbit/s 或 1000 Mbit/s（即 1 Gbit/s）时，以太网可使用 CSMA/CD 协议（这时以半双工方式工作，是共享信道，有可能发生冲突），也可以不使用 CSMA/CD 协议（这时以全双工方式工作，是独占信道，不存在和其他站发生冲突的问题）。但当速率达到 10 Gbit/s 或更高时，就只能以全双工方式工作，而不再使用 CSMA/CD 协议。这时，以太网就没有争用信道的问题。

在不使用 CSMA/CD 协议的情况下，由于使用的**数据帧的格式没有变化**，所以大家还愿意把这样的局域网称为以太网。因此现在并非所有的以太网都使用 CSMA/CD 协议。

对于这样多种速率的以太网，都有相应的标准问世。这些标准规定了每一种以太网在物理层是使用铜缆还是光纤（单模或多模），以及使用不同的物理层工作时的传输距离。

表 3-1 和表 3-2 为几种典型以太网物理层。

表 3-1 吉比特以太网（1GbE）的物理层

名称	媒体	网段最大长度	特点
1000BASE-SX	光缆	550 m	多模光纤（50 和 62.5 μm）
1000BASE-LX	光缆	5000 m	单模光纤（10 μm）多模光纤（50 和 62.5 μm）
1000BASE-CX	铜缆	25 m	使用 2 对屏蔽双绞线电缆 STP
1000BASE-T	铜缆	100 m	使用 4 对 UTP 5 类线

表 3-2　40GbE/100GbE 以太网的物理层

物理层	40GbE	100GbE
在背板上传输至少超过 1 m	40GBASE-KR4	
在铜缆上传输至少超过 7 m	40GBASE-CR4	100GBASE-CR10
在多模光纤上传输至少 100 m	40GBASE-SR4	100GBASE-SR10, 100GBASE-SR4
在单模光纤上传输至少 10 km	40GBASE-LR4	100GBASE-LR4
在单模光纤上传输至少 40 km	*40GBASE-ER4	100GBASE-ER4

另外还要指出，传统以太网是局域网，但现在以太网的工作范围已经从局域网（校园网、企业网）扩大到城域网和广域网，并能够实现长距离端到端的以太网传输。

实践证明，以太网是一种成熟技术，无论是互联网服务提供者 ISP 还是端用户都很愿意使用以太网。以太网的互操作性也很好，不同厂商生产的以太网都能可靠地进行互操作。以太网的帧格式一直没有变化，因此端到端的以太网帧的传输，不需要进行帧格式转换，这就简化了操作和管理。在广域网中使用以太网时，其价格大约只有同步光纤网 SONET 的五分之一。由于以太网能够适应多种传输媒体，这就使具有不同传输媒体的用户在进行通信时不必重新布线。

总之，以太网的优点是：

(1) 可扩展（速率从 10 Mbit/s 到 400 Gbit/s）。

(2) 灵活（多种媒体、全/半双工、共享/交换）。

(3) 易于安装。

(4) 稳健性好。

由于大型数据中心迫切需要非常高速的数据传送，2017 年 12 月，更高速率的以太网标准颁布了，共有两种速率，即 200GbE（速率为 200 Gbit/s）和 400GbE（速率为 400 Gbit/s），全部用光纤传输（单模和多模）。根据传输方式的不同，传输距离从 100 m 至 10 km 不等。今后应当还会有更快的以太网问世。

3.6　使用以太网进行宽带接入

现在人们也在使用以太网进行宽带接入互联网。为此，IEEE 在 2001 年初成立了 802.3EFM 工作组[①]，专门研究高速以太网的宽带接入技术问题。

以太网接入的一个重要特点是它可以提供双向的宽带通信，并且可以根据用户对带宽的需求灵活地进行带宽升级（例如，把 10 兆比特的以太网交换机更新为吉比特的以太网交换机）。当城域网和广域网都采用吉比特以太网或 10 吉比特以太网时，采用以太网接入可以实现端到端的以太网传输，中间不需要再进行帧格式的转换。这就提高了数据的传输效率且降低了传输的成本。

然而以太网的帧格式标准中，在地址字段部分并没有用户名字段，也没有让用户键入密码来鉴别用户身份的过程。如果网络运营商要利用以太网接入到互联网，就必须解决这个问题。

于是有人就想法子把数据链路层的两个成功的协议结合起来，即把协议 PPP 中的 PPP 帧再封装到以太网中来传输。这就是 PPPoE (PPP over Ethernet)，意思是"在以太网上运行 PPP"。这是协议 PPP 能够适应多种类型链路的一个典型例子。PPPoE 是为宽带上网的主机使用的链路层协议。这个协议把 PPP 帧再封装在以太网帧中（当然还要增加一些能够识别各用

---

① 注：通信网的数字化是从主干网开始的，最后剩下的一段模拟线路是用户线，因此这一段用户线常称为通信线路数字化过程中的"最后一英里"。IEEE 802.3EFM 中的"EFM"表示"Ethernet in the First Mile"，意思是从用户端开始算，"第一英里采用以太网"，也就是说，EFM 表示"采用以太网接入"。

户的功能）。宽带上网时由于数据传输速率较高，因此可以让多个连接在以太网上的用户共享一条到 ISP 的宽带链路。现在即使只有一个用户利用 ADSL 进行宽带上网（并不和其他人共享到 ISP 的宽带链路），也使用 PPPoE 协议。

现在的光纤宽带接入 FTTx 都要使用 PPPoE 的方式进行接入。例如，如果使用光纤到大楼 FTTB 的方案，就在每个大楼的楼口安装一个光网络单元 ONU（其作用和以太网交换机差不多），然后根据用户所申请的带宽，用 5 类线（请注意，到这个地方，传输媒体已经变为铜线了）接到用户家中。如果大楼里上网的用户很多，那么还可以在每一个楼层再安装一个高速率的以太网交换机。各大楼的以太网交换机通过光缆汇接到光汇接点（光汇接点一般通过城域网连接到互联网的主干网）。

使用这种方式接入到互联网时，在用户家中不再需要使用任何调制解调器，只要一个 RJ-45 的插口即可。用户把自己的个人电脑通过 5 类网线连接到墙上的 RJ-45 插口中，然后在 PPPoE 弹出的窗口中键入在网络运营商处购买的用户名（就是一串数字）和密码（严格说就是口令），就可以进行宽带上网了。请注意，使用这种以太网宽带接入时，从用户家中的个人电脑到户外的第一个以太网交换机的带宽是能够得到保证的。因为这个带宽是用户独占的，没有和其他用户共享。但这个以太网交换机到上一级的交换机的带宽，是许多用户共享的。因此，如果过多的用户同时上网，则有可能使每一个用户实际上享受到的带宽减少。这时，网络运营商就应当及时进行扩容，以保证用户的利益不受损伤。

本章的重要概念

● 链路是从一个节点到相邻节点的一段物理线路，数据链路则是在链路的基础上增加了一些必要的硬件（如网络适配器）和软件（如协议的实现）。

● 数据链路层使用的信道主要有点对点信道和广播信道两种。

● 数据链路层传送的协议数据单元是帧。数据链路层的三个基本问题是：封装成帧、透明传输和差错检测。

● 循环冗余检验 CRC 是一种检错方法，而帧检验序列 FCS 是添加在数据后面的冗余码。

● 点对点协议 PPP 是数据链路层使用最多的一种协议，它的特点是：简单；只检测差错，而不是纠正差错；不使用序号，也不进行流量控制；可同时支持多种网络层协议。

● PPPoE 是为宽带上网的主机使用的链路层协议。

● 局域网的优点是：具有广播功能，从一个站点可很方便地访问全网；便于系统的扩展和逐渐演变；提高了系统的可靠性、可用性和生存性。

● 共享通信媒体资源的方法有二：一是静态划分信道（各种复用技术），二是动态媒体接入控制，又称为多点接入（随机接入或受控接入）。

● IEEE 802 委员会曾把局域网的数据链路层拆成两个子层，即逻辑链路控制（LLC）子层（与传输媒体无关）和媒体接入控制（MAC）子层（与传输媒体有关）。但现在 LLC 子层已成为历史。

● 计算机与外界局域网的通信要通过网络适配器，它又称为网络接口卡或网卡。计算机的 MAC 地址就在适配器的 ROM 中。

● 以太网采用无连接的工作方式，对发送的数据帧不进行编号，也不要求对方发回确认。目的站收到有差错帧就把它丢弃，其他什么也不做。

● 以太网采用的协议是具有冲突检测的载波监听多点接入 CSMA/CD。协议的要点是：发送前先监听，边发送边监听，一旦发现总线上出现了碰撞，就立即停止发送。然后按照退避算法等待一段随机时间后再次发送。因此，每一个站在自己发送数据之后的一小段时间内，存在着遭遇碰撞的可能性。以太网上各站点都平等地争用以太网信道。

- 传统的总线以太网基本上都是使用集线器的双绞线以太网。这种以太网在物理上是星形网，但在逻辑上则是总线网。集线器工作在物理层，它的每个端口仅仅简单地转发比特，不进行碰撞检测。
- 以太网的硬件地址，即 MAC 地址，实际上就是适配器地址或适配器标识符，与主机所在的地点无关。源地址和目的地址都是 48 位长。
- 以太网的适配器有过滤功能，它只接收单播帧、广播帧或多播帧。
- 使用集线器可以在物理层扩展以太网（扩展后的以太网仍然是一个网络）。
- 交换式集线器常称为以太网交换机或第二层交换机（工作在数据链路层）。它就是一个多端口的网桥，而每个端口都直接与某台单主机或另一个集线器相连，且工作在全双工方式。以太网交换机能同时连通许多对端口，使每一对相互通信的主机都能像独占通信媒体那样，无碰撞地传输数据。
- 更高速率的以太网最初是 100 Mbit/s 的快速以太网，后来有吉比特以太网（1GbE），10GbE，40GbE，100GbE，甚至还发展到 400 GbE。许多高速率的以太网采用独占信道时，就没有冲突，因而不需要 CSMA/CD 协议，但其帧格式仍不变。

习题

3-01 数据链路（即逻辑链路）与链路（即物理链路）有何区别？"链路接通了"与"数据链路接通了"的区别何在？

3-02 数据链路层中的链路控制包括哪些功能？试讨论数据链路层做成可靠的链路层有哪些优点和缺点。

3-03 网络适配器的作用是什么？网络适配器工作在哪一层？

3-04 数据链路层的三个基本问题（封装成帧、透明传输和差错检测）为什么都必须加以解决？

3-05 如果在数据链路层不进行封装成帧，会发生什么问题？

3-06 协议 PPP 的主要特点是什么？为什么 PPP 不使用帧的编号？PPP 适用于什么情况？为什么协议 PPP 不能使数据链路层实现可靠传输？

3-07 协议 PPP 使用同步传输技术传送比特串 0110111111111100。试问经过零比特填充后变成怎样的比特串？若接收端收到的 PPP 帧的数据部分是 0001110111110111110110，试问删除发送端加入的零比特后会变成怎样的比特串？

3-08 局域网的主要特点是什么？为什么局域网采用广播通信方式而广域网不采用？

3-09 常用的局域网的网络拓扑有哪些结构？现在最流行的是哪种结构？为什么早期的以太网选择总线拓扑结构而不使用星形拓扑结构，但现在却改为使用星形拓扑结构呢？

3-10 什么叫作传统以太网？以太网有哪两个主要标准？

3-11 为什么 LLC 子层的标准已制定出来了但现在却很少使用？

3-12 以太网使用的 CSMA/CD 协议是以争用方式接入到共享信道的，这与传统的时分复用 TDM 相比有何优缺点？

3-13 有 10 个站连接到以太网上。试计算以下三种情况下每一个站所能得到的带宽。

(1) 10 个站都连接到一个 10 Mbit/s 以太网集线器；

(2) 10 个站都连接到一个 100 Mbit/s 以太网集线器；

(3) 10 个站都连接到一个 10 Mbit/s 以太网交换机。

3-14 以太网交换机的工作原理和特点是什么？以太网交换机和转发器有何异同？

第4章 网 络 层

本章讨论网络互连问题，即多个网络怎样通过路由器互连起来。在介绍网络层提供的两种不同服务后，就进入本章的核心内容——网际协议 IP，这是本书的一个重点内容。只有深入地掌握了协议 IP 的主要内容，才能理解互联网是怎样工作的。本章还要讨论网际控制报文协议 ICMP，IPv6 的主要特点，几种常用的路由选择协议。最后简要地介绍虚拟专用网 VPN 和网络地址转换 NAT。

本章最重要的内容是：

(1) 虚拟互连网络的概念。

(2) IP 地址与物理地址的关系。

(3) 传统的分类的 IP 地址和无分类域间路由选择 CIDR。

(4) IPv6 的特点。

(5) 路由选择协议的工作原理。

(6) 虚拟专用网 VPN 和网络地址转换 NAT 的概念。

4.1 网络层的重要概念

4.1.1 尽最大努力交付

互联网的设计者认为，电信网提供的端到端可靠传输的服务对传统的电话业务无疑是很合适的，这是因为电信网的终端（即传统的电话机）没有智能和差错处理能力。因此电信网必须负责把用户电话机产生的话音信号可靠地传送到对方的电话机，使还原后的话音质量符合技术规范的要求（见图 4-1）。这样的电信网当然是非常昂贵的。

但计算机网络的端系统是具有智能的计算机。计算机有很强的差错处理的能力（这点和传统的电话机有本质上的差别）。因此，互联网在设计上就采用了和电信网完全不同的思路。

图 4-1 电信网提供端到端的可靠传输服务

我们知道，计算机通信实际上是计算机中的进程与另一个计算机中的进程之间的通信。怎样才能使进程与进程之间的通信是可靠的呢？如图 4-2 所示，当主机 H_1 中的进程 P_1 向主机 H_2 的进程 P_2 发送数据时，那么整个的数据发送过程大致可划分为以下三个阶段（实际上每一个阶段中还有很多更加具体的步骤，这里从略）：

图 4-2 网络本身只提供尽最大努力交付

(1) $P_1 \rightarrow A$，主机 H_1 把进程 P_1 要发送的数据传送到与互联网的接口 A。

(2) $A \rightarrow B$，主机 H_1 从接口 A 把 IP 数据报通过互联网，传送到 H_2 与互联网的接口 B。

(3) $B \rightarrow P_2$，主机 H_2 从接口 B 收到 IP 数据报，并逐层上传，一直到交付进程 P_2。

阶段(1)和(3)在主机内部传送数据，出现差错的概率较小，而阶段(2)则在互联网上传送数据，出现差错的概率较大。互联网的设计者认为，不必让互联网提供可靠传输服务，应当把提供可靠传输服务的责任交给具有智能的主机，让主机中的运输层用 TCP 协议来保证可靠传输。这样同样可以实现进程之间的可靠传输服务。这样可使互联网的造价（即互联网的核心部分）大大降低。

因此，互联网采用了和电信网完全不同的设计思路：**网络层向上只提供简单灵活的、无连接的、尽最大努力交付的数据报服务**。尽最大努力交付实质上就是不可靠交付，但并不表示路由器可以任意丢弃分组。网络在发送分组时不需要先建立连接，每一个分组（也就是 IP 数据报）独立发送，与其前后的分组无关（不进行编号）。**网络层不提供服务质量的承诺**。也就是说，所传送的分组可能出错、丢失、重复和失序（即不按序到达终点），当然也不保证分组交付的时限。由于传输网络不提供端到端的可靠传输服务，这就使网络中的路由器可以做得比较简单，而且价格低廉（与电信网的交换机相比较）。当主机（即端系统）中的进程需要进行可靠通信时，就由主机中的运输层负责提供可靠传输（包括差错处理、流量控制等）。第 5 章将详细讨论运输层提供可靠传输的机制。互联网能够发展到今天的规模，充分证明了当初采用这种设计思路的正确性。

4.1.2　虚拟互连网络

在讨论网际协议 IP 之前，必须了解什么是虚拟互连网络。

我们知道，如果要在全世界范围内把数以百万计的网络都互连起来，并且能够互相通信，那么这样的任务是非常复杂的，因为各种网络的内部结构及特性可能都是很不一样的。

能不能让大家都使用相同的网络，这样可使网络互连变得比较简单。答案是不行的。因为用户的需求是多种多样的，**没有一种单一的网络能够适应所有用户的需求**。另外，网络技术是不断发展的，网络的制造厂家也要经常推出新的网络，在竞争中求生存。因此在市场上总是有很多种不同性能、不同网络协议的网络，供不同的用户选用。

现在我们讨论网络互连时，都是指在网络层用路由器进行网络互连和路由选择。路由器其实就是一台专用计算机，用来在互联网中进行路由选择和转发分组。如果在应用层使用网关（gateway）也可以使网络进行互连和通信，但由于网关比较复杂，目前使用得较少。**不过在历史上许多有关 TCP/IP 的文献曾经把网络层使用的路由器称为网关**（在本书中，有时也这样用）。对此请读者加以注意。

TCP/IP 体系在网络互连上采用的做法是，在网络层（即 IP 层）采用了标准化协议，但相互连接的网络则可以是异构的。图 4-3(a)表示有许多不同结构的计算机网络通过一些路由器进行互连。由于参加互连的计算机网络都使用相同的**网际协议 IP**（Internet Protocol），因此可以把互连以后的计算机网络看成如图 4-3(b)所示的一个**虚拟互连网络**（internet）。所谓虚拟互连网络也就是逻辑互连网络，它的意思就是互连起来的各种物理网络的异构性本来是客观存在的，但是我们利用 IP 协议就可以使这些性能各异的网络**从网络层上看起来好像是一个统一的网络**。这种使用 IP 协议的虚拟互连网络可简称为 IP 网（IP 网是虚拟的，但平常不必每次都强调"虚拟"二字）。使用 IP 网的好处是：当我们在网络层或网络层以上讨论 IP 网上的主机进行通信时，就**好像**这些主机都是**处在一个单个网络上**。IP 网屏蔽了互连的各网络的具体异构细节（如具体的编址方案、路由选择协议，等等）。

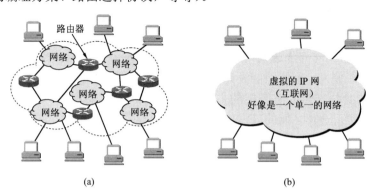

图 4-3　IP 网的概念

当很多异构网络通过路由器互连起来时，如果所有的网络都使用相同的 IP 协议，那么在网络层讨论问题就显得很方便。现在用一个例子来说明。

在图 4-4 所示的互联网中的源主机 H_1 要把一个 IP 数据报发送给目的主机 H_2。根据第 1 章中讲过的分组交换的存储转发概念，主机 H_1 先要查找自己的转发表，看目的主机是否就在本网络上。如果是，则不需要经过任何路由器而就在本网络上进行**直接交付**，任务就完成了。如果不是，则必须把 IP 数据报发送给本网络上的某个路由器（图中的 R_1）。如果本网络上没有路由器，又该怎么办呢？那么主机 H_1 就无法和其他网络上的主机进行通信。像这样的网络只是一个孤立的网络，而不是本章所要讨论的互连网络中的一个网络。

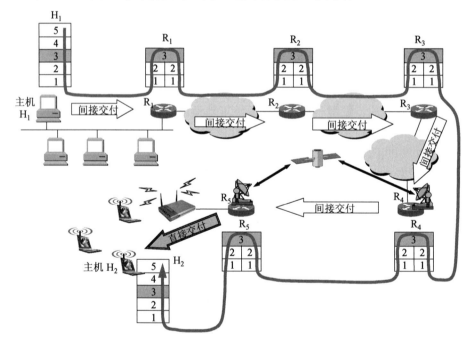

图 4-4　分组在互联网中的传送

路由器 R_1 在查找了自己的转发表后，知道应当把数据报转发给 R_2，这就是**间接交付**。这样一直转发下去，最后由路由器 R_5 知道自己是和 H_2 连接在同一个网络上，不需要再使用别的路由器转发了，于是就把 IP 数据报在本网络上**直接交付**目的主机 H_2。图中画出了源主机、目的主机及各路由器的协议栈。我们注意到，主机的协议栈共有五层，但路由器在转发分组时只用到协议栈的下三层。图中还画出了数据在各协议栈中流动的方向（用灰色粗线表示）。我们还可注意到，在 R_4 和 R_5 之间使用了卫星链路，而 R_5 所连接的是一个无线局域网。在 R_1 到 R_4 之间的三个网络可以是任意类型的网络。总之，这里强调的是：**互联网可以由多种异构网络互连组成。**

图中的协议栈中的数字 1～5 分别表示物理层、数据链路层、网络层、运输层和应用层

如果我们只从网络层考虑问题，那么 IP 数据报就可以想象成是在一个虚拟 IP 网的网络层中传送的（见图 4-5）。这样就不必画出许多完整的协议栈，使问题的讨论更加简单。

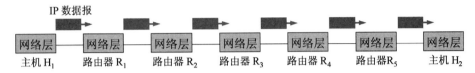

图 4-5   从网络层看 IP 数据报在虚拟 IP 网的传送

有了虚拟互连网络的概念后，再讨论在这样的虚拟网络上如何寻址。

4.2   IP 地址

网际协议 IP 最基本的概念就是**寻址**，即在互联网中怎样才能找到要通信的主机？这里的关键就是如何设计出一种简洁有效的且便于实现的地址系统。下面我们就来深入讨论 IP 地址。这是网络层中的非常重要的内容，必须深入掌握其要点。

4.2.1   分类的 IP 地址

1. IP 地址及其表示方法

IP 地址最初的版本是版本 4，即 IPv4。但在讨论网络的工作原理时，版本号 v4 往往被省略掉，只写 IP 即可。IP 地址就是给互联网上的每一台主机（或路由器）的**连接到网络的每一个接口**分配一个在全世界范围是唯一的 32 位的标识符。IP 地址的结构使我们可以在互联网上很方便地进行寻址。IP 地址现在由**互联网名字和数字分配机构 ICANN** (Internet Corporation for Assigned Names and Numbers)进行分配[①]。

IP 地址的编址方法最初采用分类的 IP 地址，但现在已经普遍采用无分类编址方法。

本节只讨论最简单的分类的 IP 地址。无分类的编址方法将在 4.2.2 节中介绍。

所谓"分类的 IP 地址"就是将 IP 地址划分为若干个固定类，每一类地址都由两个**固定长度**的字段组成。前面的一个字段是**网络号**，它标志主机（或路由器）所连接到的网络。一个网络号在整个互联网范围内必须是唯一的。后面的一个字段是标志该主机（或路由器）的**主机号**。一台主机号在它前面的网络号所指明的网络范围内必须是唯一的。由此可见，一个 IP 地址**在整个互联网范围内是唯一的**。

图 4-6(a)是各类 IP 地址的网络号字段和主机号字段，这里 A 类、B 类和 C 类地址都是**单播地址**（一对一通信），是最常用的。图 4-6(b)是各类地址占 IP 地址总数的比例。IP 地址空间共有 2^{32}（即 4294967296）个地址。

---

① 注：我国的 ISP 可向**亚太网络信息中心** APNIC (Asia Pacific Network Information Center)申请 IP 地址块（要缴费），然后再分配给单个的用户。

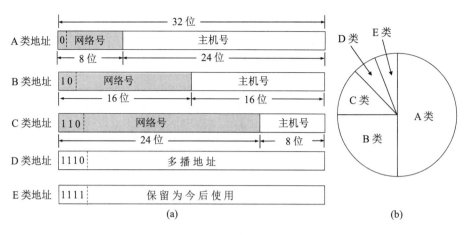

图 4-6　分类的 IP 地址(a)以及各类地址所占的比例(b)

从图 4-6(a)可以看出，只要观察 IP 地址最前面的 1~4 位（这叫作**类别位**），就可以立即知道这个 IP 地址是属于哪一类的地址。采用分类的 IP 地址，当初是考虑到各种网络的差异很大，有的网络拥有很多主机，而有的网络上的主机则很少。分类的 IP 地址可以更好地满足不同用户的要求。

近年来无分类 IP 地址已经广泛使用，但由于很多文献和资料都还使用传统的分类 IP 地址，因此我们在这里还要从分类 IP 地址讲起。

IP 地址是一种**两级结构地址**。因此**一个 IP 地址并不仅仅指明一台主机，而是还指明了主机所连接的网络**。

当某个单位申请到一个 IP 地址块时，实际上是获得了具有同样网络号的一块地址。其中具体的各台主机号则由该单位自行分配，只要做到在该单位管辖的范围内无重复的主机号即可。

对主机或路由器来说，IP 地址都是 32 位的二进制代码。为了提高可读性，我们常常把 32 位的 IP 地址中的每 8 位插入一个空格（**但在机器中并没有这样的空格**）。为更加便于使用，可用其等效的十进制数字表示，并且在这些数字之间加上一个点。这就叫作**点分十进制记法**(dotted decimal notation)。图 4-7 表示了这种方法，这是一个 B 类 IP 地址。显然，128.11.3.31比 10000000 00001011 00000011 00011111 使用起来要方便得多。

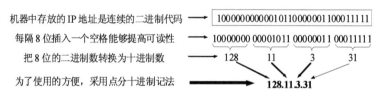

图 4-7　采用点分十进制记法能够提高可读性

实际上，我们只要观察点分十进制记法中的第一个十进制数字（即对应于 32 位 IP 地址的二进制记法中的最高 8 位），就可判定该地址的类别。第一个十进制数字为 0~127 是 A 类；128~191 是 B 类；192~223 是 C 类；224~239 是 D 类；240~255 是 E 类。

2. 常用的三种类别的 IP 地址

A 类地址的网络号字段占 1 个字节，只有 7 位可供使用（该字段的第一位已固定为 0），但可指派的网络号是 126 个（即 $2^7 - 2$）。减 2 的原因是：第一，IP 地址中的全 0 表示"这个(this)"。网络号字段为全 0 的 IP 地址是个保留地址，意思是"**本网络**"；第二，网络号 127

（即 01111111）保留作为本地软件**环回测试**本主机的进程之间的通信之用。若主机发送一个目的地址为环回地址（例如 127.0.0.1）的 IP 数据报，则本主机中的协议软件就处理数据报中的数据，而不会把数据报发送到任何网络。目的地址为环回地址的 IP 数据报永远不会出现在任何网络上，因为网络号为 127 的地址根本不是一个网络地址。

A 类地址的主机号占 3 个字节，因此每一个 A 类网络可指派的主机数是 $2^{24} - 2$。这里减 2 的原因是：全 0 的主机号字段表示该 IP 地址是"本主机"所连接到的**单个网络地址**（例如，某主机的 IP 地址为 5.6.7.8，则该主机所在的网络地址就是 5.0.0.0），而全 1 表示"**所有的 (all)**"，因此全 1 的主机号字段表示该网络上的所有主机[①]。

B 类地址的网络号字段有 2 个字节，最前面两位是 10，剩下 14 位可进行分配。因此 B 类地址可指派的网络数为 2^{14}，而每一个 B 类网络可指派的主机数是 $2^{16} - 2$。

C 类地址有 3 个字节的网络号字段，最前面 3 位是 110，还有 21 位可进行分配。因此 C 类地址可指派的网络总数是 2^{21}，而每一个 C 类网络可指派的主机数是 $2^8 - 2$。

表 4-1 给出了一般不指派的特殊 IP 地址，这些地址只能在特定的情况下使用。

表 4-1　一般不使用的特殊 IP 地址

网络号	主机号	源地址使用	目的地址使用	代表的意思
0	0	可以	不可	在本网络上的本主机（见 6.5 节 DHCP 协议）
0	X	可以	不可	在本网络上主机号为 X 的主机
全 1	全 1	不可	可以	只在本网络上进行广播（各路由器均不转发）
Y	全 1	不可	可以	对网络号为 Y 的网络上的所有主机进行广播
127	非全 0 或全 1 的任何数	可以	可以	用于本地软件环回测试

这种分类的 IP 地址的网络号位数是固定的，因此管理简单，使用方便，转发分组迅速，完全可以满足当时互联网在美国的科研需求。但是，在 20 世纪 90 年代，互联网从美国专用的科研实验网，演变到世界范围开放的商用网。互联网用户迅速增长，使得 IP 地址的数量面临枯竭的危险。这时，人们才注意到原来分类的 IP 地址在设计上确实有很不合理的地方。例如，一个 A 类网络的地址块的主机号数目超过了 1677 万个！当初美国的很多大学都可以分配到一个 A 类网络地址块。但在互联网早期，人们就是认为 IP 地址是用不完的，不需要精打细算地分配。又如，一个 C 类网络地址块可指派的主机号只有 254 个。但不少单位需要有 300 个以上的 IP 地址，那么干脆申请一个 B 类网络地址块（可以指派的主机号有 65534 个），宁可多要些 IP 地址，把多余的地址保留以后慢慢用。这样就浪费了不少的地址资源。

于是，在 20 世纪 90 年代，当发现 IP 地址即将会枯竭时，一种新的**无分类编址**方法就问世了。下一节就介绍现在已普遍采用的这种编址方法。

4.2.2　无分类编址 CIDR

这种编址方法叫作**无分类域间路由选择** CIDR (Classless Inter-Domain Routing，CIDR 的读音是"sider")，其要点是**网络前缀、地址块**和**地址掩码**。下面就介绍这些要点。

1. 网络前缀

图 4-8 是 CIDR 表示的 IP 地址。这时网络号改称为"**网络前缀**"(network-prefix)（或简称

---

① 注：关于全 1 和全 0 还可以再举两个例子。例如，B 类地址 128.7.255.255 表示"在网络 128.7.0.0 上的所有主机"。而 A 类地址 0.0.0.35 则表示"在这个网络上主机号为 35 的主机"。

为"**前缀**"），用来指明网络，后面剩下的部分仍然是主机号，用来指明主机。在有些文献中也把主机号字段称为**后缀**(suffix)。这里重要的就是网络前缀的位数 n 不是固定的数，而是可以在 0 到 32 之间选取任意的值。

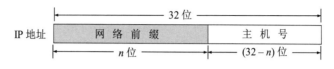

图 4-8　CIDR 表示的 IP 地址

CIDR 使用"**斜线记法**"(slash notation)，或称为 **CIDR 记法**，即在 IP 地址后面加上斜线"/"，斜线后面是网络前缀所占的位数。例如，CIDR 表示的一个 IP 地址 128.14.35.7/20，对应的二进制 IP 地址是 <u>10000000 00001110 0010</u>0011 00000111。有下画线的前 20 位数字就是**网络前缀**，而网络前缀的长度是 20。前缀后面 12 位是主机号。

2. 地址块

CIDR 把**网络前缀都相同**的所有连续的 IP 地址组成一个"**CIDR 地址块**"。一个 CIDR 地址块包含的 IP 地址数目，取决于网络前缀的位数。我们只要知道 CIDR 地址块中的任何一个地址，就可以知道这个地址块的起始地址（即最小地址）和最大地址，以及地址块中的地址数。例如，前面举出的 IP 地址是 128.14.35.7/20。这个地址所在的地址块中的最小地址和最大地址可以很方便地得出：

最小地址	128.14.32.0	**10000000 00001110 0010**0000 00000000
最大地址	128.14.47.255	**10000000 00001110 0010**1111 11111111

显然，这个地址块中的网络地址，就是地址块中的最小地址 128.14.32.0/20。请注意，在表示一个网络地址时，必须给出其前缀的长度。在上例中，数字 20 必须给出。

有时也可以用二进制代码简要地表示此地址块：10000000 00001110 0010*。这里的星号*代表了主机号字段的所有的 0。星号前的二进制代码的个数，就是网络前缀的位数。

在不需要指明网络地址时，也可把这样的地址块简称为"/20 地址块"。

例如，128.14.32.0/20 是个网络地址，它是包含有多个 IP 地址的地址块，也就是网络前缀，或更简单些就称为前缀。有时上面地址块中 4 段十进制数字最后的 0 可以省略，即简写为 128.14.32/20。

IP 地址 128.14.32.0 的最后一个数字是 0，但不能用它来指明一个网络地址，因为网络前缀的长度现在不知道。例如 128.14.32.0/19 或 128.14.32.0/21，也都是有效的网络地址。

早期使用分类的 IP 地址时，A 类网络的前缀是 8 位，B 类网络的前缀是 16 位，而 C 类网络的前缀是 24 位，都是固定值，因此不需要重复指明其网络前缀。但在使用 CIDR 记法时，仅从斜线左边的 IP 地址已无法知道其网络地址了。因此，CIDR 记法的斜线后面的数字就非常重要。

3. 地址掩码

CIDR 使用斜线记法可以让我们知道网络前缀的数值。但是计算机无法识别斜线记法，而是使用二进制来进行各种计算的。于是需要使用 32 位的**地址掩码**(address mask)让机器从 IP 地址迅速算出网络地址。

地址掩码（常简称为**掩码**）由一连串 1 和接着的一连串 0 组成，而 1 的个数就是网络前缀的长度。地址掩码又称为**子网掩码**[①]。在 CIDR 记法中，**斜线后面的数字就是地址掩码中 1 的个数**。例如，/20 地址块的地址掩码是：11111111 11111111 11110000 00000000（20 个连续的 1 和接着 12 个连续的 0）。这个掩码用 CIDR 记法就是 255.255.240.0/20。

对于早期使用的分类 IP 地址，其地址掩码是固定的，常常不用专门指出。例如：

A 类网络，地址掩码为 255.0.0.0 或 255.0.0.0/8。

B 类网络，地址掩码为 255.255.0.0 或 255.255.0.0/16。

C 类网络，地址掩码为 255.255.255.0 255.255.255.0/24。

把二进制的 IP 地址和地址掩码进行**按位** AND 运算，即可得出网络地址。图 4-9 说明了 AND 运算的过程。AND 运算就是逻辑乘法运算，其规则是：1 AND 1 = 1，1 AND 0 = 0，0 AND 0 = 0。点分十进制的 IP 地址是 128.14.35.7/20，前缀长度是 20（见图中的灰色背景）。请注意，从点分十进制的 IP 地址**并不能明显看出**其网络地址。要使用二进制地址来运算。在本例中把二进制 IP 地址的前 20 位保留不变，剩下的 12 位全写为 0，即可得出网络地址。

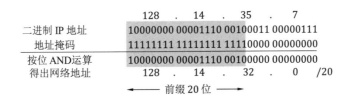

图 4-9　从 IP 地址导出网络地址

上面的运算结果表明，IP 地址 128.14.35.7/20 所在的网络地址是 128.14.32.0/20。

4．地址聚合

使用 CIDR 的一个好处就是可以更加有效地分配 IP 的地址空间，可根据客户的需要分配适当大小的 CIDR 地址块。然而在使用分类地址时，向一个部门分配 IP 地址，就只能以/8, /16 或/24 为单位来分配。这显然是很不灵活的。

一个大的 CIDR 地址块中往往包含很多小地址块，所以在路由器的转发表中就利用较大的一个 CIDR 地址块来代替许多较小的地址块。这种方法称为**地址聚合**，它使得转发表中只用一个项目就可以表示原来传统分类地址的很多个（例如上千个）路由项目，因而大大压缩了转发表所占的空间，减少了查找转发表所需的时间。

图 4-10 给出的是 CIDR 地址块灵活分配的例子。假定某 ISP 已拥有地址块 206.0.64.0/18（相当于有 64 个 C 类网络）。现在某大学需要 800 个 IP 地址。ISP 可以给该大学分配一个地址块 206.0.68.0/22，它包括 1024（即 2^{10}）个 IP 地址，相当于 4 个连续的 C 类/24 地址块，占该 ISP 拥有的地址空间的 1/16。这个大学可灵活地对本校的各系继续分配地址块，而各系还可再划分本系各教研室的小地址块。CIDR 的地址块的地址范围有时不易看清，这是因为网络前缀和主机号的界限不是恰好出现在整数字节处。但只要写出地址的二进制表示，弄清网络前缀的位数，就能够知道地址块的范围。

图 4-10 表示这个 ISP 共拥有 64 个 C 类网络。如果不采用 CIDR 技术，则在与该 ISP 的路由器交换路由信息的每一个路由器的转发表中，就需要有 64 行，每一行指出了到哪一个网络的下一跳。但采用地址聚合后，在转发表中只需要用一行来指出到 206.0.64.0/18 地址块的下一跳。同理，这个大学共有 4 个系。在 ISP 内的路由器的转发表中，也仅需用 206.0.68.0/22 这一

---

① 注：子网(subnet 或 subnetwork)是很常用的一个名词。某个网络的一部分就可以称为其子网。一个网络对整个互联网来说，就可以看成一个子网。在本书中，"子网"和"网络"常常被认为是同义词，经常混用。

个项目，就能把外部发送到这个大学各系的所有分组，都转发到大学的路由器。这个路由器好比是大学的收发室。凡寄给大学任何一个系的邮件，邮递员都不必送到大学的各个系，而是把这些邮件集中投递到大学的收发室，然后由大学的收发室再进行下一步的分发。这样就加快了邮递员的投递工作（相当于缩短了转发表的查找时间）。

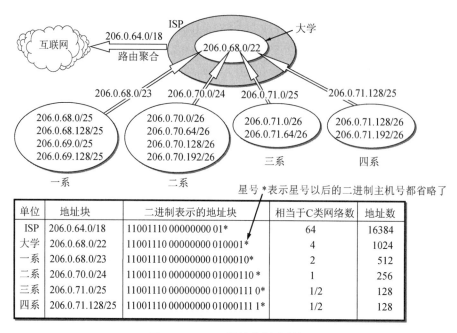

图 4-10　CIDR 地址块划分举例

单位	地址块	二进制表示的地址块	相当于C类网络数	地址数
ISP	206.0.64.0/18	11001110 00000000 01*	64	16384
大学	206.0.68.0/22	11001110 00000000 010001*	4	1024
一系	206.0.68.0/23	11001110 00000000 0100010*	2	512
二系	206.0.70.0/24	11001110 00000000 01000110 *	1	256
三系	206.0.71.0/25	11001110 00000000 01000111 0*	1/2	128
四系	206.0.71.128/25	11001110 00000000 01000111 1*	1/2	128

从图 4-10 中的表格可看出，**网络前缀越短的地址块所包含的地址数就越多**。

4.2.3　IP 地址的特点

IP 地址具有以下一些重要特点。

(1) 实际上 IP 地址是标志一台主机（或路由器）和一条链路的**接口**。当一台主机同时连接到两个网络上时，就必须拥有两个 IP 地址，其网络号必须是不同的。这种主机称为**多归属主机**(multihomed host)。由于一个路由器至少应当连接到两个网络，因此一个路由器至少应当有两个不同的 IP 地址。这好比一个建筑正好处在北京路和上海路的交叉口上，那么这个建筑就可以拥有两个门牌号码。例如，北京路 4 号和上海路 37 号。

(2) 按照互联网的观点，一个网络（或子网）是指具有相同网络前缀的主机的集合，因此，**用转发器或交换机连接起来的若干个局域网仍为一个网络**，因为这些局域网都具有同样的网络号。具有不同网络号的局域网必须使用路由器进行互连。

(3) 在 IP 地址中，所有分配到网络前缀的网络（不管是范围很小的局域网，还是可能覆盖很大地理范围的广域网）都是**平等**的。所谓平等，是指互联网同等对待每一个 IP 地址。

图 4-11 画出了两个局域网（LAN$_1$ 和 LAN$_2$）通过两个路由器（R$_1$ 和 R$_2$）互连构成的一个互连网络。其中局域网 LAN$_2$ 是由两个网段通过以太网交换机互连的。图中的小圆圈表示需要有一个 IP 地址。这是为了强调，**IP 地址是标志一个主机连接在网络上的接口**。如果我们把某条连接线断开，那么相应的 IP 地址也就不存在了。但通常为了方便，这样的小圆圈经常不必画出。

我们应当注意到：

- 在同一个局域网上的主机或路由器的 IP 地址中的**网络前缀必须是相同的**，即必须具有**相同的网络号**。
- 图中的网络地址（用粗体字加下画线表示）里面的主机号必定是全 0。例如，LAN₁ 的网络地址是 1.1.1.0/29 = <u>00000001 00000001 00000001 00000000</u>。在二进制表示的 IP 地址中，前 29 位有下画线的数字是网络前缀，最后 3 位为主机号，是全 0。
- 图 4-11 中的所有设备都有自己的 MAC 地址，但都未画出。请注意，图中以太网交换机连线上画出的小圆圈，是主机或路由器的 IP 地址，并不是以太网交换机的 IP 地址。以太网交换机是链路层设备，没有 IP 地址而只有 MAC 地址。
- 用以太网交换机（它只在链路层工作）连接的几个网段合起来仍然是一个局域网，只使用同样的网络前缀，例如，LAN₂。
- 路由器总是具有两个或两个以上的 IP 地址。即路由器的每个接口的 IP 地址的**网络前缀都不同**。
- 当两个路由器直接相连时（例如通过一条租用线路），在连线两端的接口处，可以分配也可以不分配 IP 地址。如分配了 IP 地址，则这一段连线就构成了一种特殊"网络"（如图中的 N₁）。之所以叫作"网络"是因为它有 IP 地址。这种网络仅需两个 IP 地址，因此可以使用/31 地址块。这种地址块专门为点对点链路的两端使用，主机号是 0 或 1。但为了节省 IP 地址资源，对于点对点链路构成的特殊"网络"，现在也常常不分配 IP 地址。通常把这样的特殊网络叫作**无编号网络**(unnumbered network)或**无名网络**(anonymous network)。

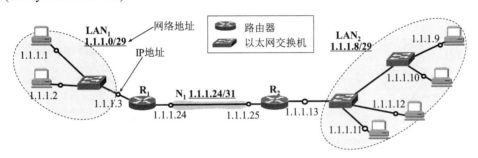

图 4-11　需要 IP 地址的地方用小圆圈表示

4.2.4　IP 地址与 MAC 地址

在学习 IP 地址时，很重要的一点就是要弄懂主机的 IP 地址与 MAC 地址的区别。

图 4-12 说明了这两种地址的区别。从层次的角度看，网络层和以上各层使用的 IP 地址，是一种**软件地址**（或**逻辑地址**），数据链路层和物理层使用的是 **MAC 地址**。由于 MAC 地址已固化在网络适配器的 ROM 中，因此有时也把 MAC 地址称为**硬件地址**或**物理地址**。在本书中，硬件地址、物理地址和 MAC 地址都是同义词。

在发送数据时，数据从高层下到低层，然后才到通信链路上传输。使用 IP 地址的 IP 数据报一旦交给了数据链路层，就被封装成 MAC 帧。MAC 帧在传送时使用的源地址和目的地址都写在 MAC 帧的首部中。

连接在通信链路上的设备（主机或路由器）在收到 MAC 帧时，根据 MAC 帧首部中的 MAC 地址决定收下或丢弃。数据链路层看不见隐藏在 MAC 帧的数据中的 IP 地址。只有在剥去 MAC 帧的首部和尾部后把 MAC 层的数据上交给网络层后，网络层才能在 IP 数据报的首部中找到源 IP 地址和目的 IP 地址。

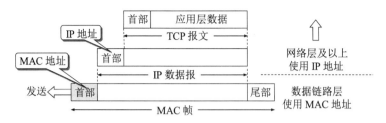

图 4-12　IP 地址与 MAC 地址的区别

图 4-13(a)画的是三个局域网用两个路由器 R_1 和 R_2 互连起来。现在主机 H_1 要和主机 H_2 通信。这两台主机的 IP 地址分别是 IP_1 和 IP_2，而其 MAC 地址分别为 MAC_1 和 MAC_2。通信的路径是：$H_1 \to R_1$ 转发 $\to R_2$ 转发 $\to H_2$。路由器 R_1 因同时连接到两个局域网上，它有两个 MAC 地址，即 MAC_3 和 MAC_4。同理，路由器 R_2 也有两个 MAC 地址 MAC_5 和 MAC_6。

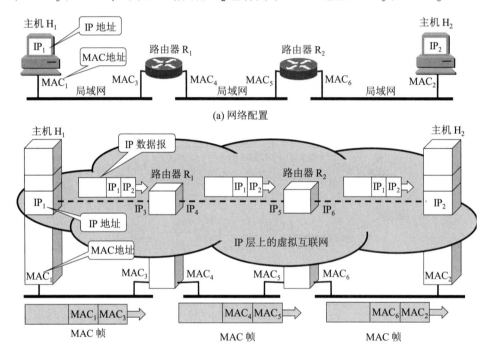

(a) 网络配置

(b) 不同层次、不同区间的源地址和目的地址

图 4-13　从不同层次上看 IP 地址和 MAC 地址

图 4-13 (b)特别强调了 IP 地址与 MAC 地址所使用的地方。表 4-2 归纳了这种区别。

表 4-2　图 4-13(b)中不同层次、不同区间的源地址和目的地址

	在网络层 写入 IP 数据报首部的地址		在数据链路层 写入 MAC 帧首部的地址	
	源地址	目的地址	源地址	目的地址
从 H_1 到 R_1	IP_1	IP_2	MAC_1	MAC_3
从 R_1 到 R_2	IP_1	IP_2	MAC_4	MAC_5
从 R_2 到 H_2	IP_1	IP_2	MAC_6	MAC_2

这里要强调指出以下几点：

(1) **在 IP 层抽象的互联网上只能看到 IP 数据报**。虽然 IP 数据报要经过路由器 R_1 和 R_2 的两次转发，但在它的首部中的源地址和目的地址**始终**分别是 IP_1 和 IP_2。数据报中间经过的两个路由器的 IP 地址并不出现在 IP 数据报的首部中。

(2) 虽然在 IP 数据报首部有源站 IP 地址，但**路由器只根据目的站的 IP 地址进行转发**。

(3) **在局域网的链路层，只能看见 MAC 帧**。IP 数据报被封装在 MAC 帧中。MAC 帧在不同网络上传送时，其 MAC 帧首部中的源地址和目的地址会发生变化，见图 4-13(b)。开始在 H_1 到 R_1 间传送时，MAC 帧首部中写的是从 MAC_1 发送到 MAC_3，路由器 R_1 收到此 MAC 帧后，在数据链路层，要剥去原来的 MAC 帧的首部和尾部。在转发时，在数据链路层，要重新添加上 MAC 帧的首部和尾部。这时首部中的源地址和目的地址分别便成为 MAC_4 和 MAC_5。路由器 R_2 收到此帧后，再次更换 MAC 帧的首部和尾部，首部中的源地址和目的地址分别变成为 MAC_6 和 MAC_2。MAC 帧的首部的这种变化，在上面的 IP 层上是看不见的。

(4) 尽管互连在一起的网络的 MAC 地址体系可以各不相同，但 **IP 层抽象的互联网却屏蔽了下层这些很复杂的细节**。只要我们在网络层上讨论问题，就能够使用统一的、抽象的 **IP 地址研究主机和主机或路由器之间的通信**。

以上这些概念是计算机网络的精髓所在，对这些重要概念务必仔细思考和掌握。

细心的读者会发现，还有两个重要问题没有解决：

主机或路由器怎样知道应当在 MAC 帧的首部填入什么样的 MAC 地址？

路由器中的转发表是怎样得出的？

第一个问题就是下一节所要讲的内容，而第二个问题将在后面的 4.5 节讨论。

4.3　网际协议 IP

网际协议 IP 是 TCP/IP 体系中两个最主要的协议之一（另一个是 TCP），也是最重要的互联网标准协议之一。与 IP 协议配套使用的还有三个协议[①]：

● **地址解析协议 ARP** (Address Resolution Protocol)

● **网际控制报文协议 ICMP** (Internet Control Message Protocol)

● **网际组管理协议 IGMP** (Internet Group Management Protocol)

图 4-14 画出了这三个协议和网际协议 IP 的关系。在这一层中，ARP 画在最下面，因为 IP 经常要使用这两个协议。ICMP 和 IGMP 画在这一层的上部，因为它们要使用协议 IP。由于网际协议 IP 可以使互连起来的许多计算机网络能够进行通信，因此 TCP/IP 体系中的网络层常常称为**网际层**(internet layer)，或 **IP 层**。

IP 数据报的格式能够说明 IP 协议都具有什么功能。在 TCP/IP 的标准中，各种数据格式常常以 32 位（即 4 字节）为单位来描述。图 4-15 是 IP 数据报的完整格式。

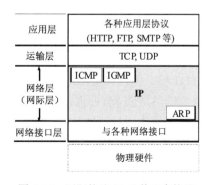

图 4-14　网际协议 IP 及其配套协议

从图 4-15 可看出，IP 数据报分为首部和数据两部分。首部的前一部分为**固定长度**，共 20 字节，是所有 IP 数据报必须具有的。在首部的固定部分的后面是一些**可选字段**，其长度是可变的。

下面介绍首部各字段的意义。

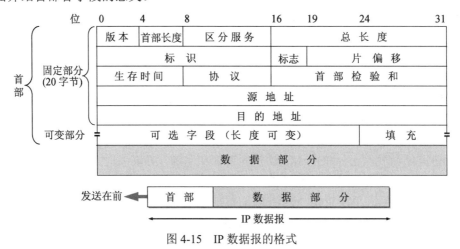

图 4-15 IP 数据报的格式

1. IP 数据报首部的固定部分中的各字段

(1) **版本**   占 4 位，指协议 IP 的版本。通信双方使用的协议 IP 的版本必须一致。目前广泛使用的协议 IP 版本号为 4 (即 IPv4)。关于 IPv6（即版本 6 的协议 IP），我们将在后面的 4.7 节讨论。

(2) **首部长度**   占 4 位，可表示的最大十进制数值是 15。请注意，首部长度字段所表示数的单位是 32 位字(1 个 32 位字长是 4 字节)。当首部长度为最大值 1111 时（即十进制数的 15），就表明首部长度达到最大值 15 个 32 位字长，即 60 字节。当 IP 分组的首部长度不是 4 字节的整数倍时，必须利用最后的填充字段加以填充。因此 IP 数据报的数据部分永远在 4 字节的整数倍时开始，这样在实现 IP 协议时较为方便。首部长度限制为 60 字节的缺点是有时可能不够用。但这样做是希望用户尽量减少开销。最常用的首部长度是 20 字节（即首部长度为 0101），这时不使用任何选项。

(3) **区分服务**   占 8 位，用来获得更好的服务。在一般的情况下都不使用这个字段。

(4) **总长度**   总长度指首部和数据之和的长度，单位为字节。总长度字段为 16 位，因此数据报的最大长度为 $2^{16} - 1 = 65535$ 字节。 然而实际上传送这样长的数据报在现实中是极少遇到的。

我们知道，在 IP 层下面的每一种数据链路层协议都规定了一个数据帧中的**数据字段的最大长度**，这称为**最大传送单元 MTU (Maximum Transfer Unit)**。当一个 IP 数据报封装成链路层的帧时，此数据报的总长度（即首部加上数据部分）一定不能超过下面的数据链路层所规定的 MTU 值。例如，最常用的以太网就规定其 MTU 值是 1500 字节。若所传送的数据报长度超过数据链路层的 MTU 值，就必须把过长的数据报进行分片处理。

虽然使用尽可能长的 IP 数据报会使传输效率得到提高（因为每一个 IP 数据报中首部长度占数据报总长度的比例就会小些），但数据报短些也有好处。每一个 IP 数据报越短，路由器转发的速度就越快。

在进行分片时（见后面的"片偏移"字段），数据报首部中的"总长度"字段是指**分片后的每一个分片**的首部长度与该分片的数据长度的总和。

(5) **标识**(identification)   占 16 位。IP 软件在存储器中维持一个计数器，每产生一个数据报，计数器就加 1，并将此值赋给标识字段。但这个"标识"并不是序号，因为 IP 是无连接服务，数据报不存在按序接收的问题。当数据报由于长度超过网络的 MTU 而必须分片时，这个标识字段的值就被复制到所有的数据报片的标识字段中。相同的标识字段的值使分片后的各数据报片最后能正确地重装成为原来的数据报。

(6) **标志(flag)**　　占 3 位，但目前只有两位有意义。

● 标志字段中的最低位记为 **MF** (More Fragment)。MF = 1 即表示后面"还有分片"的数据报。MF = 0 表示这已是若干数据报片中的最后一个。

● 标志字段中间的一位记为 **DF** (Don't Fragment)，意思是"不能分片"。只有当 DF = 0 时才允许分片。

(7) **片偏移**　　占 13 位。片偏移指出：较长的分组在分片后，某片在原分组中的相对位置。也就是说，相对于用户数据字段的起点，该片从何处开始。片偏移以 8 个字节为偏移单位。这就是说，每个分片的长度一定是 8 字节（64 位）的整数倍。

下面举一个例子。

【例 4-1】　一数据报的总长度为 3820 字节，其数据部分为 3800 字节长（使用固定首部），需要分片为长度不超过 1420 字节的数据报片。因固定首部长度为 20 字节，因此每个数据报片的数据部分长度不能超过 1400 字节。于是分为 3 个数据报片，其数据部分的长度分别为 1400，1400 和 1000 字节。原始数据报首部被复制为各数据报片的首部，但必须修改有关字段的值。图 4-16 给出分片后得出的结果（请注意片偏移的数值）。

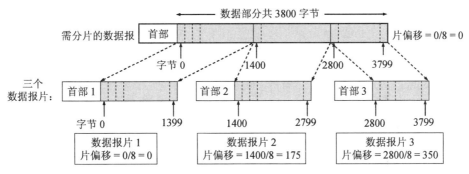

图 4-16　数据报的分片举例

表 4-3 是本例中数据报首部与分片有关的字段中的数值，其中标识字段的值是任意给定的（12345）。具有相同标识的数据报片在目的站就可无误地重装成原来的数据报。

表 4-3　IP 数据报首部中与分片有关的字段中的数值

	总长度	标识	MF	DF	片偏移
原始数据报	3820	12345	0	0	0
数据报片 1	1420	12345	1	0	0
数据报片 2	1420	12345	1	0	175
数据报片 3	1020	12345	0	0	350

现在假定数据报片 2 经过某个网络时还需要再进行分片，即划分为数据报片 2-1（携带数据 800 字节）和数据报片 2-2（携带数据 600 字节）。那么这两个数据报片的总长度、标识、MF、DF 和片偏移分别为：820, 12345, 1, 0, 175；620, 12345, 1, 0, 275。

(8) **生存时间**　　占 8 位，生存时间字段常用的英文缩写是 TTL (Time To Live)，表明是数据报在网络中的**寿命**。实际上现在 TTL 字段的作用就是"跳数限制"，防止 IP 数据报在互联网中兜圈子。生存时间的最大值是 255，但可以把这个数值设置成更小的数值。路由器在转发数据报之前就把 IP 首部中的 TTL 值减 1。若 TTL 值减小到零，就丢弃这个数据报，不再转发。TTL 的单位是跳数，它指明数据报在互联网中至多可经过多少个路由器。可见 IP 数据报能在互联网中经过的路由器的最大数值是 255。

(9) **协议**　占 8 位，协议字段指出此数据报携带的数据使用何种协议，以便使目的主机的 IP 层知道应将数据部分上交给哪个协议进行处理。

常用的一些协议和相应的协议字段值如下：

协议名	ICMP	IGMP	TCP	UDP	IPv6	OSPF
协议字段值	1	2	6	17	41	89

(10) **首部检验和**　占 16 位。这个字段**只检验数据报的首部，但不包括数据部分**。这是因为数据报每经过一个路由器，路由器都要重新计算一下首部检验和（有些字段，如生存时间、标志、片偏移等都可能发生变化）。不检验数据部分可减小计算的工作量。为了进一步减小计算检验和的工作量，IP 首部的检验和不采用复杂的 CRC 检验码而采用比较简单的计算方法。

(11) **源地址**　占 32 位。

(12) **目的地址**　占 32 位。

2. IP 数据报首部的可变部分

IP 首部的可变部分就是一个选项字段。选项字段用来支持排错、测量以及安全等措施，内容很丰富。此字段的长度可变，从 1 个字节到 40 个字节不等，取决于所选择的项目。某些选项项目只需要 1 个字节，它只包括 1 个字节的选项代码。而有些选项需要多个字节，这些选项一个个拼接起来，中间不需要有分隔符，最后用全 0 的填充字段补齐成为 4 字节的整数倍。

增加首部的可变部分是为了增加 IP 数据报的功能，但这同时也使得 IP 数据报的首部长度成为可变的。这就增加了每一个路由器处理数据报的开销。实际上这些选项很少被使用。很多路由器都不考虑 IP 首部的选项字段，因此新的 IP 版本 IPv6 就把 IP 数据报的首部长度做成固定的。这里就不讨论这些选项的细节了。

4.4　地址解析协议 ARP

下面介绍 ARP 协议的要点。

我们知道，网络层使用的是 IP 地址，但在实际网络的链路上传送数据帧时，最终还是必须使用该网络的 MAC 地址。但 IP 地址和下面链路层的 MAC 地址之间由于格式不同而不存在简单的映射关系（例如，IP 地址有 32 位，而局域网的 MAC 地址是 48 位）。此外，在一个网络上可能经常会有新的主机加入进来，或撤走一些主机。更换网络适配器也会使主机的 MAC 地址改变。**地址解析协议** ARP 解决这个问题的方法是在主机 ARP 高速缓存中应存放一个从 IP 地址到 MAC 地址的映射表，并且这个映射表还经常动态更新（新增或超时删除）。

每一台主机都设有一个 ARP **高速缓存**，里面有**本局域网**上的各主机和路由器的 IP 地址到 MAC 地址的映射表，这些都是该主机目前知道的一些地址。那么主机怎样知道这些地址呢？我们可以通过下面的例子来说明。

当主机 A 要向**本局域网**上的某台主机 B 发送 IP 数据报时，就先在其 ARP 高速缓存中查看有无主机 B 的 IP 地址。如有，就在 ARP 高速缓存中查出其对应的 MAC 地址，再把这个 MAC 地址写入 MAC 帧，然后通过局域网把该 MAC 帧发往此 MAC 地址。

也有可能查不到主机 B 的 IP 地址的项目。这可能是主机 B 才入网，也可能是主机 A 刚刚加电，其高速缓存还是空的。在这种情况下，主机 A 就自动运行 ARP，然后按以下步骤找出主机 B 的 MAC 地址。

(1) ARP 进程在本局域网上广播发送一个 ARP 请求分组（具体格式从略）。图 4-17(a)是主机 A 广播发送 ARP 请求分组的示意图。ARP 请求分组的主要内容是："我的 IP 地址是 209.0.0.5，MAC 地址是 00-00-C0-15-AD-18。我想知道 IP 地址为 209.0.0.6 的主机的 MAC 地址。"

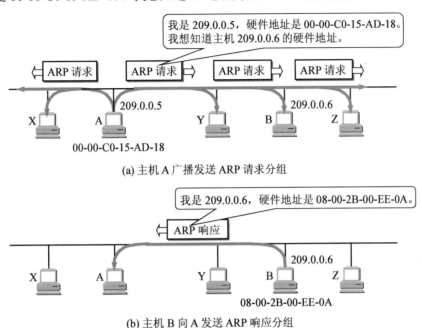

(a) 主机 A 广播发送 ARP 请求分组

(b) 主机 B 向 A 发送 ARP 响应分组

图 4-17　地址解析协议 ARP 的工作原理

(2) 在本局域网的所有主机上运行的 ARP 进程都收到此 ARP 请求分组。

(3) 主机 B 的 IP 地址与 ARP 请求分组中要查询的 IP 地址一致，就收下这个 ARP 请求分组，并向主机 A 发送 ARP 响应分组，同时在这个 ARP 响应分组中写入自己的 MAC 地址。其余的所有主机都不理睬这个 ARP 请求分组，见图 4-17(b)。ARP 响应分组的主要内容是："我的 IP 地址是 209.0.0.6，我的 MAC 地址是 08-00-2B-00-EE-0A。"请注意：虽然 ARP 请求分组是广播发送的，但 ARP 响应分组是普通的单播，即从一个源地址发送到一个目的地址。

(4) 主机 A 收到主机 B 的 ARP 响应分组后，就在其 ARP 高速缓存中写入主机 B 的 IP 地址到 MAC 地址的映射。

当主机 A 向 B 发送数据报时，很可能以后不久主机 B 还要向 A 发送数据报，因而主机 B 也可能要向 A 发送 ARP 请求分组。为了减少网络上的通信量，主机 A 在发送其 ARP 请求分组时，就把自己的 IP 地址到 MAC 地址的映射写入 ARP 请求分组。当主机 B 收到主机 A 的 ARP 请求分组时，就把主机 A 的这一地址映射写入主机 B 自己的 ARP 高速缓存中。以后主机 B 向主机 A 发送数据报时就很方便了。

可见 ARP 高速缓存非常有用。如果不使用 ARP 高速缓存，那么任何一台主机只要进行一次通信，就必须在网络上用广播方式发送 ARP 请求分组，这就使网络上的通信量大大增加。ARP 把已经得到的地址映射保存在高速缓存中，这样就使得该主机下次再和具有同样目的地址的主机通信时，可以直接从高速缓存中找到所需的 MAC 地址而不必再用广播方式发送 ARP 请求分组。

ARP 把保存在高速缓存中的每一个映射地址项目都设置**生存时间**（例如，10～20 分钟）。凡超过生存时间的项目就从高速缓存中删除掉。设置这种地址映射项目的生存时间是很重要的。设想有一种情况。主机 A 和 B 通信。A 的 ARP 高速缓存里保存有 B 的 MAC 地址。但 B 的网络适配器突然坏了，B 立即更换了一块，因此 B 的 MAC 地址就改变了。假定 A 还要和 B 继续通信。A 在其 ARP 高速缓存中查找到 B 原先的 MAC 地址，并使用该 MAC 地址向 B 发送数据帧。但 B 原先的 MAC 地址已经失效了，因此 A 无法找到 B。但是过了一段不长的生存时间，A 的 ARP 高速缓存中已经删除了 B 原先的 MAC 地址，于是 A 重新广播发送 ARP 请求分组，又找到了 B。

请注意，ARP 用于解决**同一个局域网上**的主机或路由器的 IP 地址和 MAC 地址的映射问题。如果所要找的主机和源主机不在同一个局域网上，例如，在前面的图 4-13 中，源主机 H_1 就无法解析出另一个局域网上主机 H_2 的 MAC 地址（实际上源主机 H_1 也不需要知道远程主机 H_2 的 MAC 地址）。主机 H_1 发送给 H_2 的 IP 数据报首先需要通过与主机 H_1 连接在同一个局域网上的路由器 R_1 来转发。因此主机 H_1 这时需要把 R_1 的 IP 地址 IP_3 解析为 MAC 地址 MAC_3，以便能够把 IP 数据报传送到 R_1。以后，R_1 从转发表中找出了下一跳路由器 R_2，同时使用 ARP 解析出 R_2 的 MAC 地址 MAC_5。于是 IP 数据报按照 MAC 地址 MAC_5 转发到 R_2。R_2 在转发这个 IP 数据报时用类似方法解析出目的主机 H_2 的 MAC 地址 MAC_2，使 IP 数据报最终交付主机 H_2。

从 IP 地址到 MAC 地址的解析是自动进行的，**主机的用户对这种地址解析过程是不知道的**。只要主机或路由器要和本网络上的另一个已知 IP 地址的主机或路由器进行通信，ARP 协议就会自动地把这个 IP 地址解析为链路层所需的 MAC 地址。

下面我们归纳出使用 ARP 的四种典型情况

① 发送方是主机，要把 IP 数据报发送到同一个网络上的另一台主机。这时用 ARP 找到目的主机的 MAC 地址。

② 发送方是主机，要把 IP 数据报发送到另一个网络上的一台主机。这时用 ARP 找到本网络上的一个路由器的 MAC 地址，剩下的工作由路由器来完成。

③ 发送方是路由器，要把 IP 数据报转发到本网络上的一台主机。这时用 ARP 找到目的主机的 MAC 地址。

④ 发送方是路由器，要把 IP 数据报转发到另一个网络上的一台主机。这时用 ARP 找到本网络上的一个路由器的 MAC 地址，剩下的工作由这个路由器来完成。

在许多情况下需要多次使用 ARP。但这只是以上几种情况的反复使用而已。

有的读者可能会产生这样的问题：既然在网络链路上传送的帧最终是按照 MAC 地址找到目的主机的，那么为什么我们不直接使用 MAC 地址进行通信，而是要使用抽象的 IP 地址并调用 ARP 来寻找出相应的 MAC 地址呢？

这个问题必须弄清楚。

由于全世界存在着各式各样的网络，**它们使用不同的 MAC 地址**。要使这些异构网络能够互相通信就必须进行**非常复杂的 MAC 地址转换工作**，因此由用户或用户主机来完成这项工作几乎是不可能的事。但统一的 IP 地址把这个复杂问题解决了。连接到互联网的主机只需拥有统一的 IP 地址，它们之间的通信就像连接在同一个网络上那样简单方便，因为上述的调用 ARP 的复杂过程都是由计算机软件自动进行的，对用户来说是看不见这种调用过程的。

因此，在虚拟的 IP 网络上用 IP 地址进行通信给广大的计算机用户带来很大的方便。

4.5　通过查找转发表进行分组转发

分组是根据分组首部中的目的地址在互联网上传送和转发的。因此，分组每到达一个路由器，路由器就根据分组首部中的目的 IP 地址查找转发表，然后就得知下一跳应当到哪一个路由器。

但是，路由器中的转发表却不是按目的 IP 地址来查找的。这是因为互联网中的主机数目实在太大了。如果按照每一个目的主机的 IP 地址来查找转发表，就会使转发表变得非常庞大，使得查找过程非常之慢。这样的转发表也就没有实用价值。因此必须想办法压缩转发表的大小。

我们知道，32 位的 IP 地址是两级结构地址。地址的前一部分是前缀，表示网络，后一部分表示主机。我们可以把查找目的主机的方法变通一下，即不是直接查找目的主机，而是先查找目的网络（网络前缀），在找到了目的网络之后，就把分组在这个网络上直接交付目的主机。由于互联网上的网络数远远小于主机数，这样就可以大大压缩转发表的大小，加速了分组在路由器中的转发。因此转发分组的过程就是**设法把分组转发到目的主机所在的网络**，最后再由这个网络把分组交付目的主机。

下面用具体例子来说明分组的转发过程。

图 4-18 中有三个子网通过两个路由器互连在一起。源主机 H_1 发送出一个分组，目的主机 H_2 的地址是 128.1.2.132。现在讨论分组怎样从源主机传送到目的主机。

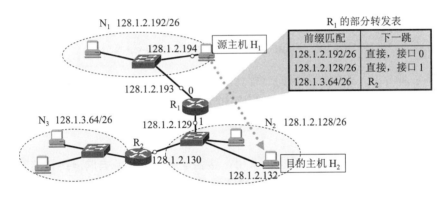

图 4-18 源主机 H_1 向目的主机 H_2 发送分组

源主机 H_1 首先必须确定：目的主机是否连接在本网络上？如果是，那么问题很简单，就直接交付，根本不需要转发给路由器；如果不是，就间接交付，把分组发送给连接在本网络上的路由器，以后要做的事情都由这个路由器来处理。

判断目的主机是否在本网络 N_1 上并不复杂。主机 H_1 先把要发送的分组的目的地址和本网络 N_1 的子网掩码按位进行 AND 运算，得出运算结果。如果运算结果等于本网络 N_1 的前缀，就表明目的主机连接在本网络上；否则，就必须把分组发送到路由器 R_1，由路由器 R_1 完成后续的任务。

现在，要发送的分组的目的地址是 128.1.2.132，本网络的掩码是 26 个 1，后面有 6 个连 0。图 4-19 给出了按位 AND 运算的结果是 128.1.2.128，不等于本网络 N_1 的前缀。这说明目的主机没有连接在本网络上。源主机 H_1 必须把分组发送给路由器 R_1，让路由器 R_1 根据其转发表来处理这个分组。

	128	. 1	. 2	. 132
目的主机 IP 地址	10000000	00000001	00000010	10000100
128.1.2.192/26 的掩码	11111111	11111111	11111111	11000000
按位 AND 运算	10000000	00000001	00000010	10000000
得出结果	128 .	1 .	2 .	128 /26

图 4-19 检查 IP 地址 128.1.2.132 是否在网络 N_1 上

现在我们介绍一下路由器 R_1 的部分转发表（见图 4-18）。图中的转发表只画出了其中的 3

行。这 3 行的意思是：

如果 R₁ 收到的分组在网络 128.1.2.192/26 中，那么就通过接口 0 直接交付。

如果 R₁ 收到的分组在网络 128.1.2.128/26 中，那么就通过接口 1 直接交付。

如果 R₁ 收到的分组在网络 128.1.3.64/26 中，那么就要转发给路由器 R₂，剩下的工作由 R₂ 来做。

因此，路由器在收到一个分组时，就逐行进行比较，这个过程称为**寻找前缀匹配**。

现在先检查第 1 行。检查的方法和图 4-19 所示的一样，其结果显然是不匹配的。

接着检查第 2 行。如图 4-20 所示，运算结果是 128.1.2.128/26，表明和转发表第 2 行的前缀相匹配。因此在网络 N₂ 上通过 R₁ 的接口 1 把分组直接交付。这时路由器 R₁ 调用 ARP，解析出目的主机 H₂ 的 MAC 地址，再封装成链路层的帧，直接交付连接在本网络 N₂ 上的目的主机 H₂。

	128 . 1 . 2 . 132
目的主机 IP 地址	10000000 00000001 00000010 10000100
128.1.2.128/26 的掩码	11111111 11111111 11111111 11000000
按位 AND 运算	10000000 00000001 00000010 10000000
得出结果	128 . 1 . 2 . 128 /26

图 4-20　检查 IP 地址 128.1.2.132 是否在网络 N₁ 上

从以上例子可看出，查找转发表的过程就是逐行**寻找前缀匹配**。

路由器的转发表有时还可能增加一种**特定主机路由**。这就是对特定的目的主机指明一个特定的路由。这是为了使网络管理人员更方便地控制网络和测试网络，同时也可在需要考虑某种安全问题时采用这种特定主机路由。

还有一种**默认路由**(default route)也很有用。这就是不管分组要去的最终目的网络在哪里，都由指定的路由器 R 来处理。如果一台主机连接在一个小网络上，而这个网络只用一个路由器和互联网连接，那么在这种情况下使用默认路由是非常合适的。

最后，我们可以用一个简单的比喻来说明查找转发表和转发分组的过程。例如，从家门口开车到机场，但没有地图，也不知道应当走哪条路线。好在每一个道路岔口都有一个警察可以询问。因此，每到一个岔口（相当于分组到了一个路由器），就问："去机场应当朝哪个方向走？"（相当于在转发表中寻找匹配）。该警察并不告诉你去机场的详细路径。他仅仅指出到机场途经的下一个警察位置的方向。其回答可能是："向左转方向走。"当你左转到了下一个岔口，再询问警察，回答可能是："直行。"这样，每到一个岔口，就询问下一步走的方向。这样，即使没有地图，我们最终也可以到达目的地——机场。

4.6　网际控制报文协议 ICMP

为了更有效地转发 IP 数据报和提高交付成功的机会，在网际层使用了**网际控制报文协议 ICMP** (Internet Control Message Protocol)。ICMP 允许主机或路由器报告差错情况和提供有关异常情况的报告。ICMP 是互联网的标准协议。从图 4-21 可以看出，ICMP 报文作为 IP 层数据报的数据，加上数据报的首部，组成 IP 数据报发送出去。

1. ICMP 差错报告报文

常用的 ICMP 差错报告报文有以下四种：

(1) **终点不可达**　当路由器或主机不能交付数据报时

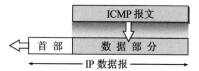

图 4-21　ICMP 报文就是 IP 数据报的数据部分

就向源点发送终点不可达报文。

(2) **时间超过**　　当路由器收到生存时间为零的数据报时，除丢弃该数据报外，还要向源点发送时间超过报文。当终点在预先规定的时间内不能收到一个数据报的全部数据报片时，就把已收到的数据报片都丢弃，并向源点发送时间超过报文。

(3) **参数问题**　　当路由器或目的主机收到的数据报的首部中有的字段的值不正确时，就丢弃该数据报，并向源点发送参数问题报文。

(4) **改变路由（重定向）**　　路由器把改变路由报文发送给主机，让主机知道下次应将数据报发送给另外的路由器（可通过更好的路由）。

常用的 ICMP 询问报文有两种，即：

(1) **回送请求和回答**　　ICMP 回送请求报文是由主机或路由器向一个特定的目的主机发出的询问。收到此报文的主机必须给源主机或路由器发送 ICMP 回送回答报文。这种询问报文用来测试目的站是否可达以及了解其有关状态。

(2) **时间戳请求和回答**　　ICMP 时间戳请求报文是请某台主机或路由器回答当前的日期和时间。在 ICMP 时间戳回答报文中有一个 32 位的字段，其中写入的整数代表从 1900 年 1 月 1 日起到当前时刻一共有多少秒。时间戳请求与回答可用于时钟同步和时间测量。

ICMP 的一个重要应用就是分组网间探测 PING (Packet InterNet Groper)，用来测试两台主机之间的连通性。PING 使用了 ICMP 回送请求与回送回答报文。PING 是应用层直接使用网络层 ICMP 的一个例子。它没有通过运输层的 TCP 或 UDP。

对于 Windows10 操作系统的用户可在接入互联网后转入 MS DOS（右键单击"开始"，单击"运行"，再键入"cmd"）。看见屏幕上的提示符后，就键入"ping *hostname*"（这里的 *hostname* 是要测试连通性的主机名或它的 IP 地址），按回车键后就可看到结果。

图 4-22 给出了从南京的一台 PC 到新浪网的邮件服务器 mail.sina.com.cn 的连通性的测试结果。PC 一连发出四个 ICMP 回送请求报文。如果邮件服务器 mail.sina.com.cn 正常工作而且响应这个 ICMP 回送请求报文（有的主机为了防止恶意攻击就不理睬外界发送过来的这种报文），那么它就发回 ICMP 回送回答报文。由于往返的 ICMP 报文上都有时间戳，因此很容易得出往返时间。最后显示出的是统计结果：发送到哪个机器（IP 地址），发送的、收到的和丢失的分组数（但不给出分组丢失的原因），往返时间的最小值、最大值和平均值。

图 4-22　用 PING 测试主机的连通性

4.7　IPv6

协议 IP 是互联网的核心协议。IPv4 是在 20 世纪 70 年代末期设计的。互联网经过几十年的飞速发展，在 2011 年 2 月 3 日，由于 IPv4 地址已经全部耗尽，IANA 就停止向地区互联网注册机构 RIR 分配 IPv4 地址。我国在 2014 年至 2015 年也逐步停止了向新用户和应用分配 IPv4 地址，同时全面开始商用部署 IPv6。

解决 IP 地址耗尽的根本措施就是采用具有更大地址空间的新版本的 IP，即 IPv6。经过多年的研究和试验，在 2017 年 7 月终于发布了 IPv6 的正式标准。

4.7.1 IPv6 的基本首部

IPv6 所引进的主要变化如下：

(1) **更大的地址空间**。IPv6 把地址从 IPv4 的 32 位增大到 4 倍，即增大到 128 位，使地址空间增大了 2^{96} 倍。这样大的地址空间在可预见的将来是不会用完的。

(2) **扩展的地址层次结构**。IPv6 由于地址空间很大，因此可以划分为更多的层次。

(3) **灵活的首部格式**。IPv6 数据报的首部和 IPv4 的并不兼容。IPv6 定义了许多可选的扩展首部，不仅可提供比 IPv4 更多的功能，而且还可提高路由器的处理效率，这是因为路由器对扩展首部不进行处理（除逐跳扩展首部外）。

(4) **改进的选项**。IPv6 允许数据报包含有选项的控制信息，因而可以包含一些新的选项。但 IPv6 的**首部长度是固定的**，其选项放在有效载荷中。我们知道，IPv4 所规定的选项是固定不变的，其选项放在首部的可变部分。

(5) **允许协议继续扩充**。这一点很重要，因为技术总是在不断地发展（如网络硬件的更新）而新的应用也还会出现。但我们知道，IPv4 的功能是固定不变的。

(6) **支持即插即用**（即自动配置）。

(7) **支持资源的预分配**。IPv6 支持实时视像等要求保证一定的带宽和时延的应用。

(8) **IPv6 首部改为 8 字节对齐**（即首部长度必须是 8 字节的整数倍）。原来的 IPv4 首部是 4 字节对齐。

IPv6 数据报由两大部分组成，即**基本首部**(base header)和后面的**有效载荷**(payload)。有效载荷也称为**净负荷**。有效载荷允许有零个或多个**扩展首部**(extension header)，后面是数据部分（图 4-23）。但请注意，所有的扩展首部并不属于 IPv6 数据报的首部。

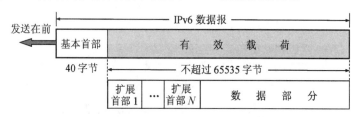

图 4-23　具有多个可选扩展首部的 IPv6 数据报的一般形式

下面解释 IPv6 基本首部中各字段的作用（参见图 4-24）。

(1) **版本**(version)　　占 4 位。它指明了协议的版本，对 IPv6 该字段是 6。

(2) **通信量类**(traffic class)　　占 8 位。这是为了区分不同的 IPv6 数据报的类别或优先级。目前正在进行不同的通信量类性能的试验。

(3) **流标号**(flow label)　　占 20 位。IPv6 的一个新的机制是支持资源预分配，并且允许路由器把每一个数据报与一个给定的资源分配相联系。IPv6 提出**流**(flow)的抽象概念。所谓"流"就是互联网上从特定源点到特定终点（单播或多播）的一系列数据报（如实时音频或视频传输），而在这个"流"所经过的路径上的路由器都保证指明的服务质量。所有属于同一个流的数据报都具有同样的流标号。因此，流标号对实时音频/视频数据的传送特别有用。对于传统的电子邮件或非实时数据，流标号则没有用处，把它置为 0 即可。

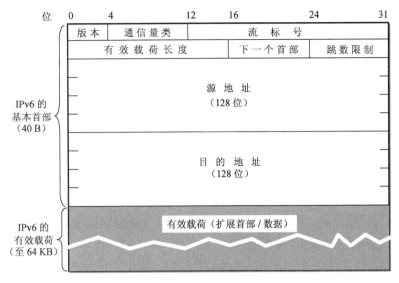

图 4-24　40 字节长的 IPv6 基本首部

(4) **有效载荷长度**(payload length)　占 16 位。它指明 IPv6 数据报除基本首部外的字节数（所有扩展首部都算在有效载荷之内）。这个字段的最大值是 64 KB（65535 字节）。

(5) **下一个首部**(next header)　占 8 位。它相当于 IPv4 的协议字段或可选字段。

● 当 IPv6 数据报没有扩展首部时，下一个首部字段的作用和 IPv4 的协议字段一样，它的值指出了基本首部后面的数据应交付 IP 层上面的哪一个高层协议（例如：6 或 17 分别表示应交付运输层 TCP 或 UDP）。

● 当出现扩展首部时，下一个首部字段的值就标识后面第一个扩展首部的类型。

(6) **跳数限制**(hop limit)　占 8 位。用来防止数据报在网络中无限期地存在。源点在每个数据报发出时即设定某个跳数限制（最大为 255 跳）。每个路由器在转发数据报时，要先把跳数限制字段中的值减 1。当跳数限制的值为零时，就要把这个数据报丢弃。

(7) **源地址**　占 128 位。是数据报的发送端的 IP 地址。

(8) **目的地址**　占 128 位。是数据报的接收端的 IP 地址。

4.7.2　IPv6 的地址

一般来讲，一个 IPv6 数据报的目的地址可以是以下三种基本类型地址之一：

(1) **单播**(unicast)　单播就是传统的点对点通信。

(2) **多播**(multicast)　多播是一点对多点的通信，数据报发送到一组计算机中的每一个。IPv6 没有采用广播的术语，而是将广播看作多播的一个特例。

(3) **任播**(anycast)　这是 IPv6 增加的一种类型。任播的终点是一组计算机，但数据报只交付其中的一个，通常是按照路由算法得出的距离最近的一个。

IPv6 把实现 IPv6 的主机和路由器均称为**节点**。由于一个节点可能会使用多条链路与其他的一些节点相连，因此一个节点可能有多个与链路相连的接口。这样，IPv6 给节点的**每一个接口**（请注意，**不是给某个节点**）指派一个 IPv6 地址。一个具有多个接口的节点可以有多个单播地址，而其中任何一个地址都可当作到达该节点的目的地址。不过有时为了方便，若不会引起误解，也常说某个节点的 IPv6 地址，而把某个接口省略掉。

在 IPv6 中，每个地址占 128 位，地址空间大于 3.4×10^{38}。如果整个地球表面（包括陆地和水面）都覆盖着计算机，那么 IPv6 允许每平方米拥有 7×10^{23} 个 IP 地址。如果地址分配速率是每微秒分配 100 万个地址，则需要 10^{19} 年的时间才能将所有可能的地址分配完毕。可见在想象到的将来，IPv6 的地址空间是不可能用完的。

为了体会一下 IPv6 的地址有多大，可以看一下目前已经分配出去的最大的地址块。法国电信 France Telecom 和德国电信 Deutsche Telekom 各分配到一个/19 地址块，相当于各有 35×10^{12} 个地址，远远大于全部的 IPv4 地址（不到 4.3×10^{9} 个）。

巨大的地址范围还必须使维护互联网的人易于阅读和操纵这些地址。IPv4 所用的点分十进制记法现在也不够方便了。例如，一个用点分十进制记法的 128 位的地址为：

104.230.140.100.255.255.255.255.0.0.17.128.150.10.255.255

为了使地址再稍简洁些，IPv6 使用**冒号十六进制记法**，它把每个 16 位的值用十六进制值表示，各值之间用冒号分隔。例如，如果上面所给的点分十进制记法的值改为冒号十六进制记法，就变成了：

68E6:8C64:FFFF:FFFF:0:1180:960A:FFFF

在十六进制记法中，允许把数字前面的 0 省略。上面就把 0000 中的前三个 0 省略了。

冒号十六进制记法还包含两个技术使它尤其有用。首先，冒号十六进制记法可以允许**零压缩**，即一连串连续的零可以被一对冒号所取代，例如：

FF05:0:0:0:0:0:0:B3

可压缩为：

FF05::B3

为了保证零压缩有一个不含混的解释，规定在任一地址中只能使用一次零压缩。

其次，冒号十六进制记法可结合使用点分十进制记法的后缀。我们下面会看到这种结合在 IPv4 向 IPv6 的转换阶段特别有用。例如，下面的串是一个合法的冒号十六进制记法：

0:0:0:0:0:0:128.10.2.1

请注意，在这种记法中，虽然被冒号所分隔的每个值是两个字节(16 位)的量，但每个点分十进制部分的值则指明一个字节(8 位)的值。再使用零压缩即可得出：

::128.10.2.1

CIDR 的斜线表示法仍然可用。例如，60 位的前缀 12AB00000000CD3（十六进制表示的 15 个字符，每个字符代表 4 位二进制数字）可记为：

12AB:0000:0000:CD30:0000:0000:0000:0000/60

或 12AB::CD30:0:0:0:0/60

或 12AB:0:0:CD30::/60

但**不允许记为**：

12AB:0:0:CD3/60　　（不能把 16 位地址 CD30 块中的最后的 0 省略）

或 12AB::CD30/60　　（这是地址 12AB:0:0:0:0:0:0:CD30 的前 60 位二进制）

或 12AB::CD3/60　　（这是地址 12AB:0:0:0:0:0:0:0CD3 的前 60 位二进制）

斜线的意思和 IPv4 的情况相似。例如，

CIDR 记法的 2001:0DB8:0:CD30:123:4567:89AB:CDEF/60，表示

IPv6 的地址是：2001:0DB8:0:CD30:123:4567:89AB:CDEF

而其子网号是：2001:0DB8:0:CD30::/60

IPv6 常用的地址分类如表 4-4 所示。

表 4-4　IPv6 常用的地址分类

地址类型	地址块前缀	前缀的 CIDR 记法
未指明地址	00...0（128 位）	::/128
环回地址	00...1（128 位）	::1/128
多播地址	11111111	FF00::/8
本地站点单播地址	1111111011	FEC0::/10
本地链路单播地址	1111111010	FE80::/10
全球单播地址	（除上述 5 种外，所有其他的二进制前缀）	

对表 4-4 所列举的几种地址简单解释如下。

未指明地址　这是 16 字节的全 0 地址，可缩写为两个冒号 "::"。这个地址不能用作目的地址，而只能被某台主机当作源地址使用，条件是这台主机还没有配置到一个标准的 IP 地址。这类地址仅此一个。

环回地址　IPv6 的环回地址是 0:0:0:0:0:0:0:1，可缩写为 ::1。它的作用和 IPv4 的环回地址一样。这类地址也是仅此一个。

多播地址　功能和 IPv4 的一样。这类地址占 IPv6 地址总数的 1/256。

本地链路单播地址(link-local unicast address)　这种地址是在单一链路上使用的。当一个节点启用 IPv6 时就自动生成本地链路地址。当需要把分组发往单一链路的设备而不希望该分组被转发到此链路范围以外的地方时，就可以使用这种地址。这类地址占 IPv6 地址总数的 1/1024。

本地链路单播地址(Link-Local Unicast Address)　有些单位的网络使用 TCP/IP 协议，但**并没有连接到互联网上**。连接在这样的网络上的主机都可以使用这种本地地址进行通信，但不能和互联网上的其他主机通信。这类地址占 IPv6 地址总数的 1/1024。

由于 IPv6 的地址太多了，因此 IPv6 的地址分配常以 /32 这样的地址块作为单位。请注意，对于 IPv6，/32 地址块的地址数是 2^{96}，是个非常巨大的数目。例如，截至 2021 年 6 月底，我国大陆分配到的 IPv6 地址数是 23409 个 /32 地址块，即 23409×2^{96} 个地址。

4.7.3　从 IPv4 向 IPv6 过渡

由于现在整个互联网的规模太大，因此，"规定一个日期，从这一天起所有的路由器一律都改用 IPv6"，显然是不可行的。这样，向 IPv6 过渡**只能采用逐步演进的办法**，同时，还必须使新安装的 IPv6 系统能够**向后兼容**。这就是说，IPv6 系统必须能够接收和转发 IPv4 分组，并且能够为 IPv4 分组选择路由。

下面介绍两种向 IPv6 过渡的策略，即使用双协议栈和使用隧道技术。

1. 双协议栈

双协议栈是指在完全过渡到 IPv6 之前，使一部分主机（或路由器）同时装有 IPv4 和 IPv6 这两种协议栈。因此双协议栈主机（或路由器）既能够和 IPv6 的系统通信，又能够和 IPv4 的系统通信。双协议栈的主机（或路由器）记为 IPv6/IPv4，表明它同时具有 IPv6 地址和 IPv4 地址（图 4-25）。

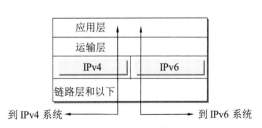

图 4-25　使用双协议栈进行从 IPv4 到 IPv6 的过渡

双协议栈的主机在和 IPv6 主机通信时采用 IPv6 地址，而和 IPv4 主机通信时则采用 IPv4 地址。但双协议栈主机怎样知道目的主机是采用哪一种地址的呢？它是使用域名系统 DNS 来查询的。若 DNS 返回的是 IPv4 地址，双协议栈的源主机就使用 IPv4 地址。但当 DNS 返回的是 IPv6 地址时，源主机就使用 IPv6 地址。

双协议栈需要付出的代价太大，因为要安装两套协议。因此在过渡时期，最好采用下面的隧道技术。

2. 隧道技术

向 IPv6 过渡的另一种方法是采用**隧道技术**(tunneling)。图 4-26 给出了隧道技术的工作原理。这种方法的要点就是在 IPv6 数据报要进入 IPv4 网络时，把 IPv6 数据报封装成 IPv4 数据报。现在整个的 IPv6 数据报变成了 IPv4 数据报的数据部分。这样的 IPv4 数据报从路由器 B 经过路由器 C 和 D，传送到 E，而原来的 IPv6 数据报就好像在 IPv4 网络的隧道中传输，什么都没有变化。当 IPv4 数据报离开 IPv4 网络中的隧道时，再把数据部分（即原来的 IPv6 数据报）交给主机的 IPv6 协议栈。图中的一条粗线表示在 IPv4 网络中好像有一个从 B 到 E 的"IPv6 隧道"，路由器 B 是隧道的入口而 E 是出口。请注意，在隧道中传送的数据报的源地址是 B 而目的地址是 E。

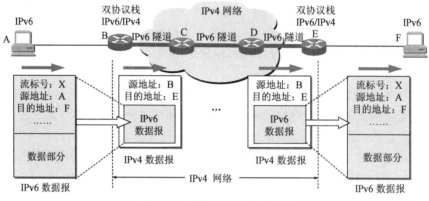

图 4-26　隧道技术的工作原理

要使双协议栈的主机知道 IPv4 数据报里面封装的数据是一个 IPv6 数据报，就必须把 IPv4 首部的协议字段的值设置为 41（41 表示数据报的数据部分是 IPv6 数据报）。

和 IPv4 一样，IPv6 也不保证数据报的可靠交付，因为互联网中的路由器可能会丢弃数据报。因此 IPv6 也需要使用 ICMP 来反馈一些差错信息。新的版本称为 ICMPv6，它比 ICMPv4 要复杂得多。地址解析协议 ARP 和网际组管理协议 IGMP 的功能都已被合并到 ICMPv6 中（图 4-27）。限于篇幅，在此不介绍 ICMPv6 了。

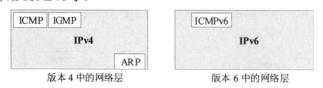

图 4-27　新旧版本中的网络层的比较

4.8　互联网的路由选择协议

本节将讨论几种常用的路由选择协议，也就是要讨论转发表中的路由是怎样得出的。为此，先简单介绍一下路由器的结构。

4.8.1 路由器的结构

路由器是一种具有多个输入端口和多个输出端口的专用计算机，其任务是转发分组。从路由器某个输入端口收到的分组，按照分组要去的目的地（即目的网络），把该分组从路由器的某个合适的输出端口转发给下一跳路由器。下一跳路由器也按照这种方法处理分组，直到该分组到达终点为止。路由器的转发分组正是网络层的主要工作。图 4-28 给出了典型路由器的结构。

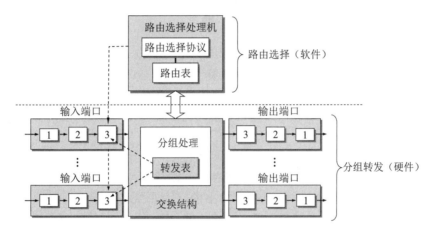

图 4-28　典型路由器的结构（图中的数字 1～3 表示相应层次的构件）

从图 4-28 可以看出，整个路由器结构可划分为两大部分：**路由选择**部分和**分组转发**部分。

路由选择部分中的核心构件是路由选择处理机，用来根据路由选择协议构造出路由表。路由器必须经常或定期地和相邻路由器交换路由信息，从而能够更新和维护路由表。

分组转发部分由三部分组成：**交换结构**、一组**输入端口**和一组**输出端口**（请注意：这里的端口就是硬件接口）。小型路由器的端口只有几个。但某些 ISP 使用的边缘路由器的高速 10 Gbit/s 端口，则可以有多达几百个之多。

交换结构的作用就是根据**转发表**将某个输入端口进入的分组，从另一个合适的输出端口转发出去。交换结构本身就是一种网络，但这种网络完全包含在路由器之中，因此交换结构可看成"**在路由器中的网络**"。

请注意"转发"和"路由选择"是有区别的。在互联网中，"**转发**"就是路由器根据转发表把收到的 IP 数据报从路由器合适的端口转发出去。"转发"比较单纯，仅仅涉及**单个路由器**的动作。但"**路由选择**"则相当复杂，因为这涉及**很多路由器**。一个路由器本来是无法知道如何选择路由的。但通过许多路由器的协同工作，根据复杂的路由算法，就可以构造出完整的路由表。由此可见，路由表是由软件实现的。但转发表是从路由表导出的，通常用特殊的硬件来实现。路由器在转发分组时要**查找转发表**，这时并不需要使用路由选择协议。当我们讨论路由选择的原理时，有时可以不去区分转发表和路由表的区别，而笼统地都使用路由表这一名词。

在图 4-28 中，路由器的输入和输出端口里面都各有三个方框，用方框中的 1，2 和 3 分别代表物理层、数据链路层和网络层的处理模块。物理层进行比特的接收。数据链路层则按照链路层协议接收传送分组的帧。在把帧的首部和尾部剥去后，分组就被送入网络层的处理模块。

路由器收到的分组有两大类。若接收到的分组是路由器之间**交换路由信息的分组**（如 RIP 或 OSPF 分组等），则把这类分组送交路由器的路由选择部分中的路由选择处理机。若接收到的是**数据分组**，则按照分组首部中的目的地址查找转发表，根据得出的匹配结果，分组就经过交换结构到达合适的输出端口。

当一个分组正在路由器中被处理时，后面又紧跟着从这个输入端口收到另一个分组。这个后到的分组就必须在处理模块的缓存中排队等待，因而要产生一定的时延。若缓存已满，则后面再到达的分组就要被丢弃，这就造成分组的丢失。

4.8.2 有关路由选择协议的几个基本概念

互联网采用的路由选择协议主要是自适应的（即动态的）、分布式路由选择协议。由于以下两个原因，互联网采用分层次的路由选择协议：

(1) 互联网的规模非常大。如果让所有的路由器知道所有的网络应怎样到达，则这种路由表将非常大，处理起来也太花时间。而所有这些路由器之间交换路由信息所需的带宽就会使互联网的通信链路饱和。

(2) 许多单位不愿意让外界了解自己单位网络的布局细节和本部门所采用的路由选择协议（这属于本部门内部的事情），但同时还希望连接到互联网上。

为此，可以把整个互联网划分为许多较小的**自治系统**，一般都记为 AS (Autonomous System)。AS 就是在单一的技术管理下的一组路由器。一个 AS 对其他 AS 表现出的是一个单一的和一致的路由选择策略。

在目前的互联网中，一个大的 ISP 就是一个自治系统。这样，互联网就把路由选择协议划分为两大类，即：

(1) **内部网关协议 IGP**，即在一个自治系统内部使用的路由选择协议，而这与在互联网中的其他自治系统选用的路由选择协议无关。目前这类路由选择协议使用得最多，如 RIP 和 OSPF 协议。

(2) **外部网关协议 EGP**，即在自治系统之间使用的路由选择协议。目前使用最多的外部网关协议是 BGP 的版本 4（BGP-4）。

自治系统之间的路由选择也叫作**域间路由选择**，而在自治系统内部的路由选择叫作**域内路由选择**。

图 4-29 是 4 个自治系统互连在一起的示意图。每个自治系统自己决定在本自治系统内部运行哪一个内部路由选择协议。例如，AS_1 和 AS_4 使用 RIP，而 AS_2 和 AS_3 使用 OSPF。但每个自治系统都有一个或多个路由器，除运行本系统的内部路由选择协议外，还要运行自治系统之间的路由选择协议（BGP-4）。

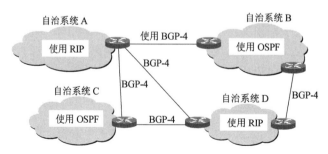

图 4-29　自治系统内部和自治系统之间使用的路由选择协议不同

这里我们要指出：互联网的早期 RFC 文档中未使用"路由器"而是使用了"网关"这一名词。但是在新的 RFC 文档中又使用了"路由器"这一名词，因此在有关路由选择的资料中，往往会看到"网关"这个名词，但实际上指的是"路由器"。

4.8.3　内部网关协议 RIP

1. 工作原理

RIP (Routing Information Protocol)是内部网关协议 IGP 中最先得到广泛使用的协议。RIP 是一种分布式的**基于距离向量的路由选择协议**，是互联网的标准协议，其最大优点就是简单。

协议 RIP 要求网络中的每一个路由器都要维护从它自己到其他每一个目的网络的距离记录（因此，这是**一组距离，即"距离向量"**）。

协议 RIP 将"距离"定义如下：从一个路由器到直接连接的网络的距离定义为 1。从一个路由器到非直接连接的网络的距离定义为所经过的路由器数加 1。"加 1"是因为到达目的网络后就进行直接交付，而到直接连接的网络的距离已经定义为 1。例如在前面讲过的图 4-18 中，路由器 R_1 到 N_1 或 N_2 的距离都是 1（直接连接），而到 N_3 的距离是 2。

协议 RIP 的"距离"也称为"**跳数**"，因为每经过一个路由器，跳数就加 1。RIP 认为好的路由就是它通过的路由器的数目少，即"距离短"。RIP 允许一条路径最多只能包含 15 个路由器。因此"距离"等于 16 时即相当于不可达。可见 **RIP 只适用于小型互联网**。

RIP 不能在两个网络之间同时使用多条路由。RIP 选择一条具有最少路由器的路由（即最短路由），哪怕还存在另一条高速（低时延）但路由器较多的路由。

本节讨论的协议 RIP 和下一节要讨论的协议 OSPF，都是分布式路由选择协议。它们的共同特点就是每一个路由器都要不断地和其他一些路由器交换路由信息。我们一定要弄清以下三个要点，即**和哪些路由器交换信息？交换什么信息？在什么时候交换信息？**

协议 RIP 的特点是：

(1) **仅和相邻路由器交换信息**。如果两个路由器之间的通信不需要经过另一个路由器，那么这两个路由器就是相邻的。协议 RIP 规定，不相邻的路由器不交换信息。

(2) 路由器交换的信息是**当前本路由器所知道的全部信息，即自己现在的路由表**。也就是说，交换的信息是："我到本自治系统中所有网络的（最短）距离，以及到每个网络应经过的下一跳路由器"。

(3) **按固定的时间间隔**交换路由信息，例如，每隔 30 秒。然后路由器根据收到的路由信息更新路由表。当网络拓扑发生变化时，路由器也及时向相邻路由器通告拓扑变化后的路由信息。

这里要强调一点：路由器在**刚刚开始工作时**，其路由表是空的。然后路由器就得出到直接相连的几个网络的距离（这些距离定义为 1）。接着，每一个路由器也只和**数目非常有限的**相邻路由器交换并更新路由信息。但经过若干次的更新后，所有的路由器最终都会知道到达本自治系统中任何一个网络的最短距离和下一跳路由器的地址。看起来协议 RIP 有些奇怪，因为"我的路由表中的信息要依赖于你的，而你的信息又依赖于我的。"然而事实证明，通过这样的方式——"我告诉别人一些信息，而别人又告诉我一些信息。我再把我知道的更新后的信息告诉别人，别人也这样把更新后的信息再告诉我"，最后在自治系统中所有的节点都得到正确的路由选择信息。可见在路由表中，"距离"是很重要的。如果两个相邻路由器都告诉路由器 R，它们都能到达网络 N，那么 R 就挑选距离更短的一个路由。

需要注意的是，转发表在转发分组时，并不考虑"距离"这个因素。转发表仅指出，到目的网络应经过的下一跳路由器，但不指出还要经过多少个路由器。

总之，协议 RIP 让一个自治系统中的所有路由器都和自己的相邻路由器定期交换路由信息，并更新其路由表，使得从**每一个路由器都能找出到每一个目的网络的最佳下一跳**（即到目的网络跳数最少的路由器）。虽然所有的路由器最终都拥有了整个自治系统的全局路由信息，但由于每一个路由器的位置不同，它们的路由表显然也应当是不同的。

现在较新的 RIP 版本是 1998 年 11 月公布的互联网标准协议 RIP2，该协议在性能上有些改进。例如，RIP2 支持 CIDR。协议 RIP 使用运输层的用户数据报 UDP 进行传送。

协议 RIP 最大的优点就是**实现简单，开销较小**。但协议 RIP 的缺点也较多。首先，RIP 限制了网络的规模，它能使用的最大距离为 15（16 表示不可达）。其次，路由器之间交换的路由信息是路由器中的完整路由表，因而网络规模越大，其开销也越大。在某些情况下，网络拓扑的变化会使路由表的更新花费较长的时间。

4.8.4 内部网关协议 OSPF

这个协议的名字是**开放最短路径优先 OSPF (Open Shortest Path First)**。它是为克服 RIP 的缺点在 1989 年开发出来的。

请注意：OSPF 只是一个协议的名字，**它并不表示其他的路由选择协议不是"最短路径优先"**。实际上，所有的在自治系统内部使用的路由选择协议（包括协议 RIP）都是要寻找一条最短的路径。

OSPF 最主要的特征就是使用分布式的**链路状态协议**，而不是像 RIP 那样的距离向量协议。和协议 RIP 相比，OSPF 的三个要点和 RIP 的都不一样：

(1) 向本自治系统中**所有路由器**发送信息。这里使用的方法是**洪泛法**，这就是路由器通过所有输出端口向所有相邻的路由器发送信息。而每一个相邻路由器又将此信息发往其所有的相邻路由器（但不再发送给刚刚发来信息的那个路由器）。这样，最终整个区域中所有的路由器都得到了这个信息的一个副本。更具体的做法后面还要讨论。我们应注意，协议 RIP 仅仅向自己相邻的几个路由器发送信息。

(2) 发送的信息就是与本路由器**相邻的所有路由器的链路状态**，但这只是路由器所知道的**部分信息**。所谓"链路状态"就是说明本路由器都和哪些路由器相邻，以及该链路的"度量"。OSPF 将这个"度量"用来表示费用、距离、时延、带宽，等等。这些都由网络管理人员来决定，因此较为灵活。有时为了方便就称这个度量为**"代价"**。我们应注意，对于协议 RIP，发送的信息是："到**所有网络**的距离和下一跳路由器"。

(3) 只有当链路状态**发生变化时**，路由器才向所有路由器用洪泛法发送此信息。而不像 RIP 那样，不管网络拓扑有无发生变化，路由器之间都要定期交换路由表的信息。

从上述的三个方面可以看出，OSPF 和 RIP 的工作原理相差较大。

由于各路由器之间频繁地交换链路状态信息，因此所有的路由器最终都能建立一个**链路状态数据库**，这个数据库实际上就是**全网的拓扑结构图**。这个拓扑结构图在全网范围内是**一致的**（这称为**链路状态数据库的同步**）。因此，每一个路由器都知道全网共有多少个路由器，以及和哪些路由器是怎样相连的，其代价是多少，等等。每一个路由器使用链路状态数据库中的数据，构造出自己的路由表。我们注意到，协议 RIP 的每一个路由器虽然知道到所有的网络的距离以及下一跳路由器，但却**不知道全网的拓扑结构**（只有到了下一跳路由器，才能知道再下一跳应当怎样走）。

OSPF 的链路状态数据库能较快地进行更新，使各个路由器能及时更新其路由表。OSPF

的**更新过程收敛得快**是其重要优点。

为了使 OSPF 能够用于规模很大的网络，OSPF 将一个自治系统再划分为若干个更小的范围，叫作**区域**。划分区域的好处就是把利用洪泛法交换链路状态信息的范围局限于每一个区域而不是整个的自治系统，这就减少了整个网络上的通信量。在一个区域内部的路由器只知道本区域的完整网络拓扑，而不知道其他区域的网络拓扑的情况。为了使每一个区域能够和本区域以外的区域进行通信，OSPF 使用**层次结构的区域划分**。这样做能使每一个区域内部交换路由信息的通信量大大减小，因而使 OSPF 协议能够用于规模很大的自治系统中。

采用分层次划分区域的方法虽然使交换信息的种类增多了，同时也使 OSPF 协议更加复杂了。由此可看出划分层次在网络设计中的重要性。

OSPF 不用 UDP 而是**直接用 IP 数据报传送**。OSPF 构成的数据报很短。这样做可减少路由信息的通信量。数据报很短的另一好处是可以不必将长的数据报分片传送。分片传送的数据报只要丢失一个，就无法组装成原来的数据报，而整个数据报就必须重传。

除了以上的几个基本特点外，OSPF 还具有下列的一些特点：

(1) OSPF 对不同的链路可设置成不同的代价。例如，高带宽的卫星链路对于非实时的业务可设置为较低的代价，但对于时延敏感的业务就可设置为非常高的代价。因此，OSPF **对于不同类型的业务可计算出不同的路由**。链路的代价可以是 $1 \sim 65535$ 中的任何一个无量纲的数，因此十分灵活。商用的网络在使用 OSPF 时，通常根据链路带宽来计算链路的代价。这种灵活性是 RIP 所没有的。

(2) 如果到同一个目的网络有多条相同代价的路径，那么可以将通信量分配给这几条路径。这叫作多路径间的**负载平衡**。在代价相同的多条路径上分配通信量是通信量工程中的简单形式。RIP 只能找出到某个网络的一条路径。

(3) 所有在 OSPF 路由器之间交换的分组（例如，链路状态更新分组）都具有**鉴别**的功能，因而保证了仅在可信赖的路由器之间交换链路状态信息。

(4) OSPF 支持可变长度的子网划分和无分类的编址 CIDR。

4.8.5 外部网关协议 BGP

BGP (Border Gateway Protocol)，是在**不同自治系统（AS）之间的路由器交换路由信息**的协议。为简单起见，后面把 BGP 的第 4 个版本 BGP-4 简写为 BGP。协议 BGP 对互联网非常重要，因为若没有 BGP，分布在全世界数以万计的 AS 都将是一个个孤岛，彼此不能通信。正是由于有了 BGP 这种黏合剂，才使得这么多的 AS 孤岛最终连接成为一个完整的互联网。

我们首先应当弄清，在不同自治系统 AS 之间的路由选择为什么不能使用前面讨论过的内部网关协议，如 RIP 或 OSPF。

我们知道，内部网关协议（如 RIP 或 OSPF）主要是设法使数据报在一个 AS 中尽可能有效地从源站传送到目的站。在一个 AS 内部也不需要考虑其他方面的策略。然而 BGP 使用的环境却不同。这主要是因为以下的两个原因：

第一，**互联网的规模太大，使得自治系统 AS 之间路由选择非常困难**。连接在互联网主干网上的路由器，必须对任何有效的 IP 地址都能在转发表中找到匹配的网络前缀。目前在互联网的主干网路由器中，一个转发表的项目数甚至可达到 50 万个网络前缀。如果使用链路状态协议，则每一个路由器必须维持一个很大的链路状态数据库。对于这样大的主干网计算最短路径时花费的时间也太长。另外，由于自治系统 AS 各自运行自己选定的内部路由选择协议，并使用本 AS 指明的路径度量，因此，当一条路径通过几个不同 AS 时，要想对这样的路径计算出有意义的代价是不太可能的。例如，对某 AS 来说，代价为 1000 可能表示一条比较长的路由。但对另一 AS 代价为 1000 却可能表示不可接受的坏路由。因此，对于自治系统 AS 之间的路由选择，要用"代价"作为度量来寻找最佳路由也是很不现实的。比较合理的做法是在自治系统之间交换**可达性**信息（即"可到达"或"不可到达"）。例如，告诉相邻路由器："到达网络前缀 N 可经过自治系统 AS_x"。

第二，**自治系统 AS 之间的路由选择必须考虑有关策略**。由于相互连接的网络的性能相差很大，根据最短距离（即最少跳数）找出来的路径，可能并不合适。也有的路径的使用代价很高或很不安全。还有一种情况，如自治系统 AS_1 要发送数据报给自治系统 AS_2，本来最好是经过自治系统 AS_3。但 AS_3 不愿意让这些数据报通过本自治系统的网络，即使 AS_1 愿意付一定的费用。但另一方面，自治系统 AS_3 愿意让某些相邻自治系统的数据报通过自己的网络，特别是对那些付了服务费的自治系统更是如此。因此，自治系统之间的路由选择协议应当允许使用多种路由选择策略。这些策略包括政治、安全或经济方面的考虑。例如，我国国内的站点在互相传送数据报时不应经过国外兜圈子，特别是，不要经过某些对我国的安全有威胁的国家。这些策略都是由网络管理人员对每一个路由器进行设置的，但这些策略并不是自治系统之间的路由选择协议本身。还可举出一些策略的例子，如："仅在到达下列这些地址时才经过 AS_x"，"AS_x 和 AS_y 相比时应优先通过 AS_x"，等等。显然，使用这些策略是为了找出较好的路径而不是最佳路径。

由于上述情况，边界网关协议 BGP 只能力求寻找一条能够到达目的网络且**比较好的路由**（不能兜圈子），而**并非要寻找一条最佳路由**。BGP 采用了**路径向量路由选择协议**，它与距离向量协议（如 RIP）和链路状态协议（如 OSPF）都有很大的区别。

BGP 路由器所交换的网络可达性的信息就是要到达某个网络所要经过的一系列自治系统 AS。当 BGP 路由器互相交换了网络可达性的信息后，各 BGP 路由器就根据所采用的策略从收到的路由信息中找出到达各 AS 的较好路由。图 4-30 表示某一个 BGP 路由器构造出的 AS 的连通图，它是树形结构，不存在回路。这样，BGP 路由器就知道要到达某个网络应当经过哪几个 AS。

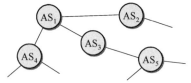

图 4-30　AS 的连通图举例

由此可见，BGP 协议交换路由信息的节点数量级是**自治系统个数**的量级，这要比这些自治系统中的**网络数**少很多。

协议 BPG 是相当复杂的。有很多的细节我们还没有讨论。例如，在前面的图 4-29 中，在 AS_1 内部的任何一个主机，若要向 AS_2 中的某个主机发送分组，就必须把分组传送到路由器 R_a，而 R_a 根据协议 BGP 就可以知道下一步应如何转发。但 AS_1 内部的主机又怎样知道 R_a 具有这种功能呢？这就需要由 R_a 通告 AS_1 内部的路由器："若要和其他 AS 通信，请把分组先发转发给我。"这也是协议 BGP 必须完成的工作。但请注意，AS 内部的路由器怎样到达路由器 R_a，则要依靠内部网关协议来指出转发的下一跳。因此在互联网不同 AS 之间传送分组时，内部网关协议和外部网关协议都是必须要使用的。

BGP 支持无分类域间路由选择 CIDR。为了可靠地在 BGP 路由器之间交换信息，BGP 使用了 TCP 连接来传输 BGP 报文。由于使用了路径向量的信息，可以很容易地避免产生兜圈子的路由。

4.9　虚拟专用网 VPN 和网络地址转换 NAT

4.9.1　虚拟专用网 VPN

由于 IP 地址的紧缺，一个机构能够申请到的 IP 地址数往往远小于本机构所拥有的主机数。考虑到互联网并不很安全，一个机构内也并不需要把所有的主机接入到外部的互联网。实际上，在许多情况下，很多主机主要还是和本机构内的其他主机进行通信的（例如，在大型商场中用于内部营业和管理的计算机，并不都需要和互联网相连）。假定在一个机构内部的计算机通信也采用 TCP/IP 协议，那么从原则上讲，对于这些仅在机构内部使用的计算机就可以由本机构**自行分配**其 IP 地址。这就是说，让这些计算机使用仅在本机构有效的 IP 地址（这种地址称为**本地地址**），而不需要使用全球唯一的 IP 地址（这种地址称为**全球地址**）。这样就可以大大节约宝贵的全球 IP 地址资源。

为了解决这一问题，可以使用**专用地址**。这些地址只能用于一个机构的内部通信，而不能用于和互联网上的主机通信。**在互联网中的所有路由器，对目的地址是专用地址的数据报一律不进行转发**。下面给出了目前使用的三个专用地址块：

(1) 10.0.0.0/8，即从 10.0.0.0 到 10.255.255.255。

(2) 172.16.0.0/12，即从 172.16.0.0 到 172.31.255.255。

(3) 192.168.0.0/16，即从 192.168.0.0 到 192.168.255.255。

上面的三个地址块分别相当于一个 A 类网络、16 个连续的 B 类网络和 256 个连续的 C 类网络。A 类地址本来早已用完了，而上面的地址 10.0.0.0 本来是分配给 ARPANET 的。由于 ARPANET 已经关闭停止运行了，因此这个地址就用作专用地址了。

采用这样的专用 IP 地址的互连网络称为**专用互联网**或**本地互联网**，或更简单些，就叫作**专用网**。显然，全世界可能有很多的专用互连网络具有相同的专用 IP 地址，但这并不会引起麻烦，因为这些专用地址仅在本机构内部使用。专用 IP 地址也叫作**可重用地址**。

有时一个很大的机构的许多部门分布的范围很广（例如，在世界各地），这些部门经常要互相交换信息。这可以有两种方法。(1) 租用电信公司的通信线路为本机构专用。这种方法虽然简单方便，但线路的租金太高，一般难于承受。(2) 利用公用的互联网作为本机构各专用网之间的通信载体，这样的专用网又称为**虚拟专用网** VPN (Virtual Private Network)。

之所以称为"专用网"是因为这种网络是为本机构的主机用于机构内部的通信，而不是用于和网络外非本机构的主机通信。如果专用网不同网点之间的通信必须经过公用的互联网，但又有保密的要求，那么**所有通过互联网传送的数据都必须加密**。加密问题将在第 7 章中讨论。"虚拟"表示"好像是"，但实际上并不是，因为现在并没有真正使用通信专线，而 VPN 只是**在效果上**和真正的专用网一样。一个机构要构建自己的 VPN 就必须为它的每一个场所购买专门的硬件和软件，并进行配置，使每一个场所的 VPN 系统都知道其他场所的地址。

图 4-31 以两个场所为例说明如何使用 IP 隧道技术实现虚拟专用网。

假定某个机构在两个相隔较远的场所建立了专用网 A 和 B，其网络地址分别为专用地址 10.1.0.0 和 10.2.0.0。现在这两个场所需要通过公用的互联网构成一个 VPN。

显然，每一个场所至少要有一个路由器具有合法的全球 IP 地址，如图 4-31(a)中的路由器 R_1 和 R_2。这两个路由器和互联网的接口地址必须是合法的全球 IP 地址。R_1 和 R_2 在专用网内部网络的接口地址则是专用网的本地地址。

在每一个场所 A 或 B 内部的通信量都不经过互联网。但如果场所 A 的主机 X 要和另一个场所 B 的主机 Y 通信，那么就必须经过路由器 R_1 和 R_2。主机 X 向主机 Y 发送的 IP 数据报的源地址是 10.1.0.1 而目的地址是 10.2.0.3。这个数据报先作为本机构的内部数据报从 X 发送到与互联网连接的路由器 R_1。R_1 收到内部数据报后，发现其目的网络必须通过互联网才能到达，就把整个的内部数据报进行加密（这样就保证了内部数据报的安全），然后重新加上数据报的首部，封装成为在互联网上发送的外部数据报，其源地址是路由器 R_1 的全球地址 125.1.2.3，而目的地址是路由器 R_2 的全球地址 194.4.5.6。R_2 收到数据报后将其数据部分取出进行解密，恢复出原来的内部数据报（目的地址是 10.2.0.3），交付主机 Y。可见，虽然 X 向 Y 发送的数据报通过了公用的互联网，但在效果上就好像是在本部门的专用网上传送一样。如果 Y 要向 X 发送数据报，那么所经过的步骤也是类似的。

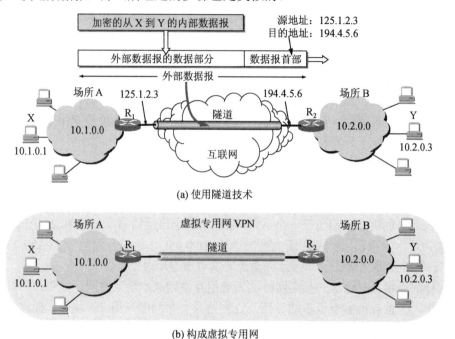

图 4-31　用隧道技术实现虚拟专用网

请注意，数据报从 R₁ 传送到 R₂ 可能要经过互联网中的很多个网络和路由器。但从逻辑上看，在 R₁ 到 R₂ 之间好像是一条直通的点对点链路，图 4-31(a)中的"隧道"就是这个意思。图 4-31(b)表示由场所 A 和场所 B 以及连接它们的"隧道"构成了虚拟专用网 VPN。

还有一种类型的 VPN，就是**远程接入** VPN。我们知道，有的公司虽然并没有分布在不同场所的部门，但却有很多流动员工在外地工作。公司需要和他们保持联系，有时还可能一起开电话会议或视频会议。远程接入 VPN 可以满足这种需求。在外地工作的员工通过拨号接入互联网，而驻留在员工个人电脑中的 VPN 软件可以在员工的个人电脑和公司的主机之间建立 VPN 隧道，因而外地员工与公司通信的内容也是保密的，员工们感到好像就是使用公司内部的本地网络。

4.9.2　网络地址转换 NAT

下面讨论另一种情况，就是在专用网内部的一些主机本来已经分配到了本地 IP 地址（即仅在本专用网内使用的专用地址），但现在又想和互联网上的主机通信（并不需要加密），那么在没有全球 IP 地址的情况下，应当采取什么措施呢？

目前使用得最多的方法是采用**网络地址转换** NAT (Network Address Translation)。这种方法需要在专用网连接到互联网的路由器上安装 NAT 软件。装有 NAT 软件的路由器叫作 NAT 路由器，它至少有一个有效的全球 IP 地址。这样，所有使用本地地址的主机在和外界通信时，都要在 NAT 路由器上将其本地地址转换成全球 IP 地址，才能和互联网连接。

图 4-32 给出了 NAT 路由器的工作原理。专用网 192.168.0.0/16 内所有主机的 IP 地址都是本地 IP 地址 192.168.x.x。NAT 路由器至少要有一个全球 IP 地址才能和互联网相连。NAT 路

由器有一个全球 IP 地址 172.38.1.5（当然，NAT 路由器可以有多个全球 IP 地址）。

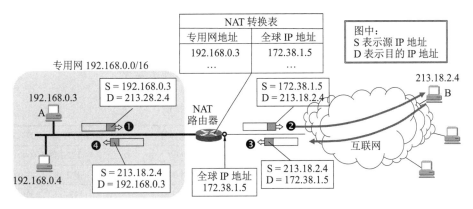

图 4-32　NAT 路由器的工作原理

NAT 路由器收到从专用网内部的主机 A 发往互联网上主机 B 的 IP 数据报：源 IP 地址是 192.168.0.3，而目的 IP 地址是 213.18.2.4。NAT 路由器把 IP 数据报的源 IP 地址 192.168.0.3，转换为新的源 IP 地址（即 NAT 路由器的全球 IP 地址）172.38.1.5，然后再转发出去。当主机 B 收到这个 IP 数据报时，以为 A 的 IP 地址是 172.38.1.5。当 B 给 A 发送应答时，IP 数据报的目的 IP 地址是 NAT 路由器的 IP 地址 172.38.1.5。B 并不知道 A 的专用地址 192.168.0.3。实际上，即使知道了，也不能使用，因为互联网上的路由器都不转发目的地址是本地 IP 地址的 IP 数据报。当 NAT 路由器收到互联网上的主机 B 发来的 IP 数据报时，还要进行一次 IP 地址的转换。通过 NAT 地址转换表，就可把 IP 数据报上的旧的目的 IP 地址 172.38.1.5，转换为新的目的 IP 地址 192.168.0.3（主机 A 真正的本地 IP 地址）。表 4-5 给出了 NAT 地址转换表的举例。表中的前两行数据对应于图 4-32 中所举的例子。第一列"方向"中的"出"表示离开专用网，而"入"表示进入专用网。表中后两行数据表示专用网内的另一主机 192.168.0.7 向互联网发送了 IP 数据报，而 NAT 路由器还有另外一个全球 IP 地址 172.38.1.6。

表 4-5　NAT 地址转换表举例

方向	字段	旧的 IP 地址	新的 IP 地址
出	源 IP 地址	192.168.0.3	172.38.1.5
入	目的 IP 地址	172.38.1.5	192.168.0.3
出	源 IP 地址	192.168.0.7	172.38.1.6
入	目的 IP 地址	172.38.1.6	192.168.0.7

由此可见，当 NAT 路由器具有 n 个全球 IP 地址时，专用网内最多可以同时有 n 台主机接入到互联网。这样就可以使专用网内较多数量的主机，轮流使用 NAT 路由器有限数量的全球 IP 地址。

显然，通过 NAT 路由器的通信必须由专用网内的主机发起。设想互联网上的主机要发起通信，当 IP 数据报到达 NAT 路由器时，NAT 路由器并不知道应当把目的 IP 地址转换成专用网内的哪一个本地 IP 地址。这就表明，这种专用网内部的主机不能充当服务器用，因为互联网上的客户无法请求专用网内的服务器提供服务。

为了更加有效地利用 NAT 路由器上的全球 IP 地址，现在常用的 NAT 转换表把运输层的端口号也利用上。这样，就可以使多个拥有本地地址的主机，共用一个 NAT 路由器上的全球 IP 地址，因而可以同时和互联网上的不同主机进行通信。

由于运输层的端口号将在第 5 章 5.1.3 节讨论，因此，建议在学完运输层的有关内容后，再学习下面的内容。从系统性考虑，把下面的这部分内容放在本章中介绍较为合适。

使用端口号的 NAT 也叫作**网络地址与端口号转换** NAPT (Network Address and Port Translation)，而不使用端口号的 NAT 就叫作传统的 NAT。但在许多文献中往往不加区分地都使用 NAT 这个更加简洁的缩写词。表 4-6 为 NAPT 地址转换表举例。

表 4-6　NAPT 地址转换表举例

方向	字段	旧的 IP 地址和端口号	新的 IP 地址和端口号
出	源 IP 地址:TCP 源端口	192.168.0.3:30000	172.38.1.5:40001
出	源 IP 地址:TCP 源端口	192.168.0.4:30000	172.38.1.5:40002
入	目的 IP 地址:TCP 目的端口	172.38.1.5:40001	192.168.0.3:30000
入	目的 IP 地址:TCP 目的端口	172.38.1.5:40002	192.168.0.4:30000

从表 4-6 可以看出，在专用网内主机 192.168.0.3 向互联网发送 IP 数据报，其 TCP 端口号选择为 30000。NAPT 把源 IP 地址和 TCP 端口号都进行转换（如果使用 UDP，则对 UDP 的端口号进行转换。原理是一样的）。另一台主机 192.168.0.4 也选择了同样的 TCP 端口号 30000。这纯属巧合（端口号仅在本主机中才有意义）。现在 NAPT 把专用网内不同的源 IP 地址都转换为同样的全球 IP 地址。但对源主机所采用的 TCP 端口号（不管相同或不同），则转换为不同的新的端口号。因此，当 NAPT 路由器收到从互联网发来的应答时，就可以从 IP 数据报的数据部分找出运输层的端口号，然后根据不同的目的端口号，从 NAPT 转换表中找到正确的目的主机。

应当指出，从层次的角度看，NAPT 的机制有些特殊。普通路由器在转发 IP 数据报时，对于源 IP 地址或目的 IP 地址都是不改变的。但 NAT 路由器在转发 IP 数据报时，一定要更换其 IP 地址（转换源 IP 地址或目的 IP 地址）。其次，普通路由器在转发分组时，工作在网络层。但 NAPT 路由器还要查看和转换运输层的端口号，而这本来应当属于运输层的范畴。也正因为这样，NAPT 曾遭受了一些人的批评，认为 NAPT 的操作没有严格按照层次的关系。但不管怎样，NAT（包括 NAPT）已成为互联网的一个重要构件。

本章的重要概念

- TCP/IP 体系中的网络层向上只提供简单灵活的、无连接的、尽最大努力交付的数据报服务。网络层不提供服务质量的承诺，不保证分组交付的时限，所传送的分组可能出错、丢失、重复和失序。进程之间通信的可靠性由运输层负责。

- IP 网是虚拟的，因为从网络层上看，IP 网好像是一个统一的、抽象的网络（实际上是异构的）。IP 层抽象的互联网屏蔽了下层网络很复杂的细节，使我们能够使用统一的、抽象的 IP 地址处理主机之间的通信问题。

- 在互联网上的交付有两种：在本网络上的直接交付（不经过路由器）和到其他网络的间接交付（经过至少一个路由器，但最后一次一定是直接交付）。

- IP 地址是一种分等级的地址结构。一个 IP 地址在整个互联网范围内是唯一的。

- 最初使用的 IP 地址是分类的 IP 地址，包括 A 类、B 类和 C 类地址（单播地址），以及 D 类地址（多播地址）。E 类地址未使用。IP 地址最前面的类别位指明 IP 地址的类别。

- CIDR 记法把 IP 地址后面加上斜线 "/"，斜线后面是前缀所占的位数。前缀（或网络前缀）用来指明网络（相当于分类地址中的网络地址），后缀用来指明主机（相当于分类地址中的主机号）。CIDR 把前缀都相同的连续的 IP 地址组成一个"CIDR 地址块"。IP 地址的分配都以 CIDR 地址块为单位。

- CIDR 的 32 位地址掩码（或子网掩码）由一串 1 和一串 0 组成，而 1 的个数就是前缀的长度。只要把 IP 地址和地址掩码逐位进行"逻辑与（AND）"运算，即可得出网络地址。A 类地址的默认地址掩码是 255.0.0.0。B 类地址的默认地址掩码是 255.255.0.0。C 类地址的默认地址掩码是 255.255.255.0。

- 地址聚合（把许多前缀相同的地址用一个前缀来代替）有利于减少转发表中的项目，减少路由器之间的路由选择信息的交换，从而提高了整个互联网的性能。

- IP 地址管理机构在分配 IP 地址时只分配网络号，而主机号则由得到该网络号的单位自行分配。路由器仅根据目的主机所连接的网络号来转发分组。

- IP 地址标志一台主机（或路由器）和一条链路的接口。多归属主机同时连接到两个或更多的网络上。这样的主机同时具有两个或更多的 IP 地址，其网络号必须是不同的。由于一个路由器至少应当连接到两个网络，因此一个路由器至少应当有两个不同的 IP 地址。

- 按照互联网的观点，用转发器或以太网交换机连接起来的若干个局域网仍为一个网络。所有分配到网络号的网络（不管是范围很小的局域网，还是可能覆盖很大地理范围的广域网）都是平等的。

- 物理地址（即 MAC 地址）是数据链路层和物理层使用的地址，而 IP 地址是网络层和以上各层使用的地址，是一种逻辑地址（用软件实现的），在数据链路层看不见数据报的 IP 地址。

- IP 数据报分为首部和数据两部分。首部的前一部分为固定长度，共 20 字节，是所有 IP 数据报必须具有的（源地址、目的地址、总长度等重要字段都在固定首部中）。一些长度可变的可选字段放在固定首部的后面。

- IP 首部中的生存时间字段给出了 IP 数据报在互联网中所能经过的最大路由器数，可防止 IP 数据报在互联网中无限制地兜圈子。

- 地址解析协议 ARP 把 IP 地址解析为 MAC 地址，它解决同一个局域网上的主机或路由器的 IP 地址和 MAC 地址的映射问题。ARP 的高速缓存可以大大减少网络上的通信量。

- 在互联网中，我们无法仅根据 MAC 地址寻找到在某个网络上的某台主机。因此，从 IP 地址到 MAC 地址的解析是非常必要的。

- "转发"和"路由选择"有区别。"转发"是单个路由器的动作。"路由选择"是许多路由器共同协作的过程，这些路由器相互交换信息，目的是生成路由表，再从路由表导出转发表。若采用自适应路由选择算法，则当网络拓扑变化时，路由表和转发表都能够自动更新。

- 自治系统（AS）就是在单一的技术管理下的一组路由器。一个自治系统对其他自治系统表现出的是一个单一的和一致的路由选择策略。

- 路由选择协议有两大类：自治系统内部的路由选择协议，如 RIP 和 OSPF；自治系统之间的路由选择协议，如 BGP-4。

- RIP 是分布式的基于距离向量的路由选择协议，只适用于小型互联网。RIP 按固定的时间间隔与相邻路由器交换信息。交换的信息是自己当前的路由表，即到达本自治系统中所有网络的（最短）距离，以及到每个网络应经过的下一跳路由器。

- OSPF 是分布式的链路状态协议，适用于大型互联网。OSPF 只在链路状态发生变化时，才向本自治系统中的所有路由器，用洪泛法发送与本路由器相邻的所有路由器的链路状态信息。"链路状态"指明本路由器都和哪些路由器相邻，以及该链路的"度量"。"度量"可表示费用、距离、时延、带宽等，可统称为"代价"。所有的路由器最终都能建立一个全网的拓扑结构图。

- BGP-4 是不同自治系统 AS 的路由器之间交换路由信息的协议，是一种路径向量路由选择协议。BGP 力求寻找一条能够到达目的网络（可达）且比较好的路由（不兜圈子），而并非要寻找一条最佳路由。

- 网际控制报文协议 ICMP 是 IP 层的协议。ICMP 报文作为 IP 数据报的数据，加上首部后组成 IP 数据报发送出去。使用 ICMP 并非为了实现可靠传输。ICMP 允许主机或路由器报告差错情况和提供有关异常情况的报告。ICMP 报文的种类有两种，即 ICMP 差错报告报文和 ICMP 询问报文。

- ICMP 的一个重要应用就是分组网间探测 PING，用来测试两台主机之间的连通性。PING 使用了 ICMP 回送请求与回送回答报文。

- 要解决 IP 地址耗尽的问题，最根本的办法就是采用具有更大地址空间的新版本的 IP 协议，即 IPv6。

- IPv6 所带来的主要变化是：(1) 更大的地址空间（采用 128 位的地址）；(2) 灵活的首部格式；(3) 改进的选项；(4) 支持即插即用；(5) 支持资源的预分配；(6) IPv6 首部改为 8 字节对齐。

- IPv6 数据报在基本首部的后面允许有零个或多个扩展首部，再后面是数据。所有的扩展首部和数据合起来叫作数据报的有效载荷或净负荷。

- IPv6 数据报的目的地址可以是以下三种基本类型地址之一：单播、多播和任播。

- IPv6 的地址使用冒号十六进制记法。

- 向 IPv6 过渡只能采用逐步演进的办法，必须使新安装的 IPv6 系统能够向后兼容。向 IPv6 过渡可以使用双协议栈或使用隧道技术。

- 虚拟专用网 VPN 利用公用的互联网作为本机构各专用网之间的通信载体。VPN 内部使用互联网的专用地址。一个 VPN 至少要有一个路由器具有合法的全球 IP 地址，这样才能和本系统的另一个 VPN 通过互联网进行通信。所有通过互联网传送的数据都必须加密。

- 使用网络地址转换 NAT 技术，可以在专用网络内部使用专用 IP 地址，而仅在连接到互联网的路由器中使用全球 IP 地址。这样就大大节约了宝贵的 IP 地址。

习题

4-01 网络层向上提供的服务有哪两种？试比较其优缺点。

4-02 网络互连有何实际意义？进行网络互连时，有哪些共同的问题需要解决？

4-03 作为中间设备，转发器、网桥、路由器和网关有何区别？

4-04 试简单说明下列协议的作用：IP、ARP 和 ICMP。

4-05 IP 地址分为几类？各如何表示？IP 地址的主要特点是什么？

4-06 为什么要从分类的 IP 地址演进到无分类的 CIDR 记法 IP 地址？

4-07 试说明 IP 地址与 MAC 地址的区别。为什么要使用这两种不同的地址？

4-08 IP 地址方案与我国的电话号码体制的主要不同点是什么？

4-09 (1) 一个网络的现在掩码为 255.255.255.248，问该网络能够连接多少台主机？

(2) 一个 B 类地址的子网掩码是 255.255.240.0。试问在其中每一个子网上的主机数最多是多少？

(3) 一个 A 类网络的子网掩码为 255.255.0.255，它是否为有效的子网掩码？

(4) 某个 IP 地址的十六进制表示是 C2.2F.14.81，试将其转换为点分十进制的形式。这个地址是哪一类 IP 地址？

4-10　试辨认以下 IP 地址的网络类别。

(1) 128.36.199.3

(2) 21.12.240.17

(3) 183.194.76.253

(4) 192.12.69.248

(5) 89.3.0.1

(6) 200.3.6.2

4-11　IP 数据报中的首部检验和并不检验数据报中的数据。这样做的最大好处是什么？坏处是什么？

4-12　当某个路由器发现一个 IP 数据报的检验和有差错时，为什么采取丢弃的办法而不是要求源站重传此数据报？计算首部检验和为什么不采用 CRC 检验码？

4-13　什么是最大传送单元 MTU？它和 IP 数据报首部中的哪个字段有关系？

4-14　互联网中将 IP 数据报分片传送的数据报在最后的目的主机进行组装。还可以有另一种方法，即数据报片通过一个网络就进行一次组装。试比较这两种方法的优劣。

4-15　主机 A 发送 IP 数据报给主机 B，途中经过了 5 个路由器。试问在 IP 数据报的发送过程中总共使用了几次 ARP？

4-16　设某路由器建立了如下转发表：

目的网络	子网掩码	下一跳
128.96.39.0	255.255.255.128	接口 m0
128.96.39.128	255.255.255.128	接口 m1
128.96.40.0	255.255.255.128	R_2
192.4.153.0	255.255.255.192	R_3
*（默认）	—	R_4

现共收到 5 个分组，其目的地址分别为：

(1) 128.96.39.10；(2) 128.96.40.12；(3) 128.96.40.151；(4) 192.4.153.17；(5) 192.4.153.90

试分别计算其下一跳。

4-17　试写出互联网的 IP 层查找路由的算法。

4-18　有如下的 4 个/24 地址块，试进行最大可能的聚合。

212.56.132.0/24

212.56.133.0/24

212.56.134.0/24

212.56.135.0/24

4-19　有两个 CIDR 地址块 208.128/11 和 208.130.28/22。是否有哪一个地址块包含了另一个地址块？如果有，请指出，并说明理由。

4-20　以下地址中的哪一个和 86.32/12 匹配？请说明理由。

(1) 86.33.224.123；(2) 86.79.65.216；(3) 86.58.119.74；(4) 86.68.206.154。

4-21　以下地址前缀中的哪一个与地址 2.52.90.140 匹配？请说明理由。

(1) 0/4；(2) 32/4；(3) 4/6；(4) 80/4。

4-22　下面的前缀中的哪一个和地址 152.7.77.159 及 152.31.47.252 都匹配？请说明理由。

(1) 152.40/13；(2) 153.40/9；(3)152.64/12；(4) 152.0/11。

4-23 与下列掩码相对应的网络前缀各有多少位？

(1) 192.0.0.0；(2) 240.0.0.0；(3) 255.224.0.0；(4) 255.255.255.252。

4-24 已知地址块中的一个地址是 140.120.84.24/20。试求这个地址块中的最小地址和最大地址。地址掩码是什么？地址块中共有多少个地址？相当于多少个 C 类地址？

4-25 已知地址块中的一个地址是 190.87.140.202/29。重新计算上题。

4-26 某单位分配到一个地址块 136.23.12.64/26。现在需要进一步划分为 4 个一样大的子网。试问：

(1) 每个子网的网络前缀有多长？

(2) 每一个子网中有多少个地址？

(3) 每一个子网的地址块是什么？

(4) 每一个子网可分配给主机使用的最小地址和最大地址是什么？

4-27 试简述 RIP, OSPF 和 BGP 路由选择协议的主要特点。

什么是 VPN？VPN 有什么特点和优缺点？

什么是 NAT？NAPT 有哪些特点？NAT 的优点和缺点有哪些？

和 IPv4 相比，IPv6 都有哪些特点？

4-32 试把以下的 IPv6 地址用零压缩方法写成简洁形式：

（1）0000:0000:0F53:6382:AB00:67DB:BB27:7332

（2）0000:0000:0000:0000:0000:0000:004D:ABCD

（3）0000:0000:0000:AF36:7328:0000:87AA:0398

（4）2819:00AF:0000:0000:0000:0035:0CB2:B271

4-33 试把以下的零压缩的 IPv6 地址写成原来的形式：

（1）0::0　　　　（2）0:AA::0　　　　（3）0:1234::3　　　　（4）123::1:2

4-34 从 IPv4 过渡到 IPv6 的方法有哪些？

第5章 运 输 层

本章先概括介绍运输层协议的特点、进程之间的通信和端口等重要概念，然后讲述比较简单的协议 UDP。其余的篇幅都是讨论较为复杂但非常重要的协议 TCP 和可靠传输的工作原理，包括停止等待协议和 ARQ 协议。在详细讲述 TCP 报文段的首部格式之后，讨论 TCP 的三个重要问题：滑动窗口、流量控制和拥塞控制机制。最后，介绍 TCP 的连接管理。

运输层是整个网络体系结构中的关键层次之一。一定要弄清以下一些重要概念：

(1) 运输层为相互通信的应用进程提供逻辑通信。

(2) 端口和套接字的意义。

(3) 无连接的协议 UDP 的特点。

(4) 面向连接的协议 TCP 的特点。

(5) 在不可靠的网络上实现可靠传输的工作原理，停止等待协议和 ARQ 协议。

(6) TCP 的滑动窗口、流量控制、拥塞控制和连接管理。

5.1 运输层协议概述

5.1.1 进程之间的通信

从通信和信息处理的角度看，**运输层向它上面的应用层提供通信服务**，它属于面向通信部分的最高层，同时也是用户功能中的最低层。当网络的边缘部分中的两台主机使用网络的核心部分的功能进行端到端的通信时，只有主机的协议栈才有运输层，而网络核心部分中的路由器在转发分组时都只用到下三层的功能。

下面通过图 5-1 来说明运输层的作用。设网 1 上的主机 A 和网 3 上的主机 B 通过互连的网 2 进行通信。我们知道，IP 协议能够把源主机 A 发送出的分组按照首部中的目的地址送交到目的主机 B，那么，为什么还需要运输层呢？

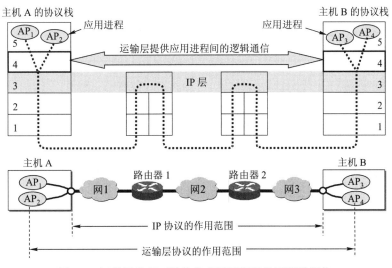

图 5-1 运输层为相互通信的应用进程提供了逻辑通信

从 IP 层来说，通信的两端是两台主机。IP 数据报的首部明确地标志了这两台主机的 IP 地址。但"两台主机之间的通信"这种说法还不够清楚。这是因为，真正进行通信的实体是在主机中的进程，是这台主机中的一个进程和另一台主机中的一个进程在交换数据（即通信）。因此严格地讲，两台主机进行通信就是两台主机中的**应用进程互相通信**。IP 协议虽然能把分组送到目的主机，但是这个分组还停留在主机的网络层而没有交付主机中的应用进程。从运输层的角度看，**通信的真正端点并不是主机而是主机中的进程**。也就是说，**端到端的通信**是应用进程之间的通信。在一台主机中经常有多个应用进程同时分别和另一台主机中的多个应用进程通信。例如，某用户在使用浏览器查找某网站的信息时，其主机的应用层运行浏览器客户进程。如果在浏览网页的同时，还要用电子邮件给网站发送反馈意见，那么主机的应用层就需要运行电子邮件的客户进程。在图 5-1 中，主机 A 的应用进程 AP_1 和主机 B 的应用进程 AP_3 通信，而与此同时，应用进程 AP_2 也和对方的应用进程 AP_4 通信。这表明运输层有一个很重要的功能——**复用**和**分用**。这里的"复用"是指在发送方不同的应用进程都可以使用同一个运输层协议传送数据（当然需要加上适当的首部），而"分用"是指接收方的运输层在剥去报文的首部后能够把这些数据正确交付目的应用进程[①]。图 5-1 中两个运输层之间有一个双向粗箭头，写明**"运输层提供应用进程间的逻辑通信"**。"逻辑通信"的意思是：从应用层来看，只要把应用层报文交给下面的运输层，运输层就可以把该报文传送到对方的运输层（哪怕双方相距很远，例如几千千米），**好像这种通信就是沿水平方向直接传送数据。但事实上这两个运输层之间并没有一条水平方向的物理连接。数据的传送是沿着图中的虚线方向（经过多个层次）进行的。**"逻辑通信"的意思是"好像是这样通信，但事实上并非真的这样通信"。

从这里可以看出网络层和运输层有明显的区别。**网络层为主机之间提供逻辑通信，而运输层为应用进程之间提供端到端的逻辑通信**（见图 5-2）。然而正如后面还要讨论的，运输层还具有网络层无法代替的许多其他重要功能。

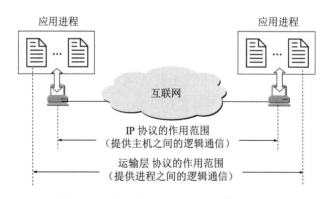

图 5-2　运输层协议和网络层协议的主要区别

运输层还要对收到的报文进行**差错检测**。大家应当还记得，在网络层，IP 数据报首部中的检验和字段，只检验首部是否出现差错而不检查数据部分。

根据应用程序的不同需求，运输层需要有两种不同的运输协议，即**面向连接的 TCP** 和无**连接的 UDP**，这两种协议就是本章要讨论的主要内容。

我们还应指出，**运输层向高层用户屏蔽了下面网络核心的细节**（如网络拓扑、所采用的路

---

① 注：IP 层也有复用和分用的功能。这就是，在发送方不同协议的数据都可以封装成 IP 数据报发送出去，而在接收方的 IP 层根据 IP 首部中的协议字段进行分用，把剥去首部后的数据交付应当接收这些数据的协议。

由选择协议等），它使应用进程看起来就好像在两个运输层实体之间有一条端到端的逻辑通信信道，但这条逻辑通信信道对上层的表现却因运输层使用的不同协议而有很大的差别。当运输层**采用面向连接的协议 TCP** 时，尽管下面的网络是不可靠的（只提供尽最大努力服务），但这种逻辑通信信道就相当于**一条全双工的可靠信道**。但当运输层采用**无连接的协议 UDP** 时，这种逻辑通信信道仍然是**一条不可靠信道**。

5.1.2 运输层的两个主要协议

TCP/IP 运输层的两个主要协议都是互联网的正式标准，即：

(1) 用户数据报协议 UDP (User Datagram Protocol)

(2) 传输控制协议 TCP (Transmission Control Protocol)

图 5-3 给出了这两种协议在协议栈中的位置。

图 5-3 TCP/IP 体系中的运输层协议

在两个对等运输实体之间所传送的数据单位，分别称之为 **TCP 报文段**(segment) 或 **UDP 用户数据报**（取决于所使用的协议是 TCP 还是 UDP）。

UDP 在传送数据之前**不需要先建立连接**。远地主机的运输层在收到 UDP 报文后，不需要给出任何确认。虽然 UDP 不提供可靠交付，但在某些情况下 UDP 却是一种最有效的工作方式。

TCP 则**提供面向连接的服务**。在传送数据之前必须先建立连接，数据传送结束后要释放连接。TCP 不提供广播或多播服务。由于 TCP 要提供可靠的、面向连接的运输服务，因此不可避免地增加了许多的开销，如确认、流量控制、计时器以及连接管理等。这不仅使协议数据单元的首部增大很多，还要占用许多的处理机资源。

表 5-1 给出了一些应用和应用层协议主要使用的运输层协议（UDP 或 TCP）。

表 5-1　一些应用和应用层协议主要使用的运输层协议

应用	应用层协议	运输层协议
域名转换	DNS（域名系统）	UDP
文件传送	TFTP（简单文件传送协议）	UDP
路由选择协议	RIP（路由信息协议）	UDP
IP 地址配置	DHCP（动态主机配置协议）	UDP
IP 电话	专用协议	UDP
流式多媒体通信	专用协议	UDP
多播	IGMP（网际组管理协议）	UDP
电子邮件	SMTP（简单邮件传送协议）	TCP
万维网	HTTP（超文本传送协议）	TCP
文件传送	FTP（文件传送协议）	TCP

5.1.3 运输层的端口

前面已经提到过运输层的复用和分用功能。其实在日常生活中也有很多复用和分用的例子。假定一个机构的所有部门向外单位发出的公文都由收发室负责寄出，这相当于各部门都"复用"这个收发室。当收发室收到从外单位寄来的公文时，则要完成"分用"功能，即按照信封上写明的本机构的部门地址把公文正确进行交付。

运输层的复用和分用功能也是类似的。应用层所有的应用进程都可以通过运输层传送到 IP 层（网络层），这就是**复用**。运输层从 IP 层收到发送给各应用进程的数据后，必须分别交付指明的各应用进程，这就是**分用**。显然，给应用层的每个应用进程赋予一个非常明确的标志是至关重要的。

我们知道，在单个计算机中的进程是用进程标识符（一个不大的整数）来标志的。但是在互联网环境下，用计算机操作系统所指派的这种进程标识符来标志运行在应用层的各种应用进程则是不行的。这是因为在互联网上使用的计算机的操作系统种类很多，而不同的操作系统又使用不同格式的进程标识符。为了使运行不同操作系统的计算机的应用进程能够互相通信，就必须用统一的方法（而这种方法必须与特定操作系统无关）对 TCP/IP 体系的应用进程进行标志。

但是，把一个特定机器上运行的特定进程，指明为互联网上通信的最后终点还是不可行的。这是因为进程的创建和撤销都是动态的，通信的一方几乎无法识别对方机器上的进程。另外，我们往往需要利用目的主机提供的功能来识别终点，而不需要知道具体实现这个功能的进程是哪一个（例如，要和互联网上的某个邮件服务器联系，并不一定要知道这个服务器功能是由目的主机上的哪个进程实现的）。

解决这个问题的方法就是在运输层使用**协议端口号**，或通常简称为**端口**(port)。这就是说，虽然通信的终点是应用进程，但只要把所传送的报文交到目的主机的某个合适的目的端口，剩下的工作（即最后交付目的进程）就由 TCP 或 UDP 来完成。

请注意，这种**在协议栈层间的抽象的协议端口是软件端口**，和路由器或交换机上的硬件端口是完全不同的概念。硬件端口是**不同硬件设备**进行交互的接口，而**软件端口是应用层的各种协议进程与运输实体进行层间交互的一种地址**。不同的系统具体实现端口的方法可以是不同的（取决于系统使用的操作系统）。

在后面将讲到的 UDP 和 TCP 的首部格式中，我们将会看到（图 5-5 和图 5-14）它们都有**源端口**和**目的端口**这两个重要字段。当运输层收到 IP 层交上来的运输层报文时，就能够根据其首部中的目的端口号把数据交付应用层的目的应用进程。

TCP/IP 的运输层用一个 16 位**端口号**来标志一个端口。但请注意，**端口号只具有本地意义**，它只是为了标志**本计算机**应用层中的各个进程在和运输层交互时的层间接口。在互联网上的不同计算机中，相同的端口号是**没有关联**的。16 位的端口号可允许有 65535 个不同的端口号，这个数目对一个计算机来说是足够用的。

由此可见，两个计算机中的进程要互相通信，不仅必须知道对方的 IP 地址（为了找到对方的计算机），而且还要知道对方的端口号（为了找到对方计算机中的应用进程）。这和我们寄信的过程类似。当我们要给某人写信时，就必须在信封上写明他的通信地址（这是为了找到他的住所，相当于 IP 地址），并且还要写上收件人的姓名（这是因为在同一住所中可能有好几个人，这相当于端口号）。在信封上还写明自己的地址。当收信人回信时，很容易在信封上找到发信人的地址。互联网上的计算机通信是采用客户-服务器方式。客户在发起通信请求时，必须先知道对方服务器的 IP 地址和端口号。因此运输层的端口号分为下面的两大类。

(1) 服务器端使用的端口号　　这里又分为两类，最重要的一类叫作**熟知端口号**或**系统端口号**，数值为 0~1023。这些数值可在网址 www.iana.org 查到。IANA 把这些端口号指派给了 TCP/IP 最重要的一些应用程序，让所有的用户都知道。当一种新的应用程序出现后，IANA 必须为它指派一个熟知端口，否则互联网上的其他应用进程就无法和它进行通信。表 5-2 给出几个常用的熟知端口号。

表 5-2 常用的熟知端口号

应用程序	FTP	SMTP	DNS	HTTP	HTTPS
熟知端口号	21	25	53	80	443

另一类叫作**登记端口号**，数值为 1024～49151。这类端口号是为没有熟知端口号的应用程序使用的。使用这类端口号必须在 IANA 按照规定的手续登记，以防止重复。

(2) **客户端使用的端口号** 数值为 49152～65535。由于这类端口号仅在客户进程运行时才动态选择，因此又叫作**短暂端口号**。这类端口号留给客户进程选择暂时使用。当服务器进程收到客户进程的报文时，就知道了客户进程所使用的端口号，因而可以把数据发送给客户进程。通信结束后，刚才已使用过的客户端口号就不复存在，这个端口号就可以供其他客户进程使用。

下面将分别讨论 UDP 和 TCP。UDP 比较简单，本章的重点是 TCP。

5.2 用户数据报协议 UDP

用户数据报协议 UDP 只在 IP 的数据报服务之上增加了很少一点的功能，这就是复用和分用的功能以及差错检测的功能。UDP 的主要特点是：

(1) UDP 是**无连接的**，即发送数据之前不需要建立连接（当然，发送数据结束时也没有连接可释放），因此减少了开销和发送数据之前的时延。

(2) UDP 使用**尽最大努力交付**，即不保证可靠交付，因此主机不需要维持复杂的连接状态表（这里面有许多参数）。

(3) UDP 是**面向报文**的。发送方的 UDP 对应用程序交下来的报文，在添加首部后就向下交付 IP 层。UDP 对应用层交下来的报文，既不合并，也不拆分，而是**保留这些报文的边界**。这就是说，应用层交给 UDP 多长的报文，UDP 就照样发送，即一次发送一个报文，如图 5-4 所示。在接收方的 UDP，对 IP 层交上来的 UDP 用户数据报，在去除首部后就原封不动地交付上层的应用进程。也就是说，UDP 一次交付一个完整的报文。因此，应用程序必须选择合适大小的报文。若报文太长，UDP 把它交给 IP 层后，IP 层在传送时可能要进行分片，这会降低 IP 层的效率。反之，若报文太短，UDP 把它交给 IP 层后，会使 IP 数据报的首部的相对长度太大，这也降低了 IP 层的效率。

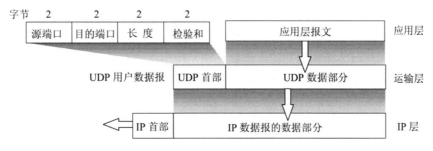

图 5-4 UDP 是面向报文的

(4) UDP **没有拥塞控制**，因此网络出现的拥塞不会使源主机的发送速率降低。这对某些实时应用是很重要的。很多的实时应用（如 IP 电话、实时视频会议等）要求源主机以恒定的速率发送数据，并且允许在网络发生拥塞时丢失一些数据，但却不允许数据有太大的时延。UDP

正好适合这种要求。

(5) UDP 支持一对一、一对多、多对一和多对多的交互通信。

(6) UDP 的首部开销小，只有 8 个字节，比 TCP 的 20 个字节的首部要短。

虽然某些实时应用需要使用没有拥塞控制的 UDP，但当很多的源主机同时都向网络发送高速率的实时视频流时，网络就有可能发生拥塞，结果大家都无法正常接收。因此，不使用拥塞控制功能的 UDP 有可能会引起网络产生严重的拥塞问题。

还有一些使用 UDP 的实时应用，需要对 UDP 的不可靠的传输进行适当的改进，以减少数据的丢失。在这种情况下，应用进程本身可以在不影响应用的实时性的前提下，增加一些提高可靠性的措施，如采用前向纠错或重传已丢失的报文。

用户数据报 UDP 有两个字段：数据字段和首部字段。首部字段很简单，只有 8 个字节(图 5-4)，由四个字段组成，**每个字段的长度都是两个字节**。各字段意义如下：

(1) **源端口**　　　　源端口号。在需要对方回信时选用。不需要时可用全 0。

(2) **目的端口**　　　目的端口号。这在终点交付报文时必须使用。

(3) **长度**　　　　　UDP 用户数据报的长度，其最小值是 8（仅有首部）。

(4) **检验和**　　　　检测 UDP 用户数据报在传输中是否有错。有错就丢弃。

当运输层从 IP 层收到 UDP 数据报时，就根据首部中的目的端口，把 UDP 数据报通过相应的端口，上交最后的终点——应用进程。图 5-5 是 UDP 基于端口分用的示意图。

如果接收方 UDP 发现收到的报文中的目的端口号不正确（即不存在对应于该端口号的应用进程），就丢弃该报文，并由网际控制报文协议 ICMP 发送"终点不可达"差错报文给发送方。

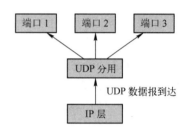

图 5-5　UDP 基于端口的分用

5.3　传输控制协议 TCP 概述

由于协议 TCP 比较复杂，因此本节先对协议 TCP 进行一般的介绍，然后再逐步深入讨论 TCP 的可靠传输、流量控制和拥塞控制等问题。

5.3.1　TCP 最主要的特点

TCP 是 TCP/IP 体系中非常复杂的一个协议。下面介绍 TCP 最主要的特点。

(1) TCP 是**面向连接的运输层协议**。这就是说，应用程序在使用协议 TCP 之前，必须先建立 TCP 连接。在传送数据完毕后，必须释放已经建立的 TCP 连接。也就是说，应用进程之间的通信好像在"打电话"：通话前要先拨号建立连接，通话结束后要挂机释放连接。

(2) 每一条 TCP 连接只能有两个**端点**，每一条 TCP 连接只能是**点对点**的（一对一）。这个问题后面还要进一步讨论。

(3) TCP 提供**可靠交付**的服务。通过 TCP 连接传送的数据，无差错、不丢失、不重复、并且按序到达。

(4) TCP 提供**全双工通信**。TCP 允许通信双方的应用进程在任何时候都能发送数据。TCP 连接的两端都设有发送缓存和接收缓存，用来临时存放双向通信的数据。在发送时，应用程序在把数据传送给 TCP 的缓存后，就可以做自己的事，而 TCP 在合适的时候把数据发送出去。

在接收时，TCP 把收到的数据放入缓存，上层的应用进程在合适的时候读取缓存中的数据。

(5) **面向字节流**。TCP 中的 **"流"**(stream)指的是**流入到进程或从进程流出的字节序列**。"面向字节流"的含义是：虽然应用程序和 TCP 的交互是一次一个数据块（大小不等），但 TCP 把应用程序交下来的数据仅仅看成一串的**无结构的字节流**。TCP 并不知道所传送的字节流的含义。TCP 不保证接收方应用程序所收到的数据块和发送方应用程序所发出的数据块具有对应大小的关系（例如，发送方应用程序交给发送方的 TCP 共 10 个数据块，但接收方的 TCP 可能只用了 4 个数据块就把收到的字节流交付上层的应用程序）。但接收方应用程序收到的字节流必须和发送方应用程序发出的字节流完全一样。当然，接收方的应用程序必须有能力识别收到的字节流，把它还原成有意义的应用层数据。图 5-6 是上述概念的示意图。

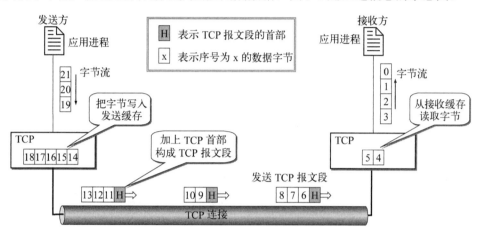

图 5-6　TCP 面向字节流概念示意图

为了突出示意图的要点，我们只画出了一个方向的数据流。但请注意，在实际的网络中，一个 TCP 报文段包含上千个字节是很常见的，而图中的各部分都只画出了几个字节，这仅仅是为了更方便地说明"面向字节流"的概念。另一点很重要的是：图 5-6 中的 TCP 连接是一条**虚连接**（也就是**逻辑连接**）而不是一条真正的物理连接。TCP 报文段先要传送到 IP 层，加上 IP 首部后，再传送到数据链路层。再加上数据链路层的首部和尾部后，才离开主机发送到物理链路。

图 5-6 指出，TCP 和 UDP 在发送报文时所采用的方式完全不同。TCP 并不关心应用进程一次把多长的报文发送到 TCP 的缓存中，而是根据对方给出的窗口值和当前网络拥塞的程度来决定一个报文段应包含多少个字节（UDP 发送的报文长度是应用进程给出的）。如果应用进程传送到 TCP 缓存的数据块太长，TCP 就可以把它划分得短一些再传送。如果应用进程一次只发来一个字节，TCP 也可以等待积累有足够多的字节后再构成报文段发送出去。关于 TCP 报文段的长度问题，在后面还要进行讨论。

5.3.2　TCP 的连接

TCP 把连接作为最基本的抽象。TCP 的许多特性都与 TCP 是面向连接的这个基本特性有关。因此我们对 TCP 连接需要有更清楚的了解。

前面已经讲过，每一条 TCP 连接有两个**端点**。那么，TCP 连接的端点是什么呢？不是主机，不是主机的 IP 地址，不是应用进程，也不是运输层的协议端口。TCP 连接的端点叫作**套接字**(socket)或**插口**。套接字的表示方法是在点分十进制的 IP 地址后面写上端口号，中间用冒号或逗号隔开。例如，若 IP 地址是 192.3.4.5，而端口号是 80，那么得到的套接字就是 (192.3.4.5: 80)。

请注意，TCP 连接就是由协议软件所提供的一种抽象。虽然有时为了方便，我们也可以说，在一个应用进程和另一个应用进程之间建立了一条 TCP 连接，但一定要记住：**TCP 连接的端点是一个很抽象的套接字**，即（**IP 地址：端口号**）。也还应记住：同一个 IP 地址可以有多个不同的 TCP 连接，而同一个端口号也可以出现在多个不同的 TCP 连接中。

5.4 可靠传输的工作原理

我们知道，TCP 发送的报文段是交给 IP 层传送的。但 IP 层只能提供尽最大努力服务，也就是说，TCP 下面的网络没有提供可靠的传输。因此，TCP 必须采用适当的措施才能使得两个运输层之间的通信变得可靠。

理想的传输条件有以下两个特点：

(1) 传输信道不产生差错。

(2) 不管发送方以多快的速度发送数据，接收方总是来得及处理收到的数据。

在这样的理想传输条件下，不需要采取任何措施就能够实现可靠传输。

然而实际的网络都不具备以上两个理想条件。但我们可以使用一些可靠传输协议，当出现差错时让发送方重传出现差错的数据，同时在接收方来不及处理收到的数据时，及时告诉发送方适当降低发送数据的速度。这样一来，本来不可靠的传输信道就能够实现可靠传输了。下面从最简单的停止等待协议[①]讲起。

5.4.1 停止等待协议

全双工通信的双方既是发送方也是接收方。下面为了讨论问题的方便，我们仅考虑 A 发送数据而 B 接收数据并发送确认。因此 A 叫作**发送方**，而 B 叫作**接收方**。因为这里是讨论可靠传输的原理，因此把传送的数据单元都称为分组，而并不考虑数据是在哪一个层次上传送的[②]。"停止等待"就是每发送完一个分组就停止发送，等待对方的确认。在收到确认后再发送下一个分组。

1. 无差错情况

停止等待协议可用图 5-7 来说明。图 5-7(a)是最简单的无差错情况。A 发送分组 M_1，发完就暂停发送，等待 B 的确认。B 收到了 M_1 就向 A 发送确认。A 在收到了对 M_1 的确认后，就再发送下一个分组 M_2。同样，在收到 B 对 M_2 的确认后，再发送 M_3。

2. 出现差错

图 5-7(b)是分组在传输过程中出现差错的情况。B 接收 M_1 时检测出了差错，就丢弃 M_1，其他什么也不做（不通知 A 收到有差错的分组）[③]。也可能是 M_1 在传输过程中丢失了，这时

---

① 注：在计算机网络发展初期，通信链路不太可靠，因此在链路层传送数据时都要采用可靠的通信协议。其中最简单的协议就是这种**停止等待协议**。在运输层并不使用这种协议，这里只是为了引出可靠传输的问题才从最简单的概念讲起。在运输层使用的可靠传输协议要复杂得多（见后面的 5.6 节）。

② 注：运输层传送的协议数据单元叫作报文段，网络层传送的协议数据单元叫作 IP 数据报。但在一般讨论问题时，都可把它们简称为分组。

③ 注：在可靠传输的协议中，也可以在检测出有差错时发送"否认报文"给对方。这样做的好处是能够让发送方及早知道出现了差错。不过由于这样处理会使协议复杂化，现在实用的可靠传输协议都不使用这种否认报文了。

B 当然什么都不知道。在这两种情况下，B 都不会发送任何信息。可靠传输协议是这样设计的：A 只要超过了一段时间仍然没有收到确认，就认为刚才发送的分组丢失了，因而重传前面发送过的分组。这就叫作**超时重传**。要实现超时重传，就要在每发送完一个分组设置一个**超时计时器**。如果在超时计时器到期之前收到了对方的确认，就撤销已设置的超时计时器。其实在图 5-7(a)中，A 为每一个已发送的分组都设置了一个超时计时器。但 A 只要在超时计时器到期之前收到了相应的确认，就撤销该超时计时器。为简单起见，这些细节在图 5-7(a)中都省略了。

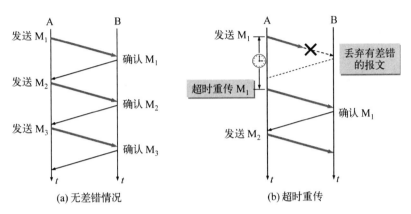

图 5-7　停止等待协议

这里应注意以下三点。

第一，A 在发送完一个分组后，**必须暂时保留已发送的分组的副本**（在发生超时重传时使用）。只有在收到相应的确认后才能清除暂时保留的分组副本。

第二，分组和确认分组都必须进行**编号**[①]。这样才能明确是哪一个发送出去的分组收到了确认，而哪一个分组还没有收到确认。

第三．超时计时器设置的重传时间**应当比数据在分组传输的平均往返时间更长一些**。图 5-7(b)中的一段虚线表示如果 M_1 正确到达 B 同时 A 也正确收到确认的过程。可见重传时间应设定为比平均往返时间更长一些。显然，如果重传时间设定得很长，那么通信的效率就会很低。但如果重传时间设定得太短，以致产生不必要的重传，就浪费了网络资源。然而，在运输层重传时间的准确设定是非常复杂的，这是因为已发送出的分组到底会**经过哪些网络**，以及这些网络将会产生多大的时延（这取决于这些网络**当时的拥塞情况**），这些都是**不确定因素**。图 5-7 中把往返时间当作固定的（这并不符合网络的实际情况），只是为了讲述原理的方便。

3. 确认丢失和确认迟到

图 5-8(a)说明的是另一种情况。B 所发送的对 M_1 的确认丢失了。A 在设定的超时重传时间内没有收到确认，并无法知道是自己发送的分组出错、丢失，或者是 B 发送的确认丢失了。因此 A 在超时计时器到期后就要重传 M_1。现在应注意 B 的动作。假定 B 又收到了重传的分组 M_1。这时应采取两个行动。

第一，丢弃这个重复的分组 M_1，不向上层交付。

第二，**向 A 发送确认**。不能认为已经发送过确认就不再发送，因为 A 之所以重传 M_1 就

---

① 注：编号并不是一个非常简单的问题。分组编号使用的位数总是有限的，同一个号码会重复使用。例如，10 位的编号范围是 0 ~ 1023。当编号增加到 1023 时，再增加一个号就又回到 0，然后重复使用这些号码。因此，在所发送的分组中，必须能够区分开哪些是新发送的，哪些是重传的。对于简单链路上传送的帧，如采用停止等待协议，只要用 1 位编号即可，也就是发送完 0 号帧，收到确认后，再发送 1 号帧，收到确认后，再发送 0 号帧。但是在运输层，这种编号方法有时并不能保证可靠传输。

表示 A 没有收到对 M₁ 的确认。

图 5-8(b)也是一种可能出现的情况。传输过程中没有出现差错，但 B 对分组 M₁ 的确认迟到了。A 会收到重复的确认。对重复的确认的处理很简单：收下后就丢弃。B 仍然会收到重复的 M₁，同样要丢弃重复的 M₁，并重传确认分组。

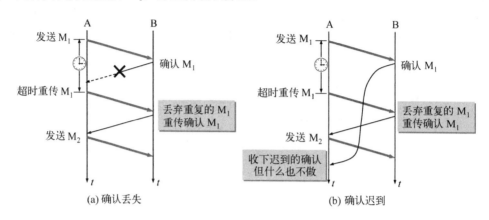

(a) 确认丢失　　　　　　　　　　　(b) 确认迟到

图 5-8　确认丢失和确认迟到

通常 A 最终总是可以收到对所有发出的分组的确认。如果 A 不断重传分组但总是收不到确认，就说明通信线路太差，不能进行通信。

使用上述的确认和重传机制，我们就可以**在不可靠的传输网络上实现可靠的通信**。

像上述的这种可靠传输协议常称为**自动重传请求 ARQ (Automatic Repeat reQuest)**。意思是重传的请求是自动进行的。接收方不需要请求发送方重传某个出错的分组。

4. 信道利用率

停止等待协议的优点是简单，但缺点是信道利用率太低。我们可以用图 5-9 来说明这个问题。为简单起见，假定在 A 和 B 之间有一条直通的信道来传送分组。

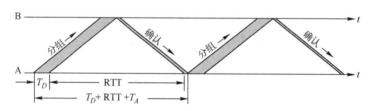

图 5-9　停止等待协议的信道利用率太低

假定 A 发送分组需要的时间是 T_D。显然，T_D 等于分组长度除以速率。再假定分组正确到达 B 后，B 处理分组的时间可以忽略不计，同时立即发回确认。假定 B 发送确认分组需要时间 T_A。如果 A 处理确认分组的时间也可以忽略不计，那么 A 在经过时间$(T_D + \text{RTT} + T_A)$后就可以再发送下一个分组，这里的 RTT 是往返时间。因为仅仅是在时间 T_D 内才用来传送有用的数据（包括分组的首部），因此信道的利用率 U 可用下式计算：

$$U = \frac{T_D}{T_D + \text{RTT} + T_A} \tag{5-1}$$

请注意，更细致的计算还可以在上式分子的时间 T_D 内扣除传送控制信息（如首部）所花费的时间。但在进行粗略计算时，用式(5-1)就可以了。

我们知道，式(5-1)中的 RTT 取决于所使用的信道。例如，假定 1200 km 的信道的往返时间 RTT = 20 ms。分组长度是 1200 bit，发送速率是 1 Mbit/s。若忽略处理时间和 T_A（T_A 一般

都远小于 T_D），则可算出 $U = 5.66\%$。但若把发送速率提高到 10 Mbit/s，则 $U = 5.96 \times 10^{-4}$。信道在绝大多数时间内都是空闲的。

从图 5-9 还可看出，当往返时间 RTT 远大于分组发送时间 T_D 时，信道的利用率就会非常低。还应注意的是，图 5-9 并没有考虑出现差错后的分组重传。若出现重传，则对传送有用的数据信息来说，信道的利用率还要降低。

为了提高传输效率，发送方可以不使用低效率的停止等待协议，而是采用**流水线传输**（如图 5-10 所示）。流水线传输就是发送方可连续发送多个分组，不必每发完一个分组就停顿下来等待对方的确认。这样可使信道上一直有数据不间断地在传送。显然，这种传输方式可以获得很高的信道利用率。

图 5-10　流水线传输可提高信道利用率

当使用流水线传输时，就要使用下面介绍的**连续 ARQ 协议**和**滑动窗口协议**。

5.4.2　连续 ARQ 协议

滑动窗口协议比较复杂，是 TCP 协议的精髓所在。这里先给出连续 ARQ 协议最基本的概念，但不涉及许多细节问题。详细的滑动窗口协议将在后面的 5.6 节中讨论。

图 5-11(a)表示发送方维持的**发送窗口**，它的意义是：位于发送窗口内的 5 个分组都可连续发送出去，而不需要等待对方的确认。这样，信道利用率就提高了。

在讨论滑动窗口时，我们应当注意到，图中还有一个时间坐标（但以后往往省略这样的时间坐标）。按照习惯，"向前"是指"向着时间增大的方向"，而"向后"则是"向着时间减小的方向"。分组发送是按照分组序号从小到大发送的。

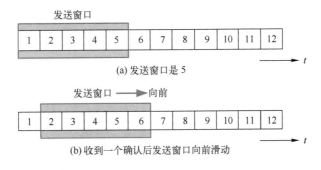

图 5-11　连续 ARQ 协议的工作原理

连续 ARQ 协议规定，发送方每收到一个确认，就把发送窗口向前滑动一个分组的位置。图 5-11(b)表示发送方收到了对第 1 个分组的确认，于是把发送窗口向前移动一个分组的位置。如果原来已经发送了前 5 个分组，那么现在就可以发送窗口内的第 6 个分组了。

接收方一般都是采用**累积确认**的方式。这就是说，接收方不必对收到的分组逐个发送确认，而是在收到几个分组后，**对按序到达的最后一个分组发送确认**，这就表示：到这个分组为止的所有分组都已正确收到了。

累积确认有优点也有缺点。优点是：容易实现，即使确认丢失也不必重传。但缺点是不能向发送方反映出接收方已经正确收到的所有分组的信息。

例如，如果发送方发送了前 5 个分组，而中间的第 3 个分组丢失了。这时接收方只能对前两个分组发出确认。发送方无法知道后面三个分组的下落，而只好把后面的三个分组再重传一次。这就叫作 Go-back-N（回退 N），表示需要再退回来重传已发送过的 N 个分组。可见当通信线路质量不好时，连续 ARQ 协议会带来负面的影响。

在深入讨论 TCP 的可靠传输问题之前，必须先了解 TCP 的报文段首部的格式。

5.5　TCP 报文段的首部格式

TCP 虽然是面向字节流的，但 TCP 传送的数据单元却是报文段。一个 TCP 报文段分为首部和数据两部分，而 TCP 的全部功能都体现在它首部中各字段的作用上。因此，只有弄清 TCP 首部各字段的作用才能掌握 TCP 的工作原理。下面讨论 TCP 报文段的首部格式。

TCP 报文段首部的前 20 个字节是固定的（图 5-12），后面有 $4n$ 字节是根据需要而增加的选项(n 是整数)。因此 TCP 首部的最小长度是 20 字节。

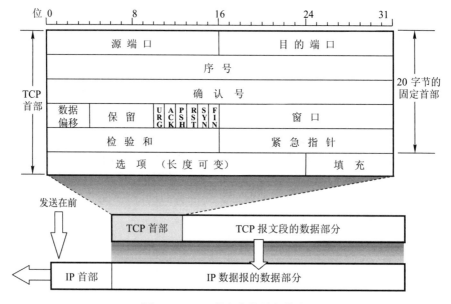

图 5-12　TCP 报文段的首部格式

首部固定部分各字段的意义如下：

(1) **源端口**和**目的端口**　各占 2 个字节，分别写入源端口号和目的端口号。和前面图 5-6 所示的 UDP 的分用相似，TCP 的分用功能也是通过端口实现的。

(2) **序号**　占 4 字节。序号范围是[0, $2^{32} - 1$]，共 2^{32}（即 4 294 967 296）个序号。序号增加到 $2^{32} - 1$ 后，下一个序号就又回到 0。TCP 是面向字节流的。在一个 TCP 连接中传送的字节流中的**每一个字节都按顺序编号**。整个要传送的字节流的起始序号必须在连接建立时设置。首部中的序号字段值则指的是**本报文段**所发送的数据的第一个字节的序号。例如，一个报文段的序号字段值是 301，而携带的数据共有 100 字节。这就表明：本报文段的数据的第一个字节的序号是 301，最后一个字节的序号是 400。显然，下一个报文段（如果还有的话）的数据序号应当从 401 开始，即下一个报文段的序号字段值应为 401。这个字段的名称也叫作"**报文段序号**"。

(3) **确认号**　占 4 字节，是**期望收到对方下一个报文段的第一个数据字节的序号**。例如，B 正确收到了 A 发送过来的一个报文段，其序号字段值是 501，而数据长度是 200 字节

（序号 501～700），这表明 B 正确收到了 A 发送的到序号 700 为止的数据。因此，B 期望收到 A 的下一个数据序号是 701，于是 B 在发送给 A 的确认报文段中把确认号置为 701。请注意，现在的确认号不是 501，也不是 700，而是 701。

总之，应当记住：

若确认号 = N，则表明：到序号 $N-1$ 为止的所有数据都已正确收到。

由于序号字段有 32 位长，可对 4 GB（即 4 千兆字节）的数据进行编号。在一般情况下可保证当序号重复使用时，旧序号的数据早已通过网络到达终点了。

(4) **数据偏移**　占 4 位，它指出 TCP 报文段的数据起始处距离 TCP 报文段的起始处有多远。这个字段实际上是指出 TCP 报文段的首部长度。由于首部中还有长度不确定的选项字段，因此数据偏移字段是必要的。但应注意，"数据偏移"的单位是 32 位字（即以 4 字节长的字为计算单位）。由于 4 位二进制数能够表示的最大十进制数字是 15，因此数据偏移的最大值是 60 字节，这也是 TCP 首部的最大长度（即选项长度不能超过 40 字节）。

(5) **保留**　占 6 位，保留为今后使用，但目前应置为 0。

下面有 6 个**控制位**，用来说明本报文段的性质，它们的意义见下面的(6)～(11)。

(6) **紧急 URG（URGent）**　当 URG = 1 时，表明紧急指针字段有效。它告诉系统此报文段中有紧急数据，应尽快传送(相当于高优先级的数据)，而不要按原来的排队顺序来传送。例如，已经发送了很长的一个程序要在远地的主机上运行。但后来发现了一些问题，需要取消该程序的运行。因此用户从键盘发出中断命令（Control + C）。如果不使用紧急数据，那么这两个字符将存储在接收 TCP 的缓存末尾。只有在所有的数据被处理完毕后这两个字符才被交付接收方的应用进程。这样做就浪费了许多时间。

当 URG 置 1 时，发送应用进程就告诉发送方的 TCP 有紧急数据要传送。于是发送方 TCP 就把紧急数据插入到本报文段数据的**最前面**，而在紧急数据后面的数据仍是普通数据。这时要与首部中**紧急指针**(Urgent Pointer)字段配合使用。

(7) **确认 ACK（ACKnowledgment）**　仅当 ACK = 1 时确认号字段才有效。当 ACK = 0 时，确认号无效。TCP 规定，在连接建立后所有传送的报文段都必须把 ACK 置 1。

(8) **推送 PSH（PuSH）**　当两个应用进程进行交互式的通信时，有时在一端的应用进程希望在键入一个命令后立即就能够收到对方的响应。在这种情况下，TCP 就可以使用推送(push)操作。这时，发送方 TCP 把 PSH 置 1，并立即创建一个报文段发送出去。接收方 TCP 收到 PSH = 1 的报文段，就尽快地（即"推送"向前）交付接收应用进程，而不再等到整个缓存都填满了后再向上交付。

虽然应用程序可以选择推送操作，但推送操作还很少使用。

(9) **复位 RST（ReSeT）**　当 RST = 1 时，表明 TCP 连接中出现严重差错（如由于主机崩溃或其他原因），必须释放连接，然后再重新建立运输连接。RST 置 1 还用来拒绝一个非法的报文段或拒绝打开一个连接。RST 也可称为重建位或重置位。

(10) **同步 SYN（SYNchronization）**　在连接建立时用来同步序号。当 SYN = 1 而 ACK = 0 时，表明这是一个连接请求报文段。对方若同意建立连接，则应在响应的报文段中使 SYN = 1 和 ACK = 1。因此，SYN 置为 1 就表示这是一个连接请求或连接接受报文。关于连接的建立和释放，在后面的 5.9 节还要进行详细讨论。

(11) **终止 FIN（FINis，意思是"完"、"终"）**　用来释放一个连接。当 FIN = 1 时，表明此报文段的发送方的数据已发送完毕，并要求释放运输连接。

(12) **窗口**　占 2 字节。窗口值是[0, $2^{16} - 1$]之间的整数。窗口指的是发送本报文段的一方的**接收窗口**（而不是自己的发送窗口）。窗口值**告诉对方**：从本报文段首部中的确认号算起，接收方目前允许对方发送的数据量（以字节为单位）。之所以要有这个限制，是因为接收方的数据缓存空间是有限的。总之，**窗口值作为接收方让发送方设置其发送窗口的依据**。

例如，发送了一个报文段，其确认号是 701，窗口字段是 1000。这就是告诉对方："从 701 号算起，我（即发送此报文段的一方）的接收缓存空间还可接收 1000 个字节数据（字节序号是 701～1700），你在给我发送数据时，必须考虑到这一点。"

总之，应当记住：

窗口字段明确指出了现在允许对方发送的数据量。窗口值是经常在动态变化着的。

(13) **检验和**　　占 2 字节。检验和字段检验的范围包括首部和数据这两部分。

(14) **紧急指针**　　占 2 字节。紧急指针仅在 URG = 1 时才有意义，它指出本报文段中的紧急数据的字节数（紧急数据结束后就是普通数据）。因此，紧急指针指出了紧急数据的末尾在报文段中的位置。当所有紧急数据都处理完时，TCP 就告诉应用程序恢复到正常操作。值得注意的是，即使窗口为零时也可发送紧急数据。

(15) **选项**　　长度可变，最长可达 40 字节。当没有使用"选项"时，TCP 的首部长度是 20 字节。

TCP 最初只规定了一种选项，即**最大报文段长度** MSS (Maximum Segment Size)。请注意 MSS 这个名词的含义。MSS 是每一个 TCP 报文段中的**数据字段的最大长度**。数据字段加上 TCP 首部才等于整个的 TCP 报文段。所以 MSS 并不是整个 TCP 报文段的最大长度，而是 "TCP 报文段长度减去 TCP 首部长度"。

为什么要规定一个 MSS 呢？这并不是考虑接收方的接收缓存可能放不下 TCP 报文段中的数据。实际上，MSS 与接收窗口值没有关系。我们知道，TCP 报文段的数据部分，至少要加上 40 字节的首部（TCP 首部 20 字节和 IP 首部 20 字节，这里都还没有考虑首部中的选项部分），才能组装成一个 IP 数据报。若选择较小的 MSS 长度，网络的利用率就降低。设想在极端的情况下，当 TCP 报文段只含有 1 字节的数据时，在 IP 层传输的数据报的开销至少有 40 字节(包括 TCP 报文段的首部和 IP 数据报的首部)。这样，对网络的利用率就不会超过 1/41。到了数据链路层还要加上一些开销。但反过来，若 TCP 报文段非常长，那么在 IP 层传输时就有可能要分解成多个短数据报片。在终点要把收到的各个短数据报片装配成原来的 TCP 报文段。当传输出错时还要进行重传。这些也都会使开销增大。

因此，MSS 应尽可能大些，只要在 IP 层传输时不需要再分片就行。由于 IP 数据报所经历的路径是动态变化的，因此在这条路径上确定的不需要分片的 MSS，如果改走另一条路径就可能需要进行分片。因此最佳的 MSS 是很难确定的。在连接建立的过程中，双方都把自己能够支持的 MSS 写入这一字段，以后就按照这个数值传送数据，两个传送方向可以有不同的 MSS 值。若主机未填写这一项，则 MSS 的默认值是 536 字节长。因此，所有在互联网上的主机都应能接受的报文段长度是 536 + 20（固定首部长度）= 556 字节。

随着互联网的发展，又陆续增加了几个选项。如**窗口扩大**选项、**时间戳**选项以及**选择确认**(SACK)选项等。

例如，窗口扩大选项是为了扩大窗口。我们知道，TCP 首部中窗口字段长度是 16 位，因此最大的窗口大小为 64 KB。虽然这对早期的网络是足够用的，但对于包含卫星信道的网络，传播时延和带宽都很大，要获得高吞吐率需要更大的窗口大小。

窗口扩大选项占 3 字节，其中 1 字节表示**移位值** S。新窗口值等于 TCP 首部的窗口位数从 16 增大到(16 + S)。移位值允许使用的最大值是 14，相当于窗口最大值增大到 $2^{(16+14)} - 1 = 2^{30} - 1$。

窗口扩大选项可以在双方初始建立 TCP 连接时进行协商。如果连接的某一端实现了窗口扩大，当它不再需要扩大其窗口时，可发送 S = 0 的选项，使窗口大小回到 16。

5.6 TCP 的滑动窗口机制

我们知道，在 TCP 连接上进行的是全双工通信。连接的每一方既是发送方，也是接收方。每一方都有两个窗口：发送窗口和接收窗口。因此 TCP 连接的双方共有四个窗口。在进行全双工通信时，这四个窗口的大小都不断在变化。为了讲述原理的方便，现在假定 A 发送数据，而 B 接收数据并发送确认。这样就只涉及两个窗口（A 的发送窗口和 B 的接收窗口），可使问题的讨论稍简单些。

TCP 的滑动窗口是以字节为单位的。为了便于说明滑动窗口的工作原理，我们故意把后面几个例子中的字节编号都取得很小。现假定 A 收到了 B 发来的确认报文段，其中窗口是 20 字节（这就是 B 的接收窗口值），而确认号是 31（这表明 B 期望收到的下一个序号是 31，而序号 30 为止的数据已经收到了）。根据这两个数据，A 就构造出自己的发送窗口，如图 5-13 所示。

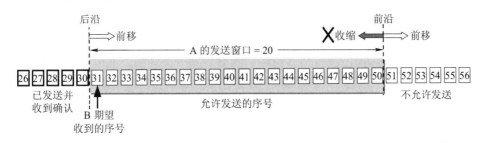

图 5-13 根据 B 给出的接收窗口值 20，A 构造出自己的发送窗口

我们先讨论发送方 A 的发送窗口。发送窗口表示：在没有收到 B 的确认的情况下，A 可以连续把窗口内的数据都发送出去。凡是已经发送过的数据，在未收到确认之前都必须暂时保留，以便在超时重传时使用。

发送窗口里面的序号表示允许发送的序号。显然，窗口越大，发送方就可以在收到对方确认之前连续发送更多的数据，因而可能获得更高的传输效率。我们已经讲过，接收方会把自己的接收窗口数值放在窗口字段中发送给对方。因此，A 的发送窗口一定不能超过 B 的接收窗口数值。以后我们还要讨论，发送方的发送窗口大小还要受到当时网络拥塞程度的制约。但在目前，我们暂不考虑网络拥塞的影响。

发送窗口后沿的后面部分表示已发送且已收到了确认。这些数据显然不需要再保留了。而发送窗口前沿的前面部分表示不允许发送的，因为接收方都没有为这部分数据保留临时存放的缓存空间。

发送窗口的位置由窗口前沿和后沿的位置共同确定。发送窗口后沿的变化情况有两种可能，即不动（没有收到新的确认）和前移（收到了新的确认）。发送窗口后沿不可能向后移动，因为不能撤销掉已收到的确认。发送窗口前沿通常会不断向前移动，但也有可能不动。这对应于两种情况：一是没有收到新的确认，对方通知的窗口大小也不变；二是收到了新的确认但对方通知的窗口缩小了，使得发送窗口前沿正好不动。

发送窗口前沿也有可能**向后收缩**。这发生在对方通知的窗口缩小了。但 TCP 的标准**强烈不赞成这样做**。因为很可能发送方在收到这个通知以前已经发送了窗口中的许多数据，现在又要收缩窗口，不让发送这些数据，这样就会产生一些错误。

最后再强调一下，TCP 的通信是全双工通信。通信中的每一方都在发送和接收报文段。因此，每一方都有自己的发送窗口和接收窗口。在谈到这些窗口时，一定要弄清是哪一方的窗口。

TCP 的发送方在规定的时间内没有收到确认就要重传已发送的报文段。这种重传的概念是很简单的，但重传时间的选择却是 TCP 最复杂的问题之一。

由于 TCP 的下层是互联网环境，发送的报文段可能只经过一个高速率的局域网，也可能经过多个低速率的网络，并且每个 IP 数据报所选择的路由还可能不同。如果把超时重传时间设置得太短，就会引起很多报文段的不必要的重传，使网络负荷增大。但若把超时重传时间设置得过长，则又使网络的空闲时间增大，降低了传输效率。

现在已经有了行之有效的算法来估算运输层超时重传时间，这里不再介绍。

一般说来，我们总是希望数据传输得更快一些。但如果发送方把数据发送得过快，接收方就可能来不及接收，这就会造成数据的丢失。所谓**流量控制就是让发送方的发送速率不要太快，要让接收方来得及接收**。利用滑动窗口机制可以很方便地在 TCP 连接上实现对发送方的流量控制。

下面通过图 5-14 的例子说明如何利用滑动窗口机制进行流量控制。

设 A 向 B 发送数据。在连接建立时，B 告诉了 A："我的接收窗口 rwnd = 400"（这里 rwnd 表示接收窗口 receiver window）。因此，**发送方的发送窗口不能超过接收方给出的接收窗口的数值 400**。请注意，TCP 的**窗口单位是字节，不是报文段**。再设每一个报文段为 100 字节长，而数据报文段序号的初始值设为 1（见图中的❶，第一个箭头上面的序号 seq = 1。图中右边的注释可帮助理解整个过程）。请注意，图中箭头上面大写的 ACK 表示首部中的确认位 ACK，小写的 ack 表示确认字段的值。图中的 DATA 表示发送的报文段中有数据。

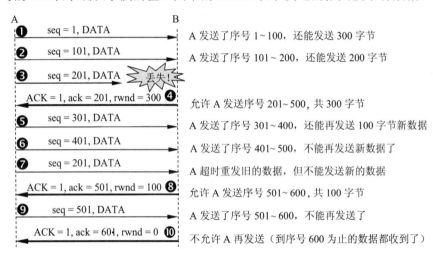

图 5-14　利用可变窗口进行流量控制举例

我们应注意到，接收方的主机 B 进行了三次流量控制。第一次把窗口减小到 rwnd = 300（图中的❹），第二次又减到 rwnd = 100（图中的❽），最后减到 rwnd = 0（图中的❿），即不允许发送方再发送数据了。这种使发送方暂停发送的状态将持续到主机 B 重新发出一个新的窗口值为止。我们还应注意到，B 向 A 发送的三个报文段都设置了 ACK = 1，只有在 ACK = 1 时确认号字段才有意义。

现在我们考虑另外一种情况。在图 5-14 中的❿，B 向 A 发送了零窗口的报文段后不久，B 的接收缓存又有了一些存储空间。于是 B 向 A 发送了 rwnd = 400 的报文段（图中未画出）。然而这个报文段在传送过程中丢失了。A 一直等待收到 B 发送的非零窗口的通知，而 B 也一直等待 A 发送的数据。如果没有其他措施，这种互相等待的死锁局面将一直延续下去。

为了解决这个问题，TCP 为每一个连接设有一个**持续计时器**。只要 TCP 连接的一方收到对方的零窗口通知，就启动持续计时器。若持续计时器设置的时间到，就发送一个零窗口**探测**

报文段（仅携带 1 字节的数据），而对方就在确认这个探测报文段时给出了现在的窗口值[①]。如果窗口仍然是零，那么收到这个报文段的一方就重新设置持续计时器。如果窗口不是零，那么死锁的僵局就可以打破了。

5.7 TCP 的拥塞控制

在计算机网络中的链路容量（即带宽）、交换节点中的缓存和处理机等，都是网络的资源。在某段时间，若对网络中某一资源的需求超过了该资源所能提供的可用部分，网络的性能就要变坏。这种情况就叫作**拥塞**。可以把出现网络拥塞的条件写成如下的关系式：

$$\sum \text{对资源的需求} > \text{可用资源} \qquad (5\text{-}2)$$

若网络中有许多资源同时呈现供应不足，网络的性能就要明显变坏，整个网络的吞吐量将随输入负荷的增大而下降。

有人可能会说："只要任意增加一些资源，例如，把节点缓存的存储空间扩大，或把链路更换为更高速率的链路，或把节点处理机的运算速度提高，就可以解决网络拥塞的问题。"其实不然。这是因为网络拥塞是一个非常复杂的问题。简单地采用上述做法，在许多情况下，不但不能解决拥塞问题，而且还可能使网络的性能更坏。

网络拥塞往往是由许多因素引起的。例如，当某个节点缓存的容量太小时，到达该节点的分组因无存储空间暂存而不得不被丢弃。现在设想将该节点缓存的容量扩展到非常大，于是凡到达该节点的分组均可在节点的缓存队列中排队，不受任何限制。由于输出链路的容量和处理机的速度并未提高，因此在该队列中的绝大多数分组的排队等待时间将会大大增加，结果上层软件只好把它们进行重传（因为早就超时了）。由此可见，简单地扩大缓存的存储空间同样会造成网络资源的严重浪费，因而解决不了网络拥塞的问题。

又如，处理机处理的速率太慢可能引起网络的拥塞。简单地将处理机的速率提高，可能会使上述情况缓解一些，但往往又会将瓶颈转移到其他地方。问题的实质往往是整个系统的各个部分不匹配。只有所有的部分都平衡了，问题才会得到解决。

拥塞常常趋于恶化。如果一个路由器没有足够的缓存空间，它就会丢弃一些新到的分组。但当分组被丢弃时，发送这一分组的源点就会重传这一分组，甚至可能还要重传多次。这样会引起更多的分组流入网络和被网络中的路由器丢弃。可见拥塞引起的重传并不会缓解网络的拥塞，反而会加剧网络的拥塞。

拥塞控制与流量控制的关系密切，它们之间也存在着一些差别。所谓**拥塞控制就是防止过多的数据注入到网络中，这样可以使网络中的路由器或链路不致过载**。拥塞控制所要做的都有一个前提，就是**网络能够承受现有的网络负荷**。拥塞控制是一个**全局性的过程**，涉及所有的主机、所有的路由器，以及与降低网络传输性能有关的所有因素。但 TCP 连接的端点只要迟迟不能收到对方的确认信息，就猜想在当前网络中的某处很可能发生了拥塞，但这时却无法知道拥塞到底发生在网络的何处，也无法知道发生拥塞的具体原因（是访问某个服务器的通信量过大？还是在某个地区出现自然灾害？）。

相反，**流量控制往往是指点对点通信量的控制**，是一个**端到端**的问题（接收端控制发送端）。流量控制所要做的就是抑制发送端发送数据的速率，以便使接收端来得及接收。

可以用一个简单例子说明这种区别。设某个光纤网络的链路传输速率为 1000 Gbit/s。有一个巨型计算机向一台 PC 以 1 Gbit/s 的速率传送文件。显然，网络本身的带宽是足够大的，因

---

① 注：TCP 规定，即使设置为零窗口，也必须接收以下几种报文段：零窗口探测报文段、确认报文段和携带紧急数据的报文段。

而不存在产生拥塞的问题。但流量控制却是必需的，因为巨型计算机必须经常停下来，以便使 PC 来得及接收。

但如果有另一个网络，其链路传输速率为 1 Mbit/s，而有 1000 台大型计算机连接在这个网络上。假定其中的 500 台计算机分别向其余的 500 台计算机以 100 kbit/s 的速率发送文件。那么现在的问题已不是接收端的大型计算机是否来得及接收，而是整个网络的输入负载是否超过网络所能承受的。

拥塞控制和流量控制之所以常常被弄混，是因为某些拥塞控制算法是向发送端发送控制报文，并告诉发送端，网络已出现麻烦，必须放慢发送速率。这点又和流量控制是很相似的。

进行拥塞控制需要付出代价。这首先需要获得网络内部流量分布的信息。在实施拥塞控制时，还需要在节点之间交换信息和各种命令，以便选择控制的策略和实施控制。这样就产生了额外开销。拥塞控制有时需要将一些资源（如缓存、带宽等）分配给个别用户（或一些类别的用户）单独使用，这样就使得网络资源不能更好地实现共享。十分明显，在设计拥塞控制策略时，必须全面衡量得失。

在图 5-15 中的横坐标是**提供的负载**，代表单位时间内输入给网络的分组数目。因此提供的负载也称为**输入负载**或**网络负载**。纵坐标是**吞吐量**，代表单位时间内从网络输出的分组数目。具有理想拥塞控制的网络，在吞吐量饱和之前，网络吞吐量应等于提供的负载，故吞吐量曲线是 45° 的斜线。但当提供的负载超过某一限度时，由于网络资源受限，吞吐量不再增长而保持为水平线，即吞吐量达到饱和。这就表明提供的负载中有一部分损失掉了（例如，输入到网络的某些分组被某个节点丢弃了）。虽然如此，在这种理想的拥塞控制作用下，网络的吞吐量仍然维持在其所能达到的最大值。

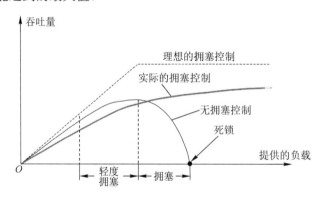

图 5-15　拥塞控制所起的作用

但是，实际网络的情况就很不相同了。从图 5-15 可看出，随着提供的负载的增大，网络吞吐量的增长速率逐渐减小。也就是说，在网络吞吐量还未达到饱和时，就已经有一部分的输入分组被丢弃了。当网络的吞吐量明显地小于理想的吞吐量时，网络就进入了**轻度拥塞**的状态。更值得注意的是，当提供的负载达到某一数值时，网络的吞吐量反而随提供的负载的增大而下降，这时**网络就进入了拥塞状态**。当提供的负载继续增大到某一数值时，网络的吞吐量就下降到零，网络已无法工作，这就是所谓的**死锁**。

从原理上讲，寻找拥塞控制的方案无非是寻找使不等式（5-2）不再成立的条件。这或者增大网络的某些可用资源（如业务繁忙时增加一些链路，增大链路的带宽，或使额外的通信量从另外的通路分流），或减少一些用户对某些资源的需求（如拒绝接受新的建立连接的请求，或要求用户减轻其负荷，这属于降低服务质量）。但正如上面所讲过的，在采用某种措施时，还必须考虑到该措施所带来的其他影响。

实践证明，拥塞控制是很难设计的，因为它是一个**动态的**（而不是静态的）问题。当前网络正朝着高速化的方向发展，这很容易出现缓存不够大而造成分组的丢失。但分组的丢失是网络发生拥塞的征兆而不是原因。在许多情况下，甚至正是拥塞控制机制本身成为引起网络性能恶化甚至发生死锁的原因。**这点应特别引起重视。**

由于计算机网络是一个很复杂的系统，因此可以从控制理论的角度来看拥塞控制这个问题。这样，从大的方面看，可以分为**开环控制**和**闭环控制**两种方法。开环控制方法就是在设计网络时事先将有关发生拥塞的因素考虑周到，力求网络在工作时不产生拥塞。但一旦整个系统运行起来，就不再中途进行改正了。

闭环控制是基于反馈环路的概念，主要有以下几种措施：

(1) 监测网络系统以便知道拥塞在何时、何处发生。

(2) 把拥塞发生的信息传送到可采取行动的地方。

(3) 调整网络系统的运行以解决出现的问题。

有很多的方法可用来监测网络的拥塞。主要的一些指标是：由于缺少缓存空间而被丢弃的分组的百分数、平均队列长度、超时重传的分组数、平均分组时延、分组时延的标准差，等等。上述这些指标的上升都标志着拥塞的增长。

一般在监测到拥塞发生时，要将拥塞发生的信息传送到产生分组的源站。当然，通知拥塞发生的分组同样会使网络更加拥塞。

另一种方法是在路由器转发的分组中保留一个比特或字段，用该比特或字段的值表示网络没有拥塞或产生了拥塞。也可以由一些主机或路由器周期性地发出探测分组，以询问拥塞是否发生。

此外，过于频繁地采取行动以缓和网络的拥塞，会使系统产生不稳定的振荡。但过于迟缓地采取行动又不具有任何实用价值。因此，要采用某种折中的方法。但选择正确的时间常数是相当困难的。

为了进行拥塞控制，发送方要维持一个**拥塞窗口**的状态变量。拥塞窗口的大小取决于网络的拥塞程度，并且动态地在变化。**发送方让自己的发送窗口取为拥塞窗口和接收方的接收窗口中较小的一个。**这就是说，若对方的接收窗口小于自己的拥塞窗口，则发送窗口不能超过对方的接收窗口（这时发送窗口小于拥塞窗口）。但若对方的接收窗口大于自己的拥塞窗口，则发送窗口不能超过拥塞窗口（这时发送窗口小于对方的接收窗口）。

发送方控制拥塞窗口的原则是：只要网络没有出现拥塞，拥塞窗口就再增大一些，以便把更多的分组发送出去，提高传送效率。但只要网络出现拥塞，拥塞窗口就减小一些，以减少注入到网络中的分组数，用这种手段来减轻网络的拥塞。

但发送方又是如何知道网络发生了拥塞呢？我们知道，当网络发生拥塞时，路由器的队列长度就会增加，就可能要丢弃分组。因此只要发送方没有按时收到应当到达的确认报文，就会猜想，这时网络可能出现了拥塞。现在通信线路的传输质量一般都很好，因传输差错而丢弃分组的概率是很小的（远小于 1%）。

现在已经有多种确定拥塞窗口的策略，这里就不讨论了。

5.8 TCP 的运输连接管理

TCP 是面向连接的协议。运输连接是用来传送 TCP 报文的。TCP 运输连接的建立和释放是每一次面向连接的通信中必不可少的过程。因此，运输连接就有三个阶段，即：**连接建立**、**数据传送**和**连接释放**。运输连接的管理就是使运输连接的建立和释放都能正常地进行。

1. TCP 的连接建立过程

在 TCP 连接建立过程中要解决以下三个问题：

(1) 要使每一方能够确知对方的存在。

(2) 要允许双方协商一些参数（如最大窗口值、是否使用窗口扩大选项和时间戳选项以及服务质量等）。

(3) 能够对运输实体资源（如缓存大小、连接表中的项目等）进行分配。

TCP 连接的建立采用客户服务器方式。主动发起连接建立的应用进程叫作**客户**(client)，而被动等待连接建立的应用进程叫作**服务器**(server)。

图 5-16 画出了 TCP 建立连接的过程。现在假定主机 A 运行的是 TCP 客户程序，而 B 运行 TCP 服务器程序。设 B 先发出一个**被动打开**命令，准备接受客户进程的连接请求。然后服务器进程就处于"收听"的状态，不断检测是否有客户进程要发起连接请求。如有，即做出响应。我们假定 A 的 TCP 发出**主动打开**命令，表明要向 B 的某个端口建立运输连接。

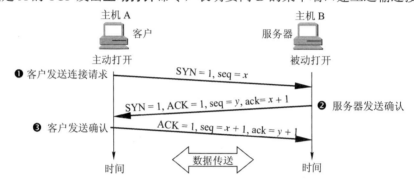

图 5-16　TCP 连接的建立过程

下面解释图 5-16 所示的连接建立的三个步骤。

(1) **客户发出连接建立请求报文段**。A 的 TCP 向 B 的 TCP 发出连接请求报文段（见图 5-16 中的❶）。报文段首部中的同步位 SYN 应置 1，同时选择一个初始序号 seq = x，这表明下一个报文段的第一个数据字节的序号是 $x + 1$。

(2) **服务器发送确认报文段**。B 的 TCP 收到连接请求报文段后，如同意，则发回确认。在确认报文段中应把同步位 SYN 和确认位 ACK 都置 1，确认号是 ack = $x + 1$，同时也为自己选择一个初始序号 seq = y（见图 5-16 中的❷）。

(3) **客户发送确认段**。A 的 TCP 收到 B 的确认后，要向 B 给出确认，其确认位 ACK 置 1，确认号 ack = $y + 1$，而自己的序号 seq = $x + 1$（见图 5-16 中的❸）。TCP 的标准规定，同步位 SYN = 1 的报文段（例如，A 发送的第一个报文段）要消耗掉一个序号。因此 A 发送的第二个报文段的序号应当是第一个报文段的序号加 1（虽然在第一个报文段中并没有放入数据）。

运行客户进程的主机 A 的 TCP 通知上层应用进程，连接已经建立。

以后，当 A 向 B 发送第一个数据报文段时（图中未画出），其序号仍为 $x + 1$，因为前一个确认报文段并不消耗序号（在这个报文中同步位 SYN 是 0 而不是 1）。

当 B 的 TCP 收到 A 的确认后，也通知其上层应用进程，连接已经建立。

连接建立采用的这种过程叫作**三报文握手**（three-way handshake）[①]。

[①] 注：三报文握手是本教材首次采用的译名。在 RFC 973（TCP 标准的文档）中使用的名称是 three way handshake，但这个名称很难译为准确的中文。例如，以前本教材曾采用"三次握手"这个广为流行的译名。其实这是在**一次握手**过程中交换了三个报文，而并不是进行了三次握手（这有点像两个人见面进行一次握手时，他们的手上下摇晃了三次，但这并非进行了三次握手）。最近再次阅读了 RFC 973 文档，看到有这样的表述："three way (three message) handshake"。可见采用"三报文握手"这样的译名，在意思的表达上应当是比较准确的。请注意，handshake 使用的是单数而不是复数，表明只是**一次握手**。

为什么要采用这种三报文握手呢？这主要是为了防止已失效的连接请求报文段突然又传送到了主机 B，因而产生错误。

所谓"已失效的连接请求报文段"是这样产生的。考虑这样一种情况。A 发出连接请求，但因连接请求报文丢失而未收到确认。A 于是再重传一次。后来收到了 B 的确认，建立了连接。数据传输完毕后，就释放了连接。A 共发送了两个连接请求报文段，其中的第二个到达了 B。

现假定出现另一种情况，即 A 发出的第一个连接请求报文段并没有丢失，而是在某些网络节点滞留的时间太长，以致延误到在这次的连接释放以后才传送到 B。本来这是一个已经失效的报文段。但 B 收到此失效的连接请求报文段后，就误认为是 A 又发出一次新的连接请求。于是就向 A 发出确认报文段，同意建立连接。

由于 A 并没有要求建立连接，因此不会理睬 B 的确认，也不会向 B 发送数据。但 B 却以为运输连接就要建立了，一直等待 A 发来数据。B 的许多资源就这样白白浪费了。

采用三报文握手的办法可以防止上述现象的发生。例如在刚才的情况下，A 不会向 B 的确认发出确认。B 收不到 A 的确认，TCP 连接就建立不起来。

2. TCP 连接释放的过程

在数据传输结束后，通信的双方都可以发出释放连接的请求。连接释放也是采用客户服务器方式。发出释放请求的是客户，接受释放请求的是服务器。但是，连接释放阶段要比连接建立阶段复杂一些。这是因为连接建立总是由客户端发起的，而在连接建立之前，在双方的 TCP 进程之间并没有数据在传送。但连接释放阶段则不同，因为这个阶段是在数据传送阶段之后，通信的双方都在传送数据。如果一方突然释放连接，而另一方有数据陆续通过网络传送过来，那么就有可能出现数据丢失的问题。为了妥善地使已经传送出去的数据不致因连接释放而丢失，TCP 采取了改进的三报文握手的方法，也就是说，需要使用四报文握手。下面解释这四个步骤。

(1) **客户发出连接释放报文段**。设图 5-17 中的 A 的应用进程先通知其 TCP 要释放连接，表示不再发送数据了。于是 A 的 TCP 向 B 发出连接释放报文段（见图 5-17 的❶），把发往 B 的报文段首部的终止位 FIN 置 1，其序号 $seq = u$，等于前面已传送过的数据的最后一个字节的序号加 1。

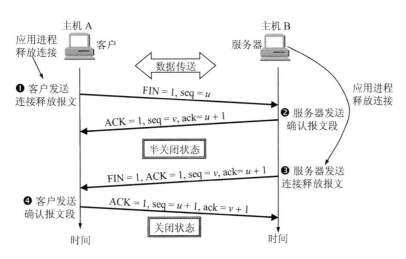

图 5-17　TCP 连接释放的过程

(2) **服务器发送确认报文段**。B 的 TCP 收到释放连接通知后即发出确认（见图 5-17 中的❷），确认位 ACK 置 1，确认号是 ack = $u+1$，而这个报文段自己的序号 seq = v（等于前面已传送过的数据的最后一个字节的序号加 1）。B 的 TCP 这时应通知高层应用进程。这样，从 A 到 B 的连接就释放了，而整个的 TCP 连接处于**半关闭**状态，相当于 A 向 B 说："我已经没有数据要发送了。但你如果还发送数据，我仍可以接收。"

此后，B 不再接收 A 发来的数据。但若 B 还有一些数据要发往 A，则可以继续发送（这种情况很少）。A 只要正确收到数据，仍应向 B 发送确认

(3) **服务器发出连接释放报文段**。若 B 不再向 A 发送数据，其应用进程就通知 TCP 释放连接，然后服务器发出连接释放报文段（见图 5-17 中的❸）。B 必须使其报文段首部的终止位 FIN = 1，并使其序号仍为 v（因为前面发送的确认报文段不消耗序号），还必须把确认位置 1，重复上次已发送过的确认号 ack = $u+1$。

(4) **客户发送确认报文段**。A 必须对此发出确认报文段（见图 5-17 中的❹），把确认位 ACK 置 1，确认号 ack = $v+1$，而自己的序号是 seq = $u+1$（因为根据 TCP 标准，前面发送过的 FIN 报文段要消耗一个序号）。这样才把从 B 到 A 的反方向连接释放掉。A 的 TCP 再向其应用进程报告，整个连接已经全部释放。

读者可发现，上述连接释放过程，和连接建立时的三向握手在本质上是一致的。

本章的重要概念

● 运输层提供应用进程间的逻辑通信，也就是说，运输层之间的通信并不是真正在两个运输层之间直接传送数据。运输层向应用层屏蔽了下面网络的细节（如网络拓扑、所采用的路由选择协议等），它使应用进程看见的就好像在两个运输层实体之间有一条端到端的逻辑通信信道。

● 网络层为主机之间提供逻辑通信，而运输层为应用进程之间提供端到端的逻辑通信。

● 运输层有两个主要的协议：TCP 和 UDP。它们都有复用和分用，以及检错的功能。当运输层采用面向连接的协议 TCP 时，尽管下面的网络是不可靠的（只提供尽最大努力服务），但这种逻辑通信信道就相当于一条全双工通信的可靠信道。当运输层采用无连接的协议 UDP 时，这种逻辑通信信道仍然是一条不可靠信道。

● 运输层用一个 16 位端口号来标志一个端口。端口号只具有本地意义，它只是为了标志本计算机应用层中的各个进程在和运输层交互时的层间接口。在互联网的不同计算机中，相同的端口号是没有关联的。

● 两台计算机中的进程要互相通信，不仅要知道对方的 IP 地址（为了找到对方的计算机），而且还要知道对方的端口号（为了找到对方计算机中的应用进程）。

● 运输层的端口号分为服务器端使用的端口号（0～1023 指派给熟知端口，1024～49151 是登记端口号）和客户端暂时使用的端口号（49152～65535）。

● UDP 的主要特点是：① 无连接；② 尽最大努力交付；③ 面向报文；④ 无拥塞控制；⑤ 支持一对一、一对多、多对一和多对多的交互通信；⑥ 首部开销小（只有四个字段：源端口、目的端口、长度、检验和）。

● TCP 的主要特点是：① 面向连接；② 每一条 TCP 连接只能是点对点的（一对一）；③ 提供可靠交付的服务；④ 提供全双工通信；⑤ 面向字节流。

- TCP 用主机的 IP 地址加上主机上的端口号作为 TCP 连接的端点。这样的端点就叫作套接字（socket）或插口。套接字用（IP 地址：端口号）来表示。

- 停止等待协议能够在不可靠的传输网络上实现可靠的通信。每发送完一个分组就停止发送，等待对方的确认。在收到确认后再发送下一个分组。分组需要进行编号。

- 超时重传是指只要超过了一段时间仍然没有收到确认，就重传前面发送过的分组（认为刚才发送的分组丢失了）。因此每发送完一个分组需要设置一个超时计时器，其重传时间应比数据在分组传输的平均往返时间更长一些。这种自动重传方式常称为自动重传请求 ARQ。

- 在停止等待协议中，若接收方收到重复分组，就丢弃该分组，但同时还要发送确认。

- 连续 ARQ 协议可提高信道利用率。发送方维持一个发送窗口，凡位于发送窗口内的分组都可连续发送出去，而不需要等待对方的确认。接收方一般采用累积确认，对按序到达的最后一个分组发送确认，表明到这个分组为止的所有分组都已正确收到了。

- TCP 报文段首部的前 20 个字节是固定的，后面有 4N 字节是根据需要而增加的选项（N 是整数）。在一个 TCP 连接中传送的字节流中的每一个字节都按顺序编号。首部中的序号字段值则指的是本报文段所发送的数据的第一个字节的序号。

- TCP 首部中的确认号是期望收到对方下一个报文段的第一个数据字节的序号。若确认号为 N，则表明：到序号 N−1 为止的所有数据都已正确收到。

- TCP 首部中的窗口字段指出了现在允许对方发送的数据量。窗口值是经常在动态变化着的。

- TCP 使用滑动窗口机制。发送窗口里面的序号表示允许发送的序号。发送窗口后沿的后面部分表示已发送且已收到了确认，而发送窗口前沿的前面部分表示不允许发送。发送窗口后沿的变化情况有两种可能，即不动（没有收到新的确认）和前移（收到了新的确认）。发送窗口前沿通常是不断向前移动的。

- 流量控制就是让发送方的发送速率不要太快，要让接收方来得及接收。

- 在某段时间，若对网络中某一资源的需求超过了该资源所能提供的可用部分，网络的性能就要变坏。这种情况就叫作拥塞。拥塞控制就是防止过多的数据注入到网络中，这样可以使网络中的路由器或链路不致过载。

- 流量控制是一个端到端的问题，是接收端抑制发送端发送数据的速率，以便使接收端来得及接收。拥塞控制是一个全局性的过程，涉及所有的主机、所有的路由器，以及与降低网络传输性能有关的所有因素。

- 为了进行拥塞控制，TCP 的发送方要维持一个拥塞窗口的状态变量。拥塞窗口的大小取决于网络的拥塞程度，并且动态地在变化。发送方让自己的发送窗口取为拥塞窗口和接收方的接收窗口中较小的一个。

- 运输连接有三个阶段，即：连接建立、数据传送和连接释放。

- 主动发起 TCP 连接建立的应用进程叫作客户，而被动等待连接建立的应用进程叫作服务器。TCP 的连接建立采用三报文握手机制。服务器要确认客户的连接请求，然后客户要对服务器的确认进行确认。

- TCP 的连接释放采用四报文握手机制。任何一方都可以在数据传送结束后发出连接释放的通知，待对方确认后就进入半关闭状态。当另一方也没有数据再发送时，则发送连接释放通知，对方确认后就完全关闭了 TCP 连接。

习题

5-01 试说明运输层在协议栈中的地位和作用。运输层的通信和网络层的通信有什么重要的区别？为什么运输层是必不可少的？

5-02 网络层提供数据报或虚电路服务对上面的运输层有何影响？

5-03 当应用程序使用面向连接的 TCP 和无连接的 IP 时，这种传输是面向连接的还是无连接的？

5-04 试画图解释运输层的复用。画图说明许多个运输用户复用到一条运输连接上，而这条运输连接又复用到 IP 数据报上。

5-05 试举例说明有些应用程序愿意采用不可靠的 UDP，而不愿意采用可靠的 TCP。

5-06 接收方收到有差错的 UDP 用户数据报时应如何处理？

5-07 如果应用程序愿意使用 UDP 完成可靠传输，这可能吗？请说明理由。

5-08 为什么说 UDP 是面向报文的，而 TCP 是面向字节流的？

5-09 端口的作用是什么？为什么端口号要划分为三种？

5-10 某个应用进程使用运输层的用户数据报 UDP，然后继续向下交给 IP 层后，又封装成 IP 数据报。既然都是数据报，是否可以跳过 UDP 而直接交给 IP 层？哪些功能 UDP 提供了但 IP 没有提供？

5-11 一个应用程序用 UDP，到了 IP 层把数据报再划分为 4 个数据报片发送出去。结果前两个数据报片丢失，后两个到达目的站。过了一段时间应用程序重传 UDP，而 IP 层仍然划分为 4 个数据报片来传送。结果这次前两个到达目的站而后两个丢失。试问：在目的站能否将这两次传送的 4 个数据报片组装成为完整的数据报？假定目的站第一次收到的后两个数据报片仍然保存在目的站的缓存中。

5-12 使用 TCP 对实时话音数据的传输会有什么问题？使用 UDP 在传送数据文件时会有什么问题？

5-13 在停止等待协议中如果不使用编号是否可行？为什么？

5-14 在停止等待协议中，如果收到重复的报文段时不予理睬（即悄悄地丢弃它而其他什么也不做）是否可行？试举出具体例子说明理由。

5-15 假定在运输层使用停止等待协议。发送方发送报文段 M_0 后在设定的时间内未收到确认，于是重传 M_0，但 M_0 又迟迟不能到达接收方。不久，发送方收到了迟到的对 M_0 的确认，于是发送下一个报文段 M_1，不久就收到了对 M_1 的确认。接着发送方发送新的报文段 M_0，但这个新的 M_0 在传送过程中丢失了。正巧，一开始就滞留在网络中的 M_0 现在到达接收方。接收方无法分辨 M_0 是旧的。于是收下 M_0，并发送确认。显然，接收方后来收到的 M_0 是重复的，协议失败了。

试画出类似于图 5-7 所示的双方交换报文段的过程。

5-16 主机 A 向主机 B 发送一个很长的文件，其长度为 L 字节。假定 TCP 使用的 MSS 为 1460 字节。

(1) 在 TCP 的序号不重复使用的条件下，L 的最大值是多少？

(2) 假定使用上面计算出的文件长度，而运输层、网络层和数据链路层所用的首部开销共 66 字节，链路的速率为 10 Mbit/s，试求这个文件所需的最短发送时间。

5-17 主机 A 向主机 B 连续发送了两个 TCP 报文段，其序号分别是 70 和 100。试问：

(1) 第一个报文段携带了多少字节的数据？

(2) 主机 B 收到第一个报文段后发回的确认中的确认号应当是多少？

(3) 如果 B 收到第二个报文段后发回的确认中的确认号是 180，试问 A 发送的第二个报文段中的数据有多少字节？

(4) 如果 A 发送的第一个报文段丢失了，但第二个报文段到达了 B。B 在第二个报文段到达后向 A 发送确认。试问这个确认号应为多少？

5-18 为什么在 TCP 首部中有一个首部长度字段，而 UDP 的首部中就没有这个字段？

5-19　一个 TCP 报文段的数据部分最多为多少个字节？为什么？如果用户要传送的数据的字节长度超过 TCP 报文段中的序号字段可能编出的最大序号，问还能否用 TCP 来传送？

5-20　主机 A 向主机 B 发送 TCP 报文段，首部中的源端口是 m 而目的端口是 n。当 B 向 A 发送回信时，其 TCP 报文段的首部中的源端口和目的端口分别是什么？

5-21　在使用 TCP 传送数据时，如果有一个确认报文段丢失了，也不一定会引起与该确认报文段对应的数据的重传。试说明理由。

5-22　设 TCP 使用的最大窗口为 65535 字节，而传输信道不产生差错，带宽也不受限制。若报文段的平均往返时间为 20 ms，问所能得到的最大吞吐量是多少？

5-23　试用具体例子说明为什么在运输连接建立时要使用三报文握手。说明如不这样做可能会出现什么情况。

第 6 章 应 用 层

在前五章我们已经详细地讨论了计算机网络提供通信服务的过程。但是我们还没有讨论这些通信服务是如何提供给应用进程来使用的。本章讨论各种应用进程通过什么样的应用层协议来使用网络所提供的这些通信服务。

这里需要再强调一下，每个应用层协议都是为了解决某一类应用问题，而问题的解决又往往是**通过位于不同主机中的多个应用进程之间的通信和协同工作来完成的**。应用层的具体内容就是**规定应用进程在通信时所遵循的协议**。

应用层的许多协议都是基于**客户服务器方式**。即使是 P2P 对等通信方式，实质上也是一种特殊的客户服务器方式。这里再明确一下，**客户**（client）和**服务器**（server）都是指通信中所涉及的两个**应用进程**。客户服务器方式所描述的是进程之间服务和被服务的关系。这里最主要的特征就是：**客户是服务请求方，服务器是服务提供方**。

下面开始讨论许多应用协议都要使用的域名系统。在介绍了文件传送协议和远程登录协议后，接着重点介绍万维网的工作原理及其主要协议。然后再讨论用户最常用的互联网电子邮件，以及动态主机配置协议。应用层还有其他的一些协议，在本章中就不进行介绍了。

本章最重要的内容是：

(1) 域名系统 DNS——从域名解析出 IP 地址。

(2) 万维网和协议 HTTP，以及万维网的两种不同的信息搜索引擎。

(3) 电子邮件的传送过程，协议 SMTP、POP3 和 IMAP 使用的场合。基于万维网的电子邮件系统的特点。

(4) 动态主机配置协议 DHCP 的特点。

(5) P2P 文件系统。

6.1 域名系统 DNS

6.1.1 域名系统概述

域名系统 DNS (Domain Name System)是互联网使用的命名系统，用来把便于人们使用的机器名字转换为 IP 地址。域名系统其实就是名字系统。为什么不叫"名字"而叫"域名"呢？这是因为在这种互联网的命名系统中使用了许多的"域"(domain)，因此就出现了"域名"这个名词。"域名系统"很明确地指明这种系统是用在互联网中的。

许多应用层软件经常直接使用 DNS。虽然计算机的用户只是**间接**而不是直接使用域名系统，但 DNS 却为互联网的各种网络应用提供了核心服务。

用户与互联网上某台主机通信时，必须要知道对方的 IP 地址。然而用户很难记住长达 32 位的二进制主机地址。即使是点分十进制 IP 地址也并不太容易记忆。但在应用层为了便于用户记忆各种网络应用，连接在互联网上的主机不仅有 IP 地址，而且还有便于用户记忆的主机名字。DNS 能够把互联网上的主机名字转换为 IP 地址。

为什么机器在处理 IP 数据报时要使用 IP 地址而不使用域名呢？这是因为 IP 地址的长度是固定的 32 位（如果是 IPv6 地址，那就是 128 位，也是定长的），而域名的长度并不是固定的，机器处理起来比较困难。

从理论上讲，整个互联网可以只使用一个域名服务器，使它装入互联网上所有的主机名，并回答所有对 IP 地址的查询。然而这种做法并不可取。因为互联网规模很大，这样的域名服务器肯定会因过负荷而无法正常工作，而且一旦域名服务器出现故障，整个互联网就会瘫痪。因此，早在 1983 年互联网就开始采用层次树状结构的命名方法，并使用分布式的 DNS。

互联网的 DNS 被设计成为一个联机分布式数据库系统，并采用客户服务器方式。DNS 系统的效率很高。由于 DNS 是分布式系统，即使单个计算机出了故障，也不会妨碍整个 DNS 系统的正常运行。在 TCP/IP 的文档中，这种地址转换常称为**地址解析**。这里的"解析 (resolve)"就是转换的意思，地址解析可能会包含多次的查询请求和回答过程。

域名到 IP 地址的解析是由分布在互联网上的许多**域名服务器程序**（可简称为域名服务器）共同完成的。域名服务器程序在专设的节点上运行，而人们也常把运行域名服务器程序的机器称为**域名服务器**。

域名到 IP 地址的解析过程的要点如下：当某一个应用进程需要把主机名解析为 IP 地址时，该应用进程就调用**解析程序**，并成为 DNS 的一个客户，把待解析的域名放在 DNS 请求报文中，以 UDP 用户数据报方式发给本地域名服务器（使用 UDP 是为了减少开销）。本地域名服务器在查找域名后，把对应的 IP 地址放在回答报文中返回。应用进程获得目的主机的 IP 地址后即可进行通信。

若本地域名服务器不能回答该请求，则此域名服务器就暂时成为 DNS 中的另一个客户，并向其他域名服务器发出查询请求。这种过程直至找到能够回答该请求的域名服务器为止。上述这种查找过程，后面还要进一步讨论。

6.1.2 互联网的域名结构

早期的互联网使用了非等级的名字空间，其优点是名字简短。但当互联网上的用户数急剧增加时，用非等级的名字空间来管理一个很大的而且是经常变化的名字集合是非常困难的。因此，互联网后来就采用了层次树状结构的命名方法，就像全球邮政系统和电话系统那样。采用这种命名方法，任何一个连接在互联网上的主机或路由器，都有一个唯一**的层次结构的名字**，即**域名**。这里，**"域"**(domain)是名字空间中一个可被管理的划分。域还可以划分为子域，而子域还可继续划分为子域的子域，这样就形成了顶级域、二级域、三级域，等等。

每一个域名都由**标号**(label)序列组成，而各标号之间用**点**隔开（请注意，是小数点"."，不是中文的句号"。"）。例如下面的域名

就是中央电视台用于收发电子邮件的计算机（即邮件服务器）的域名，它由三个标号组成，其中标号 com 是顶级域名，标号 cctv 是二级域名，标号 mail 是三级域名。

DNS 规定，域名中的标号都由英文字母和数字组成，**每一个标号不超过 63 个字符**（但为了记忆方便，最好不要超过 12 个字符），**也不区分大小写字母**（例如，CCTV 或 cctv 在域名中是等效的）。标号中除连字符(-)外不能使用其他的标点符号。级别最低的域名写在最左

边，而级别最高的顶级域名则写在最右边。**由多个标号组成的完整域名总共不超过 255 个字符**。DNS 既不规定一个域名需要包含多少个下级域名，也不规定每一级的域名代表什么意思。各级域名由其上一级的域名管理机构管理，而最高的顶级域名则由 ICANN 进行管理。用这种方法可使每一个域名在整个互联网范围内是唯一的，并且也容易设计出一种查找域名的机制。

需要注意的是，域名只是个**逻辑概念**，并不代表计算机所在的物理地点。变长的域名和使用有助记忆的字符串，是为了便于人使用。而 IP 地址是定长的 32 位二进制数字则非常便于机器进行处理。这里需要注意，域名中的"点"和点分十进制 IP 地址中的"点"并无一一对应的关系。点分十进制 IP 地址中一定是包含三个"点"，但每一个域名中"点"的数目则不一定正好是三个。

据 2012 年 5 月的统计，现在顶级域名 TLD (Top Level Domain)已有 326 个。原先的顶级域名共分为三大类：

(1) **国家顶级域名 nTLD**：采用 ISO 3166 的规定。如: cn 表示中国，us 表示美国，uk 表示英国，等等[①]。国家顶级域名又常记为 ccTLD（cc 表示国家代码 country-code）。到 2012 年 5 月为止，国家顶级域名总数已达 296 个。

(2) **通用顶级域名 gTLD**：到 2006 年 12 月为止，通用顶级域名的总数已经达到 20 个。最先确定的通用顶级域名有 7 个，即：

com（公司企业），net（网络服务机构），org（非营利性组织），int（国际组织），edu（美国专用的教育机构），gov（美国的政府部门），mil（美国的军事部门）。

以后又陆续增加了 13 个通用顶级域名：

aero（航空运输企业），asia（亚太地区），biz（公司和企业），cat（使用加泰隆人的语言和文化团体），coop（合作团体），info（各种情况），jobs（人力资源管理者），mobi（移动产品与服务的用户和提供者），museum（博物馆），name（个人），pro（有证书的专业人员），tel（Telnic 股份有限公司），travel（旅游业）。

(3) **基础结构域名**(infrastructure domain)：这种顶级域名只有一个，即 arpa，用于反向域名解析，因此又称为**反向域名**。

值得注意的是，ICANN 于 2011 年 6 月 20 日在新加坡会议上正式批准**新顶级域名**（New gTLD），因此任何公司、机构都有权向 ICANN 申请新的顶级域。新顶级域名的后缀特点，使企业域名具有了显著的、强烈的标志特征。因此，新顶级域名被认为是真正的企业网络商标。新顶级域名是企业品牌战略发展的重要内容，其申请费很高（18 万美元），并且在 2013 年开始启用。目前已有一些由两个汉字组成的中文的顶级域名出现了，例如，商城、公司、新闻等。到 2016 年，在 ICANN 注册的中文顶级域名已有 60 个。

在国家顶级域名下注册的二级域名均由该国家自行确定。例如，顶级域名为 jp 的日本，将其教育和企业机构的二级域名定为 ac 和 co，而不用 edu 和 com。

我国把二级域名划分为"**类别域名**"和"**行政区域名**"两大类。

"**类别域名**"共 7 个，分别为：ac（科研机构）、com（工、商、金融等企业）、edu（中国的教育机构）、gov（中国的政府机构）、mil（中国的国防机构）、net（提供互联网络服务的机

[①] 注：实际上，国家顶级域名也包括某些地区的域名，如我国的香港特区（hk）和台湾省（tw）也都是 ccTLD 里面的顶级域名。此外，国家顶级域名可以使用一个国家自己的文字。例如，中国可以有".cn"、".中国"和繁体字的".中國"这三种不同形式的域名。

构）、org（非营利性的组织）。

"行政区域名"共 34 个，适用于我国的各省、自治区、直辖市。例如：bj（北京市），js（江苏省），等等。

关于我国的互联网络发展现状以及各种规定（如申请域名的手续），可查阅**中国互联网网络信息中心 CNNIC 的网址**(http://www.cnnic.cn/)。

用域名树来表示互联网的域名系统是最清楚的。图 6-1 是互联网域名空间的结构，它实际上是一个倒过来的树，在最上面的是**根**，但**没有对应的名字**。根下面一级的节点就是最高一级的顶级域名（由于根没有名字，所以在根下面一级的域名就叫作顶级域名）。顶级域名可往下划分子域，即二级域名。再往下划分就是三级域名、四级域名，等等。图 6-1 列举了一些域名作为例子。凡是在顶级域名 com 下注册的单位都获得了一个二级域名。图中给出的例子有：中央电视台 cctv，以及 IBM、华为等公司。在顶级域名 cn（中国）下面举出了几个二级域名，如：bj，edu 以及 com。在某个二级域名下注册的单位就可以获得一个三级域名。图中给出的在 edu 下面的三级域名有：tsinghua（清华大学）和 pku（北京大学）。一旦某个单位拥有了一个域名，它就可以自己决定是否要进一步划分其下属的子域，并且不必由其上级机构批准。图中 cctv（中央电视台）和 tsinghua（清华大学）都分别划分了自己的下一级的域名 mail 和 www（分别是三级域名和四级域名）[①]。域名树的树叶就是单台计算机的名字，它不能再继续往下划分子域了。

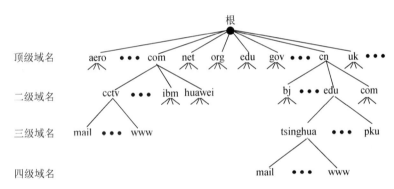

图 6-1　互联网的域名空间

应当注意，虽然中央电视台和清华大学都各有一台计算机取名为 mail，但它们的域名并不一样，因为前者是 mail.cctv.com，而后者是 mail.tsinghua.edu.cn。因此，即使在世界上还有很多单位的计算机取名为 mail，但是它们在互联网中的域名都必须是唯一的。

这里还要强调指出，互联网的名字空间是按照机构的组织来划分的，与物理的网络无关，与 IP 地址中的"子网"也没有关系。

6.1.3　域名服务器

上面讲述的域名体系是抽象的。但具体实现域名系统则是使用分布在各地的域名服务器。从理论上讲，可以让每一级的域名都有一个相对应的域名服务器，使所有的域名服务器构成和图 6-1 相对应的"域名服务器树"的结构。但这样做会使域名服务器的数量太多，使域名系统

---

① 注：为了便于记忆，人们愿意把用作邮件服务器的计算机取名为 mail，而把用作网站服务器的计算机取名为 www。

的运行效率降低。因此 DNS 就采用划分区的办法来解决这个问题。

一个服务器所负责管辖的（或有权限的）范围叫作**区**(zone)。各单位根据具体情况来划分自己管辖范围的区。但在一个区中的所有节点必须是能够连通的。每一个区设置相应的**权限域名服务器**，用来保存该区中的所有主机的域名到 IP 地址的映射。总之，DNS 服务器的管辖范围不是以"域"为单位，而是以"区"为单位的。区是 DNS 服务器实际管辖的范围。区可能等于或小于域，但一定不能大于域。

图 6-2 是区的不同划分方法的举例。假定 abc 公司有下属部门 x 和 y，部门 x 下面又分三个分部门 u、v 和 w，而 y 下面还有其下属部门 t。图 6-2(a)表示 abc 公司只设一个区 abc.com。这时，区 abc.com 和域 abc.com 指的是同一件事。但图 6-2(b)表示 abc 公司划分了两个区（大的公司可能要划分多个区）：abc.com 和 y.abc.com。这两个区都隶属于域 abc.com，都各设置了相应的权限域名服务器。不难看出，区是"域"的子集。

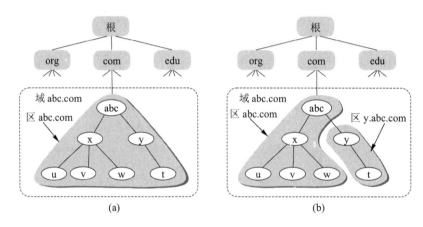

图 6-2　DNS 划分区的举例

图 6-3 以图 6-2(b)中公司 abc 划分的两个区为例，给出了 DNS 域名服务器树状结构图。这种 DNS 域名服务器树状结构图可以更准确地反映出 DNS 的分布式结构。在图 6-3 中的每一个域名服务器都能够进行部分域名到 IP 地址的解析。当某个 DNS 服务器不能进行域名到 IP 地址的转换时，它就设法找互联网上别的域名服务器进行解析。

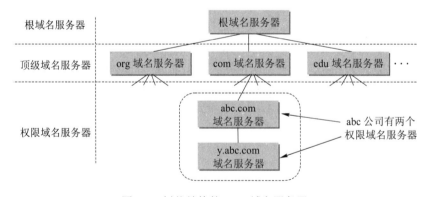

图 6-3　树状结构的 DNS 域名服务器

从图 6-3 可看出，互联网上的 DNS 域名服务器也是按照层次安排的。每一个域名服务器都只对域名体系中的一部分进行管辖。根据域名服务器所起的作用，可以把域名服务器划分为以下四种不同的类型：

(1) **根域名服务器**(root name server)：根域名服务器是最高层次的域名服务器，也是最重要的域名服务器。所有的根域名服务器都知道所有的顶级域名服务器的域名和 IP 地址。根域名服务器是最重要的域名服务器，因为不管是哪一个本地域名服务器，若要对互联网上任何一个域名进行解析（即转换为 IP 地址），只要自己无法解析，就首先要求助于根域名服务器。假定所有的根域名服务器都瘫痪了，那么整个互联网中的 DNS 系统就无法工作。据统计，截至 2021 年 9 月 13 日，全世界已经在 1402 个**地点**（地点数值还在不断增加）安装了根域名服务器，但这么多的根域名服务器却只使用 13 个不同 IP 地址的域名，即 a.rootservers.net，b.rootservers.net, …, m.rootservers.net。每个域名下的根域名服务器由专门的公司或美国政府的某个部门负责运营。但请注意，虽然互联网的根域名服务器总共只有 13 个域名，但这不表明根域名服务器是由 13 台**机器**所组成（如果仅仅依靠这 13 台机器，根本不可能为全世界的互联网用户提供令人满意的服务）。实际上，在互联网中是由 13 套装置(13 installations)构成这 13 组根域名服务器。每一套装置在很多地点安装根域名服务器（也可称为镜像根服务器），但都使用同一个域名。负责运营根域名服务器的公司大多在美国，但所有的根域名服务器却分布在全世界。为了提供更可靠的服务，在每一个地点的根域名服务器往往由**多台机器**组成（为了安全起见，有些根域名服务器的具体地点还是保密的）。现在世界上大部分 DNS 域名服务器，都能**就近**找到一个根域名服务器查询 IP 地址（现在这些根域名服务器都已增加了 IPv6 地址）。为了方便，人们常用从 A 到 M 的前 13 个英文字母中的一个，来表示某组根域名服务器。

由于根域名服务器采用了**任播**(anycast)技术[①]，因此当 DNS 客户向某个根域名服务器的 IP 地址发出查询报文时，互联网上的路由器就能找到离这个 DNS 客户最近的一个根域名服务器。这样做不仅加快了 DNS 的查询过程，也更加合理地利用了互联网的资源。

需要注意的是，在许多情况下，根域名服务器并不直接把待查询的域名直接转换成 IP 地址（根域名服务器也没有存放这种信息），而是告诉本地域名服务器下一步应当找哪一个顶级域名服务器进行查询。

(2) **顶级域名服务器**（即 TLD **服务器**）：这些域名服务器负责管理在该顶级域名服务器注册的所有二级域名。当收到 DNS 查询请求时，就给出相应的回答（可能是最后的结果，也可能是下一步应当找的域名服务器的 IP 地址）。

(3) **权限域名服务器**：这就是前面已经讲过的负责一个区的域名服务器。当一个权限域名服务器还不能给出最后的查询回答时，就会告诉发出查询请求的 DNS 客户，下一步应当找哪一个权限域名服务器。例如在图 6-2(b)中，区 abc.com 和区 y.abc.com 各设有一个权限域名服务器。

(4) **本地域名服务器**(local name server)：它并不属于图 6-3 所示的域名服务器层次结构，但它对域名系统非常重要。当一台主机发出 DNS 查询请求时，这个查询请求报文就发送给本地域名服务器。由此可看出本地域名服务器的重要性。每一个互联网服务提供者 ISP，或一个大学，甚至一个大学里的系，都可以拥有一个**本地域名服务器**，这种域名服务器有时也称为**默认域名服务器**。当计算机使用 Windows 10 操作系统时，单击"开始"→"设置"→"网络和 Internet"→"查看硬件和连接属性"，就可以看见 DNS 服务器（就是上面提到的本地域名服务器）的 IP 地址。本地域名服务器离用户较近，一般不超过几个路由器的距离。当所要查询的主机也属于同一个本地 ISP 时，该本地域名服务器立即就能将所查询的主机名转换为它的

[①] 注：任播的 IP 数据报的终点是一组在不同地点的主机，但具有相同的 IP 地址。IP 数据报交付离源点最近的一台主机。

IP 地址，而不需要再去询问其他的域名服务器。

为了提高域名服务器的可靠性，DNS 域名服务器都把数据复制到几个域名服务器来保存，其中的一个是**主域名服务器**(master name server)，其他的是**辅助域名服务器**(secondary name server)。当主域名服务器出故障时，辅助域名服务器可以保证 DNS 的查询工作不会中断。主域名服务器定期把数据复制到辅助域名服务器中，而更改数据只能在主域名服务器中进行。这样就保证了数据的一致性。下面我们用一个例子说明域名的解析过程。

假定域名为 m.xyz.com 的主机想知道另一台主机（域名为 y.abc.com）的 IP 地址。例如，主机 m.xyz.com 打算发送邮件给主机 y.abc.com。这时就必须知道主机 y.abc.com 的 IP 地址。图 6-4 说明了域名解析的步骤。

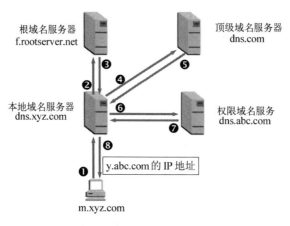

图 6-4　DNS 查询过程举例

❶ 主机 m.xyz.com 先向其本地域名服务器 dns.xyz.com 进行递归查询。

❷ 本地域名服务器采用迭代查询。它先向一个根域名服务器查询（图中假定这个根域名服务器是 f.rootserver.net）。

❸ 根域名服务器告诉本地域名服务器，下一次应查询的顶级域名服务器 dns.com 的 IP 地址。

❹ 本地域名服务器向顶级域名服务器 dns.com 进行查询。

❺ 顶级域名服务器 dns.com 告诉本地域名服务器，下一次应查询的权限域名服务器 dns.abc.com 的 IP 地址。

❻ 本地域名服务器向权限域名服务器 dns.abc.com 进行查询。

❼ 权限域名服务器 dns.abc.com 告诉本地域名服务器所查询的主机的 IP 地址。

❽ 本地域名服务器最后把查询结果告诉主机 m.xyz.com。

我们注意到，这 8 个步骤总共要使用 8 个 UDP 用户数据报的报文。本地域名服务器经过三次迭代查询后，从权限域名服务器 dns.abc.com 得到了主机 y.abc.com 的 IP 地址，最后把结果返回给发起查询的主机 m.xyz.com。

上述所有步骤对用户来说都是透明的，用户并不知道在哪几个域名服务器之间传送了域名的查询请求或回答报文。

为了提高 DNS 查询效率，并减轻根域名服务器的负荷和减少互联网上的 DNS 查询报文数量，在域名服务器中广泛地使用了**高速缓存**（有时也称为高速缓存域名服务器）。高速缓存用来存放最近查询过的域名以及从何处获得域名映射信息的记录。映射(mapping)就是指两个集合元素之间的一种对应规则。

例如，在图 6-4 的查询过程中，如果在不久前已经有用户查询过域名为 y.abc.com 的 IP 地址，那么本地域名服务器就不必再向根域名服务器重新查询 y.abc.com 的 IP 地址，而是直接把高速缓存中存放的上次查询结果（即 y.abc.com 的 IP 地址）告诉用户。

假定本地域名服务器的缓存中并没有 y.abc.com 的 IP 地址，而是存放着顶级域名服务器 dns.com 的 IP 地址，那么本地域名服务器也可以不向根域名服务器进行查询，而是直接向 com 顶级域名服务器发送查询请求报文。这样不仅可以大大减轻根域名服务器的负荷，而且也能够使互联网上的 DNS 查询请求和回答报文的数量大为减少。

由于名字到地址的绑定[①]并不经常改变，为保持高速缓存中的内容正确，域名服务器应为每项内容设置计时器并处理超过合理时间的项（例如，每个项目只存放两天）。当域名服务器已从缓存中删去某项信息后又被请求查询该项信息，就必须重新到授权管理该项的域名服务器获取绑定信息。当权限域名服务器回答一个查询请求时，在响应中都指明绑定有效存在的时间值。增加此时间值可减少网络开销，而减少此时间值可提高域名转换的准确性。

不但在本地域名服务器中需要高速缓存，在主机中也很需要。许多主机在启动时从本地域名服务器下载名字和地址的全部数据库，维护存放自己最近使用的域名的高速缓存，并且只在从缓存中找不到名字时才使用域名服务器。维护本地域名服务器数据库的主机自然应该定期地检查域名服务器以获取新的映射信息，而且主机必须从缓存中删掉无效的项。由于域名改动并不频繁，大多数网点不需花太多精力就能维护数据库的一致性。

6.2　文件传送协议

文件传送协议 FTP (File Transfer Protocol)是互联网上使用得最广泛的文件传送协议。FTP 提供交互式的访问，允许客户指明文件的类型与格式（如指明是否使用 ASCII 码），并允许文件具有存取权限（如访问文件的用户必须经过授权，并输入有效的口令）。FTP 屏蔽了各计算机系统的细节，因而适合于在异构网络中任意计算机之间传送文件。

网络环境中的一项基本应用就是将文件从一台计算机中复制到另一台可能相距很远的计算机中。初看起来，在两个主机之间传送文件是很简单的事情。其实这往往非常困难。原因是众多的计算机厂商研制出的文件系统多达数百种，且差别很大。经常遇到的问题是：

● 计算机存储数据的格式不同。
● 文件的目录结构和文件命名的规定不同。
● 对于相同的文件存取功能，操作系统使用的命令不同。
● 访问控制方法不同。

文件传送协议 FTP 只提供文件传送的一些基本的服务，它使用 TCP 的可靠运输服务。FTP 的主要功能是减少或消除在不同操作系统下处理文件的不兼容性。

FTP 使用客户服务器方式。一个 FTP 服务器进程可同时为多个客户进程提供服务。FTP 的服务器进程由两大部分组成：一个**主进程**，负责接受新的请求；另外有若干个**从属进程**，负责处理单个请求。

主进程的工作步骤如下：

(1) 打开熟知端口（端口号为 21），使客户进程能够连接上。
(2) 等待客户进程发出连接请求。
(3) 启动从属进程处理客户进程发来的请求。从属进程对客户进程的请求处理完毕后即终

---

① 注：绑定(binding)指一个对象（或事务）与其某种属性建立某种联系的过程。

止，但从属进程在运行期间根据需要还可能创建其他一些子进程。

(4) 回到等待状态，继续接受其他客户进程发来的请求。主进程与从属进程的处理是并发进行的。

FTP 的工作情况如图 6-5 所示。图中的椭圆圈表示在系统中运行的进程。图中的服务器端有两个从属进程：**控制进程**和**数据传送进程**。为简单起见，服务器端的主进程没有画上。客户端除了控制进程和数据传送进程外，还有一个用户界面进程用来和用户接口。

在进行文件传输时，FTP 的客户和服务器之间要建立两个并行的 TCP 连接："控制连接"和"数据连接"。控制连接在整个会话期间一直保持打开，FTP 客户所发出的传送请求，通过控制连接发送给服务器端的控制进程，但控制连接并不用来传送文件。**实际用于传输文件的是"数据连接"**。服务器端的控制进程在接收到 FTP 客户发送来的文件传输请求后就创建"**数据传送进程**"和"**数据连接**"，用来连接客户端和服务器端的数据传送进程。数据传送进程实际完成文件的传送，在传送完毕后关闭"数据传送连接"并结束运行。由于 FTP 使用了一个分离的控制连接，因此 FTP 的控制信息是**带外**(out of band)传送的。

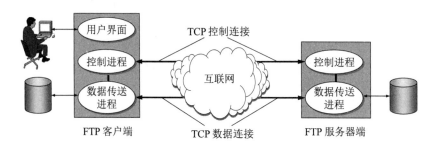

图 6-5　FTP 使用的两个 TCP 连接

当客户进程向服务器进程发出建立连接请求时，要寻找连接服务器进程的熟知端口 21，同时还要告诉服务器进程自己的另一个端口号码，用于建立数据传送连接。接着，服务器进程用自己传送数据的熟知端口 20 与客户进程所提供的端口号建立数据传送连接。由于 FTP 使用了两个不同的端口号，所以数据连接与控制连接不会发生混乱。

使用两个独立的连接的主要好处是使协议更加简单和更容易实现，同时在传输文件时还可以利用控制连接对文件的传输进行控制（例如，客户发送"请求终止传输"）。

6.3　万　维　网

6.3.1　概述

万维网 WWW (World Wide Web)并非某种特殊的计算机网络。**万维网是一个大规模的、联机式的信息储藏所**，英文简称为 Web。万维网用链接[①]的方法能非常方便地从互联网上的一个站点访问另一个站点（也就是所谓的"**链接到另一个站点**"），从而主动地按需获取丰富的信息。图 6-6 说明了万维网提供分布式服务的特点。

---

① 注：链接与连接有很大的区别。"链接"使用在万维网中。用户可以用鼠标单击页面上的一个对象（一个字、一句话、一个图像等），然后就可以看到（也就是链接到）另一个相关的页面。"连接"可以指两个或多个设备的物理连接，也可以指两个实体之间的逻辑连接（如 TCP 连接）。

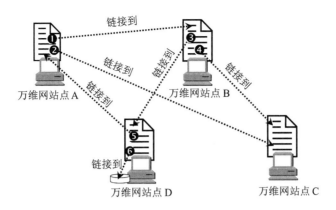

图 6-6　万维网提供分布式服务

图 6-6 画出了四个万维网上的站点，它们可以相隔数千千米，但都必须连接在互联网上。每个万维网站点都存放了许多文档。在这些文档中有一些地方的文字是用特殊方式显示的（例如用不同的颜色，或添加了下划线），而当我们将鼠标移动到这些地方时，鼠标的箭头就变成了一只手的形状。这就表明这些地方有一个**链接**(link)（这种链接有时也称为**超链** hyperlink），如果我们在这些地方点击鼠标左键，就可从这个文档链接到可能相隔很远的另一个文档。经过一定的时延（几秒钟、几分钟甚至更长，取决于所链接的文档的大小和网络的拥塞情况），在我们的屏幕上就能将远方传送过来的文档显示出来。例如，站点 A 的某个文档中有两个地方有链接。点击链接❶可链接到站点 B 的某个文档，点击❷可链接到站点 C。站点 B 的文档也有两个链接。点击链接❸可链接到站点 D，点击链接❹可链接到站点 C，但站点 C 的这个文档已无其他的链接了。站点 D 的文档中有两个链接。点击❺可链接到站点 A，点击❻可以链接到存储在本站点硬盘中的文档。

正是由于万维网的出现，使计算机的操作发生了革命性的变化。不必在键盘上输入复杂而难以记忆的命令，而改用鼠标点击一下屏幕上的链接，这就使互联网从仅由少数计算机专家使用变为普通百姓也能利用的信息资源。万维网的出现使网站数按指数规律增长，因而成为互联网发展中的一个非常重要的里程碑。

万维网是欧洲粒子物理实验室的 Tim Berners-Lee 最初于 1989 年 3 月提出的。1993 年 2 月，第一个图形界面的浏览器(browser)开发成功，名字叫作 Mosaic。1995 年著名的 Netscape Navigator 浏览器上市。目前流行的浏览器很多，如微软公司的 Internet Explorer（简称 IE），谷歌公司的 Chrome 浏览器，腾讯公司的 QQ 浏览器，苹果公司的 Safari 浏览器，等等。

万维网是一个分布式的**超媒体**(hypermedia)系统，它是**超文本**(hypertext)系统的扩充。所谓超文本是指包含指向其他文档的链接的文本(text)。也就是说，一个超文本由多个信息源链接成，而这些信息源可以分布在世界各地，并且数目也是不受限制的。利用一个链接可使用户找到远在异地的另一个文档，而这又可链接到其他的文档（依此类推）。这些文档可以位于世界上任何一个接在互联网上的超文本系统中。超文本是万维网的基础。

超媒体与超文本的区别是文档内容不同。超文本文档仅包含文本信息，而超媒体文档还包含其他表示方式的信息，如图形、图像、声音、动画以及视频图像等。

分布式的和非分布式的超媒体系统有很大区别。在非分布式系统中，各种信息都驻留在单个计算机的磁盘中。由于各种文档都可从本地获得，因此这些文档之间的链接可进行一致性检查。所以，一个非分布式超媒体系统能够保证所有的链接都是有效的和一致的。

万维网把大量信息分布在整个互联网上。每台主机上的文档都独立进行管理。对这些文档的增加、修改、删除或重新命名都不需要（实际上也不可能）通知到互联网上成千上万的节点。这样，万维网文档之间的链接就经常会不一致。例如，主机 A 上的文档 X 本来包含了一个指向主机 B 上的文档 Y 的链接。若主机 B 的管理员在某日删除了文档 Y，那么主机 A 的上述链接显然就失效了。

万维网以客户服务器方式工作。上面所说的浏览器就是在用户主机上的万维网客户程序。万维网文档所驻留的主机则运行服务器程序，因此这台主机也称为万维网服务器。**客户程序向服务器程序发出请求，服务器程序向客户程序送回客户所要的万维网文档**。在一个客户程序主窗口上显示出的万维网文档称为**页面**(page)。

从以上所述可以看出，万维网必须解决以下几个问题：

(1) 怎样标志分布在整个互联网上的万维网文档？

(2) 用什么样的协议来实现万维网上的各种链接？

(3) 怎样使不同作者创作的不同风格的万维网文档，都能在互联网上的各种主机上显示出来，同时使用户清楚地知道在什么地方存在着链接？

(4) 怎样使用户能够很方便地找到所需的信息？

为了解决第一个问题，万维网使用**统一资源定位符** URL (Uniform Resource Locator)来标志万维网上的各种文档，并使每一个文档在整个互联网的范围内具有唯一的标识符 URL。为了解决上述的第二个问题，就要使万维网客户程序与万维网服务器程序之间的交互遵守严格的协议，这就是**超文本传送协议** HTTP (HyperText Transfer Protocol)。HTTP 是一个应用层协议，它使用 TCP 连接进行可靠的传送。为了解决上述的第三个问题，万维网使用**超文本标记语言** HTML (HyperText Markup Language)，使得万维网页面的设计者可以很方便地用链接从本页面的某处链接到互联网上的任何一个万维网页面，并且能够在自己的主机屏幕上将这些页面显示出来。最后，用户可使用搜索工具在万维网上方便地查找所需的信息。

下面我们将进一步讨论上述的这些重要概念。

6.3.2 统一资源定位符 URL

1. URL 的格式

统一资源定位符 URL 是用来表示从互联网上得到的资源位置和访问这些资源的方法。URL 给资源的位置提供一种抽象的识别方法，并用这种方法给资源定位。只要能够对资源定位，系统就可以对资源进行各种操作，如存取、更新、替换和查找其属性。由此可见，URL 实际上就是在互联网上的资源的地址。只有知道了这个资源在互联网上的什么地方，才能对它进行操作。显然，互联网上的所有资源，都有一个唯一确定的 URL。

这里所说的"资源"是指在互联网上可以被访问的任何对象，包括文件目录、文件、文档、图像、声音等，以及与互联网相连的任何形式的数据。

URL 相当于一个文件名在网络范围的扩展。因此，URL 是与互联网相连的机器上的任何可访问对象的一个指针。由于访问不同对象所使用的协议不同，所以 URL 还指出读取某个对象时所使用的协议。URL 的一般形式由以下四个部分组成：

通常省略

协议 :// 主机名 : 端口 / 路　径

URL 最左边的**协议**指出使用何种协议来获取该万维网文档。现在最常用的协议就是 http（超文本传送协议 HTTP），其次是 ftp（文件传送协议 FTP）。在协议后面的"://"是规定的格式，必须写上。

主机名是万维网文档所存放的主机的**域名**，通常以 www 开头，但这并不是硬性规定。主机名用点分十进制的 IP 地址代替也是可以的。

主机名后面的"**:端口**"就是端口号，但经常被省略掉。这是因为这个端口号通常就是协议的默认端口号（例如，协议 HTTP 的默认端口号为 80），因此就可以省略。但如不使用默认端口号，那么就必须写明现在所使用的端口号。

最后的**路径**可能是较长的字符串（其中还可包括若干斜线/），但有时也不需要使用。在路径后面可能还有一些选项，这里不进行介绍了。

现在有些浏览器为了方便用户，在输入 URL 时，可以把最前面的"http://"甚至把主机名最前面的"www"省略，然后浏览器替用户把省略的字符添上。例如，用户只要键入 ctrip.com，浏览器就自动把未键入的字符补齐，变成 http://www.ctrip.com。

下面我们简单介绍使用得最多的一种 URL，即协议 HTTP。

2. 使用 HTTP 的 URL

使用协议 HTTP 的 URL 最常用的形式是把"**:端口**"省略：

http:// 主 机 名 / 路 径

若再将 URL 中的路径省略，则 URL 就指明互联网上的某个**主页**(home page)。主页是个很重要的概念，它可以是以下几种情况之一：

(1) 一个万维网服务器的最高级别的页面。

(2) 某一个组织或部门的一个定制的页面或目录。从这样的页面可链接到互联网上的与本组织或部门有关的其他站点。

(3) 由某一个人自己设计的描述他本人情况的 WWW 页面。

例如，要查有关清华大学的信息，就可先进入到清华大学的主页，其 URL 为[①]：

http://www.tsinghua.edu.cn

这里省略了默认的端口号 80。我们从清华大学的主页入手，就可以通过许多不同的链接找到所要查找的各种有关清华大学各个部门的信息。

更复杂一些的路径是指向层次结构的从属页面。例如：

http://www.tsinghua.edu.cn/publish/newthu/newthu_cnt/faculties/index.html

主机域名　　　　　　　　　　　　　路径名

是清华大学的"院系设置"页面的 URL。注意：上面的 URL 中使用了指向文件的路径，而文件名就是最后的 index.htm。后缀 htm（有时可写为 html）表示这是一个用超文本标记语言 HTML 写出的文件。

URL 的"协议"和"主机名"部分，字母不分大小写。但"路径"中的字符有时要**区分大小写**。

用户使用 URL 并非仅仅能够访问万维网的页面，而且还能够通过 URL 使用其他的互联网应用程序，如 FTP 或 USENET 新闻组等。更重要的是，用户在使用这些应用程序时，只使用一个程序，即浏览器。这显然是非常方便的。

6.3.3　超文本传送协议 HTTP

协议 HTTP 定义了浏览器（即万维网客户进程）怎样向万维网服务器请求万维网文档，以

---

① 注：Tsinghua 是清华大学创立时所用的拼音名字（那时拼音 ts 和现在的汉语拼音字母 q 的发音一样）。由于国外都早已知道 Tsinghua 这个名字，因此现在就不使用标准的汉语拼音 qinghua。

及服务器怎样把文档传送给浏览器。从层次的角度看，HTTP 是**面向事务的**(transaction-oriented)①应用层协议，它是万维网上能够可靠地交换文件（包括文本、声音、图像等各种多媒体文件）的重要基础。请注意，HTTP 不仅传送完成超文本跳转所必需的信息，而且也传送任何可从互联网上得到的信息，如文本、超文本、声音和图像等。

万维网的大致工作过程如图 6-7 所示。

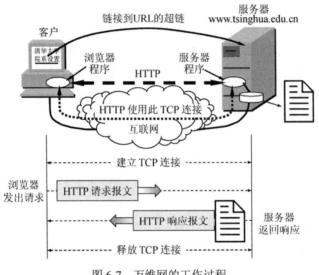

图 6-7　万维网的工作过程

每个万维网网点都有一个服务器进程，它不断地监听 TCP 的端口 80，以便发现是否有浏览器（即万维网客户）向它发出 TCP 连接建立的请求。一旦监听到连接建立请求，就立即和浏览器建立 TCP 连接。然后，浏览器就向万维网服务器发出浏览某个页面的请求，服务器接着就返回所请求的页面作为响应。服务器在完成任务后，TCP 连接就被释放了。在浏览器和服务器之间的请求和响应的交互，必须按照规定的格式和遵循一定的规则。这些格式和规则就是超文本传送协议 HTTP。

HTTP 使用了面向连接的 TCP 作为运输层协议，保证了数据的可靠传输。HTTP 不必考虑数据在传输过程中被丢弃后又怎样被重传。但是，协议 HTTP **本身是无连接的**。这就是说，虽然 HTTP 使用了 TCP 连接，但通信的双方在交换 HTTP 报文之前不需要先建立 HTTP 连接。在 1997 年以前使用的是 HTTP/1.0 协议。后来有了升级版本 HTTP/1.1。2015 年以后，又有了新的建议标准 HTTP/2，以及压缩 HTTP 报文首部的建议标准。

协议 HTTP 是**无状态的**(stateless)。也就是说，同一个客户第二次访问同一个服务器上的页面时，服务器的响应与第一次被访问时的相同（假定现在服务器还没有把该页面更新），因为服务器并不记得曾经访问过的这个客户，也不记得为该客户曾经服务过多少次。HTTP 的无状态特性简化了服务器的设计，使服务器更容易支持大量并发的 HTTP 请求。

HTTP/1.0 的主要缺点，就是每请求一个文档就要有两倍往返时间的开销。若一个主页上有很多链接的对象（如图片等）需要依次进行链接，那么每一次链接下载都导致 2 × RTT 的开销。另一种开销就是万维网客户和服务器为每一次建立新的 TCP 连接都要分配缓存和变量。特别是万维网服务器往往要同时服务于大量客户的请求，所以这种**非持续连接**会使万维网服务器的负担很重。好在浏览器都能够打开 5～10 个并行的 TCP 连接，而每一个 TCP 连接处理客

---

① 注：所谓**事务**(transaction)就是指一系列的信息交换，而这一系列的信息交换是一个不可分割的整体，也就是说，要么所有的信息交换都完成，要么一次交换都不进行。

户的一个请求。因此，使用并行 TCP 连接可以缩短响应时间。

协议 HTTP/1.1 较好地解决了这个问题，它使用了**持续连接**(persistent connection)。所谓持续连接就是万维网服务器在发送响应后仍然在一段时间内保持这条连接，使同一个客户（浏览器）和该服务器可以继续在这条连接上传送后续的 HTTP 请求报文和响应报文。这并不局限于传送同一个页面上链接的文档，而是只要这些文档都在同一个服务器上就行。

协议 HTTP/1.1 的持续连接有两种工作方式，即**非流水线方式**(without pipelining)和**流水线方式**(with pipelining)。

非流水线方式的特点，是客户在收到前一个响应后才能发出下一个请求。因此，在 TCP 连接已建立后，客户每访问一次对象都要用去一个往返时间 RTT。这比非持续连接要用去两倍 RTT 的开销，节省了建立 TCP 连接所需的一个 RTT 时间。但非流水线方式还是有缺点的，因为服务器在发送完一个对象后，其 TCP 连接就处于空闲状态，浪费了服务器资源。

流水线方式的特点，是客户在收到 HTTP 的响应报文之前就能够接着发送新的请求报文。于是一个接一个的请求报文到达服务器后，服务器就可连续发回响应报文。因此，使用流水线方式时，客户访问**所有的对象**只需花费一个 RTT 时间。流水线工作方式使 TCP 连接中的空闲时间减少，提高了下载文档效率。

由于现在万维网上的页面使用大量的图片、音频和视频，并且对页面的实时性要求也越来越高（如视频聊天或直播），这样就使得协议 HTTP/1.1 又发展到 HTTP/2，其主要特点如下：

(1) HTTP/2 把服务器发回的响应变成可以**并行地发回**（使用同一个 TCP 连接），这就大大缩短了服务器的响应时间。

(2) HTTP/2 允许客户**复用** TCP 连接进行多个请求，这样就节省了 TCP 连续多次建立和释放连接所花费的时间。

(3) HTTP/2 把所有的报文都划分为许多较小的**二进制编码的帧**，并采用了新的压缩算法，不发送重复的首部字段，大大减小了首部的开销，提高了传输效率。

现在主流的浏览器都支持 HTTP/2。HTTP/2 是向后兼容的。当使用 HTTP/2 的客户向服务器发出请求时，如果服务器仍然使用 HTTP/1.1，那么服务器仍然可以收到请求报文。在发回响应后，客户就改用 HTTP/1.1 与服务器进行交互。

万维网还可以使用**代理服务器**(proxy server)，它又称为**万维网高速缓存**(Web cache)。代理服务器把最近的一些请求和响应暂存在本地磁盘中。当新请求到达时，若代理服务器发现这个请求与暂时存放的请求相同，就返回暂存的响应，而不需要按 URL 的地址再次去互联网访问该资源。代理服务器可在客户端或服务器端工作，也可在中间系统上工作。

6.3.4 万维网的文档

1. 超文本标记语言 HTML

要使任何一台计算机都能显示出任何一个万维网服务器上的页面，就必须解决页面制作的标准化问题。**超文本标记语言 HTML** (HyperText Markup Language)就是一种制作万维网页面的标准语言，它消除了不同计算机之间信息交流的障碍。但请注意，HTML **并不是应用层的协议**，它只是万维网浏览器使用的一种语言。由于 HTML 非常易于掌握且实施简单，因此它很快就成为万维网的重要基础。官方的 HTML 标准由万维网联盟 W3C (即 WWW Consortium)负责制定。从 HTML 在 1993 年问世后，就不断地对其版本进行更新。现在最新的版本是 HTML 5.0（2014 年 9 月发布），新的版本增加了在网页中嵌入音频、视频以及交互式文档等功能。现在一些主流的浏览器都支持 HTML 5.0。

HTML 定义了许多用于排版的命令，即"标签"(tag)[①]。例如，<I>表示后面开始用斜体字排版，而</I>则表示斜体字排版到此结束。HTML 把各种标签嵌入到万维网的页面中，这样就构成了所谓的 HTML 文档。HTML 文档是一种可以用任何文本编辑器（例如，Windows 的记事本 Notepad）创建的 ASCII 码文件。但应注意，仅当 HTML 文档是以.html 或.htm 为后缀时，浏览器才对这样的 HTML 文档的各种标签进行解释。如果 HTML 文档改为以.txt 为其后缀，则 HTML 解释程序就不对标签进行解释，而浏览器只能看见原来的文本文件。

并非所有的浏览器都支持所有的 HTML 标签。若某一个浏览器不支持某一个 HTML 标签，则浏览器将忽略此标签，但在一对不能识别的标签之间的文本仍然会被显示出来。

下面是一个简单例子，用来说明 HTML 文档中标签的用法。在每一个语句后面的花括号中的字是给读者看的注释，在实际的 HTML 文档中并没有这种注释。

`<HTML>`	{HTML 文档开始}
`<HEAD>`	{首部开始}
`<TITLE>`一个 HTML 的例子`</TITLE>`	{"一个 HTML 的例子"是文档的标题}
`</HEAD>`	{首部结束}
`<BODY>`	{主体开始}
`<H1>`HTML 很容易掌握`</H1>`	{"HTML 很容易掌握"是主体的 1 级题头}
`<P>`这是第一个段落。`</P>`	{`<P>`和`</P>`之间的文字是一个段落}
`<P>`这是第二个段落。`</P>`	{`<P>`和`</P>`之间的文字是一个段落}
`</BODY>`	{主体结束}
`</HTML>`	{HTML 文档结束}

把上面的 HTML 文档存入 D 盘的文件夹 HTML，文件名是 HTML-example.html（注意：实际的文档中没有注释部分）。当浏览器读取了该文档后，就按照 HTML 文档中的各种标签，根据浏览器所使用的显示器的尺寸和分辨率大小，重新进行排版并显示出来。图 6-8 表示 IE 浏览器在计算机屏幕上显示出的与该文档有关部分的画面。文档的标题(title)"一个 HTML 的例子"显示在浏览器最上面的标题栏中。文件的路径显示在地址栏中。再下面就是文档的主体部分。主体部分的题头(heading)，即文档主体部分的标题"HTML 很容易掌握"，用较大的字号显示出来，因为在标签中指明了使用的是 1 级题头<H1>。

图 6-8　在屏幕上显示的 HTML 文档主体部分的例子

目前已开发出了很好的制作万维网页面的软件工具，使我们能够像使用 Word 文字处理器

注：① 在 1994 年科学出版社出版的《电子学名词》中把 tag 和 flag 两个名词都译为"标志"。由于目前已有较多的作者将 tag 译为"标签"，并考虑到最好与 flag 的译名有所区别，故将 tag 译为**标签**。实际上，"标签"的意思也还比较准确，因为一个 HTML 文档与浏览器所显示的内容相比，主要就是增加了许多的标签。

那样很方便地制作各种页面。即使我们用 Word 文字处理器编辑了一个文件，但只要在"另存为(Save As)"时选取文件后缀为.htm 或.html，就可以很方便地把 Word 的 .doc 格式文件转换为浏览器可以显示的 HTML 格式的文档。

HTML 允许在万维网页面中插入图像。一个页面本身带有的图像称为**内含图像**(inline image)。HTML 标准并没有规定该图像的格式。实际上，大多数浏览器都支持 GIF 和 JPEG 文件。很多格式的图像占据的存储空间太大，因而这种图像在互联网传送时就很浪费时间。例如，一幅**位图文件**(.bmp)可能要占用 500～700 KB 的存储空间。但若将此图像改存为经压缩的 .gif 格式，则可能只有十几个千字节，大大减少了存储空间。

HTML 还规定了链接的设置方法。我们知道每个链接都有一个**起点**和**终点**。链接的起点说明在万维网页面中的什么地方可引出一个链接。在一个页面中，链接的起点可以是一个字或几个字，或是一幅图，或是一段文字。在浏览器所显示的页面上，链接的起点是很容易识别的。在以文字作为链接的起点时，这些文字往往用不同的颜色显示（例如，一般的文字用黑色字时，链接起点往往使用蓝色字），甚至还会加上下画线（一般由浏览器来设置）。当我们将鼠标移动到一个链接的起点时，表示鼠标位置的箭头就变成了一只手。这时只要点击鼠标，这个链接就被激活。

链接的终点可以是其他网站上的页面。这种链接方式叫作**远程链接**。这时必须在 HTML 文档中指明链接到的网站的 URL。有时链接可以指向本计算机中的某一个文件或本文件中的某处，这叫作**本地链接**。这时必须在 HTML 文档中指明链接的路径。

实际上，现在这种链接方式已经不局限于用在万维网文档中。在最常用的 Word 文字处理器的工具栏中，也设有"插入超链接"的按钮。只要单击这个按钮，就可以看到设置超链接的窗口。用户可以很方便地在自己写的 Word 文档中设置各种链接的起点和终点。

2. 动态万维网文档

上面所讨论的万维网文档只是万维网文档中最基本的一种，即所谓的**静态文档**(static document)。静态文档在文档创作完毕后就存放在万维网服务器中，在被用户浏览的过程中，内容不会改变。由于这种文档的内容不会改变，因此用户对静态文档的每次读取所得到的返回结果都是相同的。

静态文档的最大优点是简单。由于 HTML 是一种排版语言，因此静态文档可以由不懂程序设计的人员来创建。但静态文档的缺点是不够灵活。当信息变化时就要由文档的作者手工对文档进行修改。可见，变化频繁的文档不适于做成静态文档。

动态文档(dynamic document)是指文档的内容是在浏览器访问万维网服务器时才由应用程序动态创建的。当浏览器请求到达时，万维网服务器要运行另一个应用程序，并把控制转移到此应用程序。接着，该应用程序对浏览器发来的数据进行处理，并输出 HTTP 格式的文档，万维网服务器把应用程序的输出作为对浏览器的响应。由于对浏览器每次请求的响应都是临时生成的，因此用户通过动态文档所看到的内容是不断变化的。动态文档的主要优点是具有报告当前最新信息的能力。例如，动态文档可用来报告股市行情、天气预报或民航售票情况等内容。但动态文档的创建难度比静态文档的高，因为动态文档的开发不是直接编写文档本身，而是编写用于生成文档的应用程序，这就要求动态文档的开发人员必须会编程，而所编写的程序还要通过大范围的测试，以保证输入的有效性。

动态文档和静态文档之间的主要差别体现在服务器一端。这主要是**文档内容的生成方法不同**。而从浏览器的角度看，这两种文档并没有区别。动态文档和静态文档的内容都遵循 HTML 所规定的格式，浏览器仅根据在屏幕上看到的内容无法判定服务器送来的是哪一种文档，只有文档的开发者才知道。

从以上所述可以看出，要实现动态文档就必须在以下两个方面对万维网服务器的功能进行扩充：

(1) 应增加另一个应用程序，用来处理浏览器发来的数据，并创建动态文档。

(2) 应增加一个机制，用来使万维网服务器将浏览器发来的数据传送给这个应用程序，然后万维网服务器能够解释这个应用程序的输出，并向浏览器返回 HTML 文档。

图 6-9 是扩充了功能的万维网服务器的示意图。这里增加了一个机制，叫作**通用网关接口** CGI (Common Gateway Interface)。CGI 是一种标准，它定义了动态文档应如何创建，输入数据应如何提供给应用程序，以及输出结果应如何使用。

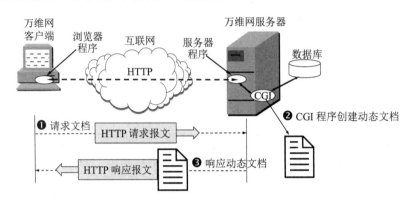

图 6-9 扩充了功能的万维网服务器

在万维网服务器中新增加的应用程序叫作 CGI 程序。取这个名字的原因是：万维网服务器与 CGI 的通信遵循 CGI 标准。"通用"是因为这个标准所定义的规则对其他任何语言都是通用的。"网关"二字的出现是因为 CGI 程序还可能访问其他的服务器资源，如数据库或图形软件包，因而 CGI 程序的作用有点像一个网关。也有人将 CGI 程序简称为**网关程序**。"接口"是因为有一些已定义好的变量和调用等可供其他 CGI 程序使用。请读者注意：在看到 CGI 这个名词时，应弄清是指 CGI 标准，还是指 CGI 程序。

CGI 程序的正式名字是 CGI **脚本**(script)。按照计算机科学的一般概念，"脚本"[①]指的是一个程序，它被另一个程序（解释程序）而不是计算机的处理机来解释或执行。有一些语言专门作为**脚本语言**(script language)，如 Perl, REXX（在 IBM 主机上使用），JavaScript 以及 Tcl/Tk 等。脚本也可用一些常用的编程语言写出，如 C，C++等。使用脚本语言可更容易和更快地进行编码，这对一些有限功能的小程序是很合适的。但一个脚本运行起来比一般的编译程序要慢，因为它的每一条指令先要被另一个程序来处理（这就要一些附加的指令），而不是直接被指令处理器来处理。

3. 活动万维网文档

随着 HTTP 和万维网浏览器的发展，上一节所述的动态文档已明显地不能满足发展的需要。这是因为，动态文档一旦建立，它所包含的信息内容也就固定下来而无法及时刷新屏幕。另外，像动画之类的显示效果，动态文档也无法提供。

有两种技术可用于浏览器屏幕显示的连续更新。一种技术称为**服务器推送**(server push)，这种技术是将所有的工作都交给服务器。服务器不断地运行与动态文档相关联的应用程序，定

---

① 注：**脚本**(script)一词还有其他的意思。例如，在多媒体开发程序中用"脚本"来表示编程人员输入的一系列指令，这些指令指明多媒体文件应按什么顺序执行。

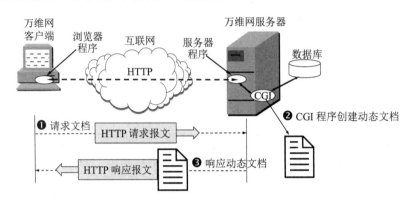

期更新信息，并发送更新过的文档。

尽管从用户的角度看，这样做可达到连续更新的目的，但这也有很大的缺点。首先，为了满足很多客户的请求，服务器就要运行很多服务器推送程序。这将造成过多的服务器开销。其次，服务器推送技术要求服务器为每一个浏览器客户维持一个不释放的 TCP 连接。随着 TCP 连接的数目增加，每一个连接所能分配到的网络带宽就下降，这就导致网络传输时延的增大。

另一种提供屏幕连续更新的技术是**活动文档**(active document)。这种技术是把所有的工作都转移给浏览器端。每当浏览器请求一个活动文档时，服务器就返回一段活动文档程序副本，使该程序副本在浏览器端运行。这时，活动文档程序可与用户直接交互，并可连续地改变屏幕的显示。只要用户运行活动文档程序，活动文档的内容就可以连续地改变。由于活动文档技术不需要服务器的连续更新传送，对网络带宽的要求也不会太高。

从传送的角度看，浏览器和服务器都把活动文档看成是静态文档。在服务器上的活动文档的内容是不变的，这点和动态文档是不同的。浏览器可在本地缓存一份活动文档的副本。活动文档还可处理成压缩形式，以便于存储和传送。另一点要注意的是，活动文档本身并不包括其运行所需的全部软件，大部分的支持软件是事先存放在浏览器中的。图 6-10 说明了活动文档的创建过程。

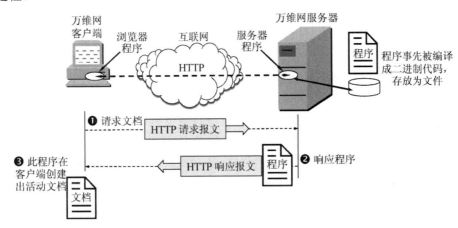

图 6-10　活动文档由服务器发送过来的程序在客户端创建

由美国 SUN 公司开发的 Java 语言是一项用于创建和运行活动文档的技术。在 Java 技术中使用了一个新的名词"**小应用程序**"(applet)[①]来描述活动文档程序。当用户从万维网服务器下载一个嵌入了 Java 小应用程序的 HTML 文档后，用户可在浏览器的显示屏幕上点击某个图像，然后就可看到动画的效果；或是在某个下拉式菜单中点击某个项目，即可看到根据用户键入的数据所得到的计算结果。实际上，Java 技术是活动文档技术的一部分。限于篇幅，有关 Java 技术的进一步讨论这里从略。

6.3.5　万维网的信息检索系统

万维网是一个大规模的、联机式的信息储藏所。那么，应当采用什么方法才能找到所需的信息呢？如果已经知道存放该信息的网点，那么只要在浏览器的地址(Location)框内键入该网点的 URL 并按回车键，就可进入该网点。但是，若不知道要找的信息在何网点，那就要使用万维网的搜索工具。

在万维网中用来进行搜索的工具叫作**搜索引擎**(search engine)。搜索引擎的种类很多，但大体上可划分为两大类，即**全文检索**搜索引擎和**分类目录**搜索引擎。

全文检索搜索引擎是一种纯技术型的检索工具，其工作原理是通过搜索软件（例如一种叫作"蜘蛛"或"网络机器人"的 Spider 程序）到互联网上的各网站收集信息，找到一个网站后可以从这个网站再链接到另一个网站，像蜘蛛爬行一样。然后按照一定的规则建立一个很大的在线索引数据库供用户查询。用户在查询时只要输入关键词，就从**已经建立的**索引数据库里进行查询（并不是实时地在互联网上检索到的信息）。因此很可能查到的是多年前的过时信息。建立这种索引数据库的网站必须定期对已建立的数据库进行更新维护（但不少网站的维护很不及时，因此对查找到的信息一定要注意其发布的时间）。现在全球最大的、最受欢迎的全文检索搜索引擎就是谷歌 Google (www.google.com)。谷歌提供的主要的搜索服务有：网页搜索、图片搜索、视频搜索、地图搜索、新闻搜索、购物搜索、博客搜索、论坛搜索、学术搜索、财经搜索等。应全球用户的需求，谷歌在美国及世界各地创建数据中心。至 2013 年底，谷歌的数据中心在全球共设有 12 处。大多数数据中心的业主基于信息安全考虑，极少透露其数据中心的信息及内部情形。在全文检索搜索引擎中另外两个著名的网站是微软的必应 (cn.bing.com)和中国的百度(www.baidu.com)。

分类目录搜索引擎并不采集网站的任何信息，而是利用各网站向搜索引擎提交网站信息时填写的关键词和网站描述等信息，经过人工审核编辑后，如果认为符合网站登录的条件，则输入到分类目录的数据库中，供网上用户查询。因此，分类目录搜索也叫作分类网站搜索。分类目录的好处就是用户可根据网站设计好的目录有针对性地逐级查询所需要的信息，查询时不需要使用关键词，只需要按照分类（先找大类，再找下面的小类），因而查询的准确性较好。但分类目录查询的结果并不是具体的页面，而是被收录网站主页的 URL 地址，因而所得到的内容就比较有限。相比之下，全文检索可以检索出大量的信息（一次检索的结果是几百万条，甚至是千万条以上），但缺点是查询结果不够准确，往往是罗列出了海量的信息（如上千万个页面），使用户无法迅速找到所需的信息。在分类目录搜索引擎中最著名的就是雅虎 (www.yahoo.com)。国内著名的分类搜索引擎有新浪(sina.com.cn)、搜狐(www.sohu.com)、网易 (www.163.com)等。

图 6-11 说明了上述这两种搜索方法的区别。图 6-11(a)是全文搜索谷歌的首页。用户只需在空白的栏目中键入拟搜索的关键词，搜索引擎就返回搜索结果，用户可根据屏幕上显示的结果继续点击下去，直到看到满意的结果。图 6-11(b)是分类检索新浪网的首页。我们可以看到页面上有三行共 63 个类别。用户要检索的内容通常总是在这几十个类别之中，因此按类别点击查找下去，最后就可以查找到所要检索的内容。

(a) 全文检索举例

(b) 分类检索举例

图 6-11　举例说明两种检索的区别

从用户的角度看，使用这两种不同的搜索引擎一般都能够实现自己查询信息的目的。为了使用户能够更加方便地搜索到有用信息，目前许多网站往往同时具有全文检索搜索和分类目录搜索的功能。在互联网上搜索信息需要经验的积累。要多实践才能掌握从互联网获取信息的技巧。

这里再强调一下，不管哪种搜索引擎，就是告诉你只要链接到什么地方就可以检索到所需的信息。搜索引擎网站本身并没有直接存储这些信息。

值得注意的是，目前出现了**垂直搜索引擎**(Vertical Search Engine)，它针对某一特定领域、特定人群或某一特定需求提供搜索服务。垂直搜索也是提供关键字来进行搜索的，但被放到了一个行业知识的上下文中，返回的结果更倾向于信息、消息、条目等。例如，对买房的人讲，他希望查找的是房子的具体供求信息（如面积、地点、价格等），而不是有关房子供求的一般性的论文或新闻、政策等。目前热门的垂直搜索行业有：购物、旅游、汽车、求职、房产、交友等。还有一种**元搜索引擎**(Meta Search Engine)，它把用户提交的检索请求发送到多个独立的搜索引擎上去搜索，并把检索结果集中统一处理，以统一的格式提供给用户，因此是搜索引擎之上的搜索引擎。它的主要精力放在提高搜索速度、智能化处理搜索结果、个性化搜索功能的设置和用户检索界面的友好性上。元搜索引擎的查全率和查准率都比较高。

6.3.6　博客和微博

近年来，万维网的一些新的应用广为流行，这就是博客和微博。下面进行简单的介绍。

1. 博客

我们知道，建立网站就是万维网的一种应用。博客(blog)和网站有很相似的地方。博客的作者可以源源不断地往万维网上的个人博客里填充内容，供其他网民阅读。网民可以用浏览器上网阅读博客、发表评论，也可以什么都不做。

博客是万维网日志(weblog)的简称。也有人用"博文"来表示"博客文章"。

本来，网络日志是指个人撰写并在互联网上发布的、属于网络共享的个人日记。但现在它不仅可以是个人日记，而且可以有无数的形式和大小，也没有任何实际的规则。

现在博客已经极大地扩充了互联网的应用和影响，成为所有网民都可以参与的一种新媒体，并使得无数的网民有了发言权，有了与政府、机构、企业，以及很多人交流的机会。在博客出现以前，网民是互联网上内容的消费者，网民在互联网上搜寻并下载感兴趣的信息。这些信息是其他人生产的，他们把这些信息放在互联网的某个服务器上，供广大网民使用（也就是供网民消费）。但博客改变了这种情况，网民不仅是互联网上内容的消费者，而且还是互联网**上内容的生产者**。

从历史上看，weblog 这个新词是 Jorn Barger 于 1997 年创造的。简写的 blog（这是今天最常用的术语）则是 Peter Merholz 于 1999 年创造的。不久，有人把 blog 既当作名词，也当作动词，表示编辑博客或写博客。接着，新名词 blogger 也出现了，它表示博客的拥有者，或博客内容的撰写者和维护者，或博客用户。博客可以看成是继电子邮件、电子公告牌系统 BBS 和**即时传信** IM (Instant Messaging)[①]之后的第四种网络交流方式。

现在从一些著名的门户网站的主页上都能很容易地进入到博客页面，这让用户查看博客或发表自己的博客都非常方便。前面的图 6-11(b)所示的新浪网站首页，就可看到在几十个分类

---

① 注：目前流传的译名还有"即时通信"或"即时通讯"，但 messaging 译为"传信"似更准确。

中的第 1 行第 9 列的"博客"。

当我们在新浪网站主页单击"博客"时，就可以看到各式各样的博客。也可以利用搜索工具寻找所需的博客。如果我们已在新浪博客注册了，那么也可随时把自己的博客发表在此，让别人来阅读。我们还可直接登录新浪博客网站 blog.sina.com.cn。

博客与个人网站还是有不少区别的。这里最主要的区别就是建立个人网站不仅成本较高，需要租用个人空间、域名等，同时建立网站的个人需要懂得 HTML 语言和网页制作等相关技术；但博客在这方面是不需要什么投资的，所需的技术仅仅是会上网和会用键盘或书写板输入汉字即可。因此网民用较短的时间就能够把自己写的博客发表在网上，而不像制作个人网站那样花费较多的时间。正因为写博客的门槛较低，广大的网民才有可能成为今天互联网上的信息制造者。

顺便提一下，不要把"博客"和"播客"弄混。播客(Podcast)是苹果手机的一个预装软件，能够让用户通过手机订阅和自动下载所预订的音乐文件，以便随时欣赏音乐。

2. 微博

在图 6-11(b)新浪网站首页各种分类的第 1 行的最后，可以找到"微博"。微博就是**微型博客(microblog)**，又称为**微博客**，它的意思已经非常清楚。博客或微博里的朋友，常称为"博友"。微博也被人戏称为"围脖"，把博友戏称为"脖友"。

但微博不同于一般的博客。微博只记录片段、碎语，三言两语，现场记录，发发感慨，晒晒心情，永远只针对一个问题进行回答。微博只是记录自己琐碎的生活，呈现给人看，而且必须很真实。微博中不必有太多的逻辑思维，很随便，很自由，有点像电影中的一个镜头。写微博比写其他东西简单多了，不需要标题，不需要段落，更不需要漂亮的词汇。

2009 年是中国微博蓬勃发展的一年，相继出现了新浪微博、139 说客、9911、嘀咕网、同学网、贫嘴等微博客。例如，新浪微博就是由中国最大的门户网站新浪网推出的微博服务，是中国目前用户数最多的微博网站(weibo.com)，名人用户众多是新浪微博的一大特色，基本已经覆盖大部分知名文体明星、企业高管、媒体人士。用户可以通过网页、WAP 网、手机短信彩信、手机客户端等多种方式更新自己的微博。每条微博字数最初限制为 140 英文字符，但现在已增加了"长微博"的选项，可输入更多的字符。微博还提供插入图片、视频、音乐等功能。根据统计，从 2010 年 3 月到 2012 年 3 月共两年的时间，新浪微博的覆盖人数从 2510.9 万增长到 3 亿人，而其中 90%的用户认为微博改变了他们与媒体接触的方式。

现在不少地方政府也开通了微博（即政务微博），这是信息公开的表现。政府可以通过政务微博，及时公布政情、公务、资讯等，获取与民众更多更直接更快的沟通，特别是在突发事件或者群体性事件发生的时候，微博就能够成为政府新闻发布的一种重要手段。

虽然政务微博具有"传递信息、沟通上下、解决问题"的功能性特点，并受到广大网民的欢迎，但政务微博的日常管理也非常重要。如果政务微博因缺乏良好的管理而不能够满足群众的各种需求，那么它就会成为一种无用的摆设。

微博是一种互动及传播性极快的工具，其实时性、现场感及快捷性，往往超过所有媒体。这是因为微博对用户的技术要求门槛非常低，而且在语言的编排组织上，没有博客那么高。另外，微博开通的多种 API 使大量的用户可以通过手机、网络等方式来即时更新自己的个人信息。微博网站的即时传信功能非常强大，可以通过 QQ 和 MSN 直接书写。

我们正处在一个急剧变革的时代，人们需要用贯穿不同社会阶层的信息去了解社会、改变生活。在互联网上微博的出现正好满足了广大网民的需求。微博发布、转发信息的功能很强大，这种一个人的"通讯社"将对整个社会产生越来越大的影响。

6.3.7　社交网站

社交网站 SNS (Social Networking Site)是近年来发展非常迅速的一种网站，其作用是为一群拥有相同兴趣与活动的人创建在线社区。社交网站的功能非常丰富，如电子邮件、即时传信（在线聊天）、博客撰写、共享相册、上传视频、网页游戏、创建社团、刊登广告等，对现实社交结构已经形成了巨大冲击。社交网络服务提供商针对不同的群众，有着不同的定位，对个人消费者都是免费的。这种网站通过朋友，一传十、十传百地把联系范围不断扩大下去。前面曾提到过的 BBS 和微博，可以看作是社交网站的前身。

推特 Twitter (twitter.com)是另一种能够提供微博服务的社交网络，创建于 2006 年，可以让用户发表不超过 140 个英文字符的消息。这些消息被称为"推文"(Tweet)。我国的新浪微博(www.weibo.com)、腾讯微博(t.qq.com)等就是这种性质的社交网站。职业性社交网站**领英** LinkedIn 也都是很受欢迎的网站。

目前在我国最为流行的社交网站就是**微信**(weixin.qq.com)。微信最初是专为手机用户使用的聊天工具，其功能是"收发信息、拍照分享、联系朋友"。但几年来经过多次系统更新，现在微信不仅可传送文字短信、图片、录音电话、视频短片，还可提供实时音频或视频聊天，甚至可进行网上购物、转账、打车，等等。现在微信的功能已远远超越了社交领域。原来微信仅限于在手机上使用，但新的微信版本已能够安装在普通电脑上。我们知道，电子邮件可以发送给网上任何一个并不认识你的用户，也不管他是否愿意接收你发送的邮件。各种博客和微博也可供任何上网用户浏览。但微信只能在确定的朋友圈中交换信息。正是由于朋友之间更加需要交换信息，而微信的功能又不断在扩展，因此微信在我国已成为几乎每个网民都必备的应用软件，并且随时要查看微信的朋友圈中的新消息。

此外，国内视频分享网站如优酷(www.youku.com)、土豆(movie.tudou.com)、56 网(56.com)等，也是很流行的。

6.4　电子邮件

6.4.1　概述

大家知道，实时通信的电话有两个严重缺点。第一，电话通信的主叫和被叫双方必须同时在场。第二，有些电话常常不必要地打断被叫者的工作或休息。

电子邮件(e-mail)是互联网上使用最多的和最受用户欢迎的一种应用。电子邮件把邮件发送到收件人使用的邮件服务器，并放在其中的收件人**邮箱**(mail box)中，收件人可在自己方便时上网到自己使用的邮件服务器进行读取。这相当于互联网为用户设立了存放邮件的信箱，因此 e-mail 有时也称为"**电子信箱**"。电子邮件不仅使用方便，而且还具有传递迅速和费用低廉的优点。据有的公司报道，使用电子邮件后可提高劳动生产率 30%以上。现在电子邮件不仅可传送文字信息，而且还可附上声音和图像。由于电子邮件和手机的广泛使用，邮政局所经营的传统电报和平信业务已经大大地减少了。

一个电子邮件系统有三个主要组成构件，即**用户代理**、**邮件服务器**和**邮件协议**。图 6-12是电子邮件的三个构件之间的关系示意图。

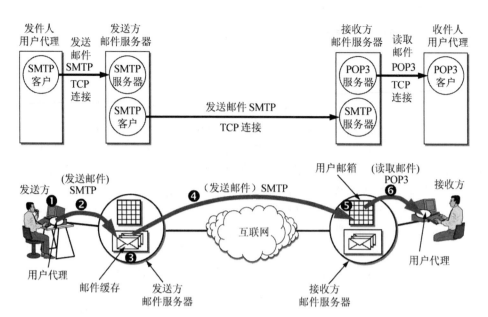

图 6-12　电子邮件的最主要的组成构件

用户代理 UA (User Agent) 又称为**电子邮件客户端软件**，是用户与电子邮件系统的接口，在大多数情况下它就是运行在用户电脑中的一个程序。用户代理向用户提供友好的窗口界面来发送和接收邮件。

用户代理至少应当具有以下四个功能：

(1) **撰写**。给用户提供编辑信件的环境。例如，应让用户能创建便于使用的通讯录（有常用的人名和地址）。回信时不仅能很方便地从来信中提取出对方地址，并自动地将此地址写入到邮件中合适的位置，而且还能方便地对来信提出的问题进行答复（系统自动将来信复制一份在用户撰写回信的窗口中，因而用户不需要再输入来信中的问题）。

(2) **显示**。能方便地在计算机屏幕上显示出来信（包括来信附上的声音和图像）。

(3) **处理**。处理包括发送邮件和接收邮件。收件人应能根据情况按不同方式对来信进行处理。例如，阅读后删除、存盘、打印、转发等，以及自建目录对来信进行分类保存。有时还可在读取信件之前先查看一下邮件的发件人和长度等，对于不愿收的信件可直接在邮箱中删除。

(4) **通信**。发信人在撰写完邮件后，要利用邮件发送协议发送到用户所使用的邮件服务器。收件人在接收邮件时，要使用邮件读取协议从本地邮件服务器接收邮件。

电子邮件由**信封**（envelope）和**内容**（content）两部分组成。电子邮件的传输程序根据邮件信封上的地址信息来传送邮件。这与邮局按照信封上的信息投递信件是相似的。

在邮件的信封上，最重要的就是收件人的地址。TCP/IP 体系的电子邮件系统规定**电子邮件地址**（e-mail address）的格式如下：

$$用户名 @ 邮件服务器的域名 \tag{6-1}$$

在式(6-1)中，符号"@"读作"at"，表示"在"的意思。**收件人邮箱名**又简称为**用户名**（user name），是收件人自己定义的字符串标识符。但应注意，标志收件人邮箱名的字符串在邮箱所在邮件服务器的计算机中必须是唯一的。这样就保证了这个电子邮件地址在世界范围内是唯一的。这对保证电子邮件能够在整个互联网范围内的准确交付是十分重要的。电子邮件的用户一般采用容易记忆的字符串。

邮件内容中的**首部**（header）格式是有标准的，而邮件的**主体**（body）部分则让用户自由撰写。用户写好首部后，邮件系统自动地将信封所需的信息提取出来并写在信封上。所以用户不需要填写电子邮件信封上的信息。

邮件内容首部包括一些关键字，后面加上冒号。最重要的关键字是：To 和 Subject。

"To:"后面填入一个或多个收件人的电子邮件地址。在电子邮件软件中，用户把经常通信的对象姓名和电子邮件地址写到**地址簿**（address book）中。当撰写邮件时，只需打开地址簿，点击收件人名字，收件人的电子邮件地址就会自动地填入到合适的位置上。

"Subject:"是邮件的**主题**。它反映了邮件的主要内容。主题类似于文件系统的文件名，便于用户查找邮件。

邮件首部还有一项是**抄送**"Cc:"。这两个字符来自"Carbon copy"，意思是留下一个"**复写副本**"。这是借用旧的名词，表示应给某某人发送一个邮件副本。

有些邮件系统允许用户使用关键字 Bcc（Blind carbon copy）来实现**盲复写副本**。这是使发件人能将邮件的副本送给某人，但不希望此事为收件人知道。Bcc 又称为**暗送**。

首部关键字还有"From"和"Date"，表示**发件人的电子邮件地址**和**发信日期**。这两项一般都由邮件系统自动填入。

另一个关键字是"Reply-To"，即对方回信所用的地址。这个地址可以与发件人发信时所用的地址不同。例如有时到外地借用他人的邮箱给自己的朋友发送邮件，但仍希望对方将回信发送到自己的邮箱。这一项可以事先设置好，不需要在每次写信时进行设置。

互联网上有许多的**邮件服务器**可供用户选用（有些要收取少量的邮箱费用）。邮件服务器 24 小时不间断地工作，并且具有很大容量的邮件信箱。邮件服务器的功能是发送和接收邮件，同时还要向发件人报告邮件传送的结果（已交付、被拒绝、丢失等）。邮件服务器按照客户服务器方式工作。邮件服务器需要使用**两种不同的协议**。一种协议用于用户代理向邮件服务器发送邮件或在邮件服务器之间发送邮件，如**简单邮件传送协议** SMTP (Simple Mail Transfer Protocol)，而另一种协议用于用户代理从邮件服务器读取**邮件**，如**邮局协议** POP3 (Post Office Protocol v3)。

6.4.2　简单邮件传送协议 SMTP

简单邮件传送协议 SMTP 是电子邮件所使用的重要协议。从用户代理把邮件传送到邮件服务器，以及邮件在邮件服务器之间的传送，都要使用协议 SMTP。请注意，邮件服务器必须能够同时充当客户和服务器。例如，当邮件服务器 A 向邮件服务器 B 发送邮件时，A 就作为 SMTP 客户，而 B 是 SMTP 服务器。反之，当 B 向 A 发送邮件时，B 就是 SMTP 客户，而 A 就是 SMTP 服务器。

图 6-12 给出了发送和接收电子邮件的重要步骤。为了使读者对电子邮件的工作过程有一个完整的概念，在讨论 SMTP 的同时，也要提到协议 POP3。SMTP 和 POP3（或 IMAP）都是使用 TCP 连接来传送邮件的，使用 TCP 的目的是为了可靠地传送邮件。

❶ 发件人调用计算机中的用户代理，撰写和编辑要发送的邮件。

❷ 发件人单击屏幕上的"发送邮件"按钮，把发送邮件的工作全都交给用户代理来完成。用户代理把邮件用 SMTP 协议发给发送方邮件服务器，用户代理充当 SMTP 客户，而发送方邮件服务器充当 SMTP 服务器。用户代理所进行的这些工作，用户是看不到的。有的用户代理可以让用户在屏幕上看见邮件发送的进度显示。

❸ SMTP 服务器收到用户代理发来的邮件后，就把邮件临时存放在邮件缓存队列中，等待发送到接收方的邮件服务器中。邮件在缓存队列中的等待时间的长短取决于邮件服务器的处理能力和队列中待发送的信件的数量。但这种等待时间一般都远远大于分组在路由器中等待转

发的排队时间。

❹ 发送方邮件服务器的 SMTP 客户与接收方邮件服务器的 SMTP 服务器建立 TCP 连接，然后就把邮件缓存队列中的邮件依次发送出去。请注意，邮件不会在互联网中的某个中间邮件服务器落地。不管发送方和接收方的邮件服务器相隔有多远，也不管在邮件传送过程中要经过多少个路由器，TCP 连接总是在发送方和接收方这两个邮件服务器之间直接建立。当接收方邮件服务器出故障而不能工作时，SMTP 客户就无法和 SMTP 服务器建立 TCP 连接。这时，要发送的邮件就会继续保存在发送方的邮件服务器中，并在稍后一段时间再进行新的尝试。如果 SMTP 客户还有一些邮件要发送到同一个邮件服务器，那么可以在原来已建立的 TCP 连接上重复发送。如果 SMTP 客户超过了规定的时间还不能把邮件发送出去，那么发送邮件服务器就把这种情况通知发送方的用户代理。

虽然 SMTP 使用 TCP 连接试图使邮件的传送可靠，但它并不能保证不丢失邮件。也就是说，使用 SMTP 传送邮件仅仅是可靠地传送到接收方的邮件服务器。再往后的情况如何就不知道了。接收方的邮件服务器也许会出故障，使收到的邮件全部丢失（在收件人读取信件之前）。然而基于 SMTP 的电子邮件通常都被认为是可靠的。

❺ 运行在接收方邮件服务器中的 SMTP 服务器进程收到邮件后，把邮件放入收件人的用户邮箱中，等待收件人进行读取。

❻ 收件人在打算收信时，就运行 PC 中的用户代理，使用邮件读取协议（如 POP3）读取自己的邮件。请注意，在图 6-12 中，POP3 服务器和 POP3 客户之间的箭头表示的是邮件传送的方向。但它们之间的通信是由 POP3 客户发起的。

细心的读者可能会想到这样的问题：如果让图 6-12 中的邮件服务器程序就在发送方和接收方的计算机中运行，那么岂不是可以直接把邮件发送到收件人的计算机中吗？

答案是"不行"。这是因为并非所有的计算机都能运行邮件服务器程序。有些计算机可能没有足够的存储空间来运行允许程序在后台运行的操作系统，或是可能没有足够的 CPU 能力来运行邮件服务器程序。更重要的是，邮件服务器程序必须不间断地运行，每天 24 小时都必须不间断地连接在互联网上，否则就可能使很多外面发来的邮件无法接收。因此，让用户的计算机运行邮件服务器程序显然是很不现实的（一般用户在不使用计算机时就将机器关闭）。让邮件服务器暂时存储收到的邮件，在用户方便时再从邮件服务器的用户信箱中读取来信，显然是一种比较合理的做法。

由于互联网的 SMTP 只能传送可打印的 7 位 ASCII 码邮件，因此后来又提出了**通用互联网邮件扩充** MIME(Multipurpose Internet Mail Extensions)。MIME 在其邮件首部中说明了邮件的数据类型（如文本、声音、图像、视像等）。在 MIME 邮件中可同时传送多种类型的数据，这在多媒体通信的环境下是非常有用的。MIME 并非取代 SMTP，而是扩充了邮件传送协议的功能。

6.4.3 邮件读取协议 POP3 和 IMAP

现在常用的邮件读取协议有两个，即邮局协议第 3 个版本 POP3 和**网际报文存取协议** IMAP (Internet Message Access Protocol)。现分别讨论如下。

邮局协议 POP 是一个非常简单、但功能有限的邮件读取协议。邮局协议 POP 最初公布于 1984 年。经过几次更新，现在使用的是 1996 年的版本 POP3，它已成为互联网的正式标准。大多数的 ISP 都支持 POP3。

POP3 也使用客户服务器的工作方式。在接收邮件的用户计算机中的用户代理必须运行 POP3 客户程序，而在收件人所连接的 ISP 的邮件服务器中则运行 POP3 服务器程序。当然，这个 ISP 的邮件服务器还必须运行 SMTP 服务器程序，以便接收发送方邮件服务器的 SMTP 客户程序发来的邮件。这些请参阅图 6-12。POP3 服务器只有在用户输入鉴别信息（用户名和口令）后，才允许对邮箱进行读取。

POP3 协议的一个特点就是只要用户从 POP3 服务器读取了邮件，POP3 服务器就把该邮件删除。这在某些情况下就不够方便。例如，某用户在办公室的台式计算机上接收了一个邮件，还来不及写回信，就马上携带笔记本电脑出差。当他打开笔记本电脑写回信时，POP3 服务器上却已经删除了原来已经看过的邮件（除非他事先将这些邮件复制到笔记本电脑中）。为了解决这一问题，POP3 进行了一些功能扩充，其中包括让用户能够事先设置邮件读取后仍然在 POP3 服务器中存放的时间。

另一个读取邮件的协议是网际报文存取协议 IMAP，它比 POP3 复杂得多。IMAP 和 POP 都按客户服务器方式工作，但它们有很大的差别。现在较新的版本是 2003 年 3 月修订的版本 4，即 IMAP4。不过在习惯上，对这个协议大家很少加上版本号 "4"，而经常简单地用 IMAP 表示 IMAP4。但是对 POP3 却不会忘记写上版本号 "3"。

在使用 IMAP 时，在用户的计算机上运行 IMAP 客户程序，然后与接收方的邮件服务器上的 IMAP 服务器程序建立 TCP 连接。用户在自己的计算机上就可以操纵邮件服务器的邮箱，就像在本地操纵一样，因此 IMAP 是一个联机协议。当用户计算机上的 IMAP 客户程序打开 IMAP 服务器的邮箱时，用户就可看到邮件的首部。若用户需要打开某个邮件，则该邮件才传到用户的计算机上。用户可以根据需要为自己的邮箱创建便于分类管理的层次式的邮箱文件夹，并且能够将存放的邮件从某一个文件夹中移动到另一个文件夹中。用户也可按某种条件对邮件进行查找。在用户未发出删除邮件的命令之前，IMAP 服务器邮箱中的邮件一直保存着。

IMAP 最大的好处就是用户可以在不同的地方使用不同的计算机（例如，使用办公室的计算机、或家中的计算机，或在外地使用笔记本电脑）随时上网阅读和处理自己在邮件服务器中的邮件。IMAP 还允许收件人只读取邮件中的某一个部分。例如，收到了一个带有视像附件（此文件可能很大）的邮件，而用户使用的是无线上网，信道的传输速率很低。为了节省时间，可以先下载邮件的正文部分，待以后有时间再读取或下载这个很大的附件。

IMAP 的缺点是如果用户没有将邮件复制到自己的计算机上，则邮件一直存放在 IMAP 服务器上。要想查阅自己的邮件，必须先上网。

下面的表 6-1 给出了 IMAP 和 POP3 的主要功能的比较。

表 6-1　IMAP 和 POP3 的主要功能比较

操作位置	操作内容	IMAP	POP3
收件箱	阅读、标记、移动、删除邮件等	客户端与邮箱更新同步	仅在客户端内
发件箱	保存到已发送	客户端与邮箱更新同步	仅在客户端内
创建文件夹	新建自定义的文件夹	客户端与邮箱更新同步	仅在客户端内
草稿	保存草稿	客户端与邮箱更新同步	仅在客户端内
垃圾文件夹	接收并移入垃圾文件夹的邮件	支持	不支持
广告邮件	接收并移入广告邮件夹的邮件	支持	不支持

最后再强调一下，不要把邮件读取协议 POP3 或 IMAP 与邮件传送协议 SMTP 弄混。发件人的用户代理向发送方邮件服务器发送邮件，以及发送方邮件服务器向接收方邮件服务器发送邮件，都是使用协议 SMTP。而 POP3 或 IMAP 则是用户代理从接收方邮件服务器上读取邮件所使用的协议。

6.4.4 基于万维网的电子邮件

从前面的图 6-12 可看出，用户要使用电子邮件，必须在自己使用的计算机中安装用户代理软件 UA。如果外出到某地而又未携带自己的笔记本电脑，那么要使用别人的计算机进行电子邮件的收发，将是非常不方便的。

现在这个问题解决了。在 20 世纪 90 年代中期，Hotmail 推出了基于万维网的电子邮件 (Webmail)。今天，几乎所有的著名网站以及大学或公司，都提供了万维网电子邮件。常用的万维网电子邮件有谷歌的 Gmail，微软的 Hotmail，雅虎的 Yahoo!Mail。我国的网易（163 或 126）和新浪（sina）等互联网技术公司也都提供万维网邮件服务。

万维网电子邮件的好处就是：不管在什么地方（在任何一个国家的网吧、宾馆或朋友家中），只要能够找到上网的计算机，在打开任何一种浏览器后，就可以非常方便地收发电子邮件。使用万维网电子邮件不需要在计算机中再安装用户代理软件。浏览器本身可以向用户提供非常友好的电子邮件界面（和原来的用户代理提供的界面相似），使用户在浏览器上就能够很方便地撰写和收发电子邮件。

例如，你使用的是网易的 163 邮箱，那么在任何一个浏览器的地址栏中，键入 163 邮箱的 URL(mail.163.com)，按回车键后，就可以使用 163 电子邮件了，这和在家中一样的方便。你曾经接收和发送过的邮件、已删除的邮件以及你的通讯录等内容，都照常呈现在屏幕上。

我们知道，用户在浏览器中浏览各种信息时需要使用协议 HTTP。因此，在浏览器和互联网上的邮件服务器之间传送邮件时，仍然使用协议 HTTP。但是在各邮件服务器之间传送邮件时，则仍然使用协议 SMTP。

6.5 动态主机配置协议 DHCP

为了把协议软件做成通用的和便于移植的，协议软件的编写者不会把所有的细节都固定在源代码中。相反，他们把协议软件参数化。这就使得在很多台计算机上有可能使用同一个经过编译的二进制代码。一台计算机和另一台计算机的许多区别，都可以通过一些不同的参数来体现。在协议软件运行之前，必须给每一个参数赋值。

在协议软件中给这些参数赋值的动作叫作**协议配置**。一个协议软件在使用之前必须是已正确配置的。具体的配置信息有哪些则取决于协议栈。例如，连接到互联网的计算机的协议软件需要配置的项目包括：

(1) IP 地址；

(2) 子网掩码；

(3) 默认路由器的 IP 地址；

(4) 域名服务器的 IP 地址。

为了省去给计算机配置 IP 地址的麻烦，我们能否在计算机的生产过程中，事先给每一台计算机配置好一个唯一的 IP 地址呢（如同每一个以太网适配器拥有一个唯一的硬件地址）？这显然是不行的。这是因为 IP 地址不仅包括了主机号，而且还包括了网络号。一个 IP 地址指出了一台计算机连接在哪一个网络上。当计算机还在生产时，无法知道它在出厂后将被连接到哪一个网络上。因此，需要连接到互联网的计算机，必须对 IP 地址等项目进行协议配置。

用人工进行协议配置很不方便，而且容易出错。因此，应当采用自动协议配置的方法。

互联网现在广泛使用的是**动态主机配置协议** DHCP (Dynamic Host Configuration Protocol)，它提供了一种机制，称为**即插即用连网**(plug-and-play networking)。这种机制允许一台计算机加入新的网络和获取 IP 地址而不用手工参与。

DHCP 对运行客户软件和服务器软件的计算机都适用。当运行客户软件的计算机移至一个新的网络时，就可使用 DHCP 获取其配置信息而不需要手工干预。DHCP 给运行服务器软件而位置固定的计算机指派一个永久地址，而当这计算机重新启动时其地址不改变。

DHCP 使用客户服务器方式。需要 IP 地址的主机在启动时就向 DHCP 服务器广播发送**发现报文**（DHCPDISCOVER）（将目的 IP 地址置为全 1，即 255.255.255.255），这时该主机就成为 DHCP 客户。发送广播报文是因为现在还不知道 DHCP 服务器在什么地方，因此要发现（DISCOVER）DHCP 服务器的 IP 地址。这台主机目前还没有自己的 IP 地址，因此它将 IP 数据报的源 IP 地址设为全 0。这样，在本地网络上的所有主机都能够收到这个广播报文，但只有 DHCP 服务器才对此广播报文进行回答。DHCP 服务器先在其数据库中查找该计算机的配置信息。若找到，则返回找到的信息。若找不到，则从服务器的 IP 地址池(address pool)中取一个地址分配给该计算机。DHCP 服务器的回答报文叫作**提供报文**(DHCPOFFER)，表示"提供"了 IP 地址等配置信息。

但是我们并不愿意在每一个网络上都设置一个 DHCP 服务器，因为这样会使 DHCP 服务器的数量太多。因此现在是使每一个网络至少有一个 DHCP **中继代理**(relay agent)（通常是一台路由器，见图 6-13），它配置了 DHCP 服务器的 IP 地址信息。当 DHCP 中继代理收到主机 A 以**广播**形式发送的发现报文后，就以**单播**方式向 DHCP 服务器转发此报文，并等待其回答。收到 DHCP 服务器回答的提供报文后，DHCP 中继代理再把此提供报文发回给主机 A。需要注意的是，图 6-13 只是个示意图。实际上，DHCP 报文只是 UDP 用户数据报中的数据部分，它还要加上 UDP 首部、IP 数据报首部，以及以太网的 MAC 帧的首部和尾部后，才能在链路上传送。

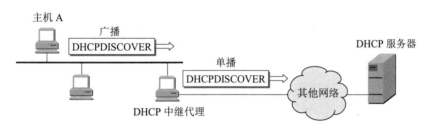

图 6-13　DHCP 中继代理以单播方式转发发现报文

DHCP 服务器分配给 DHCP 客户的 IP 地址是临时的，因此 DHCP 客户只能在一段有限的时间内使用这个分配到的 IP 地址。DHCP 协议称这段时间为**租用期**(lease period)，但并没有具体规定租用期应取为多长或至少为多长，这个数值应由 DHCP 服务器自己决定。DHCP 服务器在给 DHCP 发送的提供报文的选项中给出租用期的数值。DHCP 客户也可在自己发送的报文中提出对租用期的要求。

DHCP 很适合于经常移动位置的计算机。若计算机使用 Windows 10 操作系统，单击"开始"→"设置"→"网络和 Internet"→"查看硬件和连接属性"，就可以看见 DHCP 服务器的 IP 地址、DHCP 租约获得时间、DHCP 租约到期时间等数据。

6.6　P2P 应用

我们在第 1 章的 1.3.1 节中已经简单地介绍了 P2P 应用的概念。现在我们将进一步讨论

P2P 应用的若干工作原理。

P2P 应用就是指具有 P2P 体系结构的网络应用。所谓 P2P 体系结构就是在这样的网络应用中，没有（或只有极少数的）固定的服务器，而绝大多数的交互都是使用对等方式（P2P 方式）进行的。

P2P 应用的范围很广，例如，文件分发、实时音频或视频会议、数据库系统、网络服务支持（如 P2P 打车软件、P2P 理财等）。限于篇幅，下面只介绍最常用的 P2P 文件分发的工作原理。

P2P 文件分发不需要使用集中式的媒体服务器，而所有的音频/视频文件都是在普通的互联网用户之间传输的。这其实是相当于有很多（有时达到上百万个）分散在各地的媒体服务器（由普通用户的计算机充当这种媒体服务器）向其他用户提供所要下载的音频/视频文件。这种 P2P 文件分发方式解决了集中式媒体服务器可能出现的瓶颈问题。

目前在互联网流量中，P2P 工作方式下的文件分发已占据了最大的份额，比万维网应用所占的比例大得多。因此单纯从流量的角度看，P2P 文件分发应当是互联网上最重要的应用。现在 P2P 文件分发不仅传送音频文件 MP3，而且还传送视频文件（10～1000 MB，或更大）、各种软件和图像文件。

6.6.1　具有集中目录服务器的 Napster

最早出现的 P2P 工作方式叫作 Napster。这个名称来自 1999 年美国东北大学的新生 Shawn Fanning 所写的一个叫作 Napster 的软件。利用这个软件就可通过互联网免费下载各种 MP3 音乐。Napster 的出现使 MP3 成为网络音乐事实上的标准[①]。

Napster 能够搜索音乐文件，能够提供检索功能。所有音乐文件的索引信息都集中存放在 Napster 目录服务器中。这个目录服务器起着索引的作用。使用者只要查找目录服务器，就可知道应从何处下载所要的 MP3 文件。在 2000 年，Napster 成为互联网上最流行的 P2P 应用，并占据互联网上的通信量中相当大的比例。

这里的关键就是运行 Napster 的所有用户，都必须及时向 Napster 的目录服务器报告自己已经存有哪些音乐文件。Napster 目录服务器就用这些用户信息建立起一个动态数据库，集中存储了所有用户的音乐文件信息（即对象名和相应的 IP 地址）。当某个用户想下载某个 MP3 文件时，就向目录服务器发出查询（这个过程仍是传统的客户–服务器方式），目录服务器检索出结果后向用户返回存放这一文件的计算机 IP 地址，于是这个用户就可以从中选取一个地址下载想要得到的 MP3 文件（这个下载过程就是 P2P 方式）。可以看出，Napster 的文件传输是分散的（P2P 方式），但文件的定位则是集中的（客户–服务器方式）。

图 6-14 是 Napster 的工作过程的示意图。假定 Napster 目录服务器已经建立了其用户的动态数据库。图中给出了某个用户要下载音乐文件的主要交互过程。

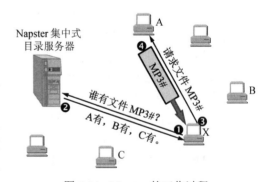

图 6-14　Napster 的工作过程

---

❶ 用户 X 向 Napster 目录服务器查询（客户–服务器方式）谁有音乐文件 MP3#。

❷ Napster 目录服务器回答 X：有三个地点有文件 MP3#，即 A，B 和 C（给出了这三个地点的 IP 地址）。于是用户 X 得知所需的文件 MP3#的三个下载地点。

❸ 用户 X 可以随机地选择三个地点中的任一个，也可以使用 PING 报文寻找最方便下载的一个。在图 6-15 中，我们假定 X 向 A 发送下载文件 MP3#的请求报文。现在 X 和 A 都使用 P2P 方式通信，互相成为对等方，X 是临时的客户，而对等方 A 是临时的服务器。

❹ 对等方 A（现在作为服务器）把文件 MP3#发送给 X。

这种集中式目录服务器的最大缺点就是可靠性差，而且会成为其性能的瓶颈（尤其是在用户数非常多的情况下）。更为严重的是这种做法侵犯了唱片公司的版权。虽然 Napster 网站并没有直接非法复制任何 MP3 文件（Napster 网站不存储任何 MP3 文件，因而并没有直接侵犯版权），但法院还是判决 Napster 属于"间接侵害版权"，因此在 2000 年 7 月底 Napster 网站就被迫关闭了。

6.6.2 具有全分布式结构的 P2P 文件共享程序

在第一代 P2P 文件共享网站 Napster 关闭后，开始出现了以 Gnutella 为代表的第二代 P2P 文件共享程序。Gnutella 是一种采用全分布方法定位内容的 P2P 文件共享应用程序。Gnutella 与 Napster 最大的区别就是不使用集中式的目录服务器进行查询，而是使用洪泛法在大量 Gnutella 用户之间进行查询。为了不使查询的通信量过大，Gnutella 设计了一种**有限范围的洪泛查询**。这样可以减少倾注到互联网的查询流量，但由于查询的范围受限，因而这也影响到查询定位的准确性。

为了更加有效地在大量用户之间使用 P2P 技术下载共享文件，最近几年已经开发出很多种第三代 P2P 共享文件程序，它们使用分散定位和分散传输技术。如 KaZaA，电骡 eMule，比特洪流 BT (Bit Torrent)等。

下面对 BT 的主要特点进行简单的介绍。

在 P2P 的文件分发应用中，2001 年由 Brahm Cohen 开发的 BitTorrent（中文意思是"比特洪流"）是很具代表性的一个。取这个名称的原因就是 BitTorrent 把参与某个文件分发的所有对等方的集合称为一个**洪流**(torrent)。为了方便，下面我们使用 BitTorrent 的简称 BT。BT 把对等方下载文件的数据单元称为**文件块**(chunk)，一个文件块的长度是固定不变的，例如，典型的数值是 256 KB。当一个新的对等方加入某个洪流时，一开始它并没有文件块。但新的对等方逐渐地能够下载到一些文件块。而与此同时，它也为别的对等方上传一些文件块。某个对等方获得了整个的文件后，可以立即退出这个洪流（相当于自私的用户），也可继续留在这个洪流中，为其他的对等方上传文件块（相当于无私的用户）。加入或退出某个洪流可在任何时间完成（即使在某个文件还没有下载完毕时），也是完全自由的。

BT 的协议相当复杂。下面讨论其基本机制。

每一个洪流都有一个基础设施节点，叫作**追踪器**(tracker)。当一个对等方加入洪流时，必须向追踪器**登记**（或称为**注册**），并周期性地通知追踪器它仍在洪流中。追踪器因而就跟踪了洪流中的对等方。一个洪流中可以拥有少到几个多到几百或几千个对等方。

我们用图 6-15 来进一步说明 BT 的工作原理。当一个新的对等方 A 加入洪流时，追踪器就随机地从参与的对等方集合中选择若干个（例如，30 个），并把这些对等方的 IP 地址告诉 A。于是 A 就和这些对等方建立了 TCP 连接。我们称所有与 A 建立了 TCP 连接的对等方为"**相邻对等方**"(neighboring peers)。在图 6-15 中我们画出了 A 有三个相邻对等方（B，C 和

D）。这些相邻对等方的数目是动态变化的，有的不久就离开了，但又有新加入进来的。请注意，实际的网络拓扑可能是非常复杂的，TCP 连接只是个逻辑连接，而每一个 TCP 连接可能会穿越很多的网络。因此我们在讨论问题时，可以利用实际网络上面的一个更加简洁的覆盖网络，这个覆盖网络忽略了实际网络的许多细节。在覆盖网络中，A 的三个相邻对等方十分清楚。然而在实际网络中则反映不出这种相邻关系。

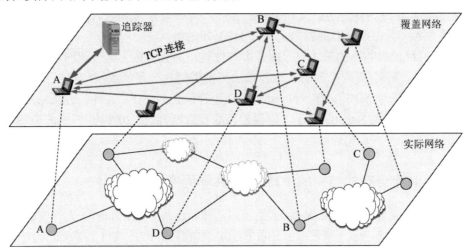

图 6-15　在覆盖网络中对等方的相邻关系的示意图

在任何时刻，每一个对等方可能只拥有某文件的一个文件块子集，而不同的对等方所拥有的文件块子集也不会完全相同。对等方 A 将通过 TCP 连接周期性地向其相邻对等方索取它们拥有的文件块列表。根据收到的文件块列表，A 就知道了应当请求哪一个相邻对等方把哪些自己缺少的文件块发送过来。

图 6-16 是对等方之间互相传送数据块的示意图。例如，A 向 B，C 和 D 索取数据块，但 B 同时也向 C 和 D 传送数据块，D 和 C 还互相传送数据块。由于 P2P 对等用户的数量非常多，因此，从不同的对等方获得不同的数据块，然后组装成整个的文件，一般要比仅从一个地方下载整个的文件要快很多。

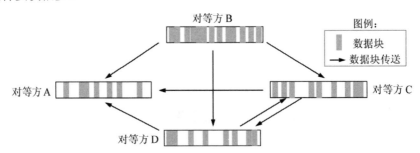

图 6-16　对等方之间互相传送文件数据块

然而 A 必须做出两个重要决定。第一，哪些文件块是首先需要向其相邻对等方请求的？第二，在很多向 A 请求文件块的相邻对等方中，A 应当向哪些相邻对等方发送所请求的文件块？

对于第一个问题，A 要使用叫作**最稀有的优先**(rarest first)的技术。我们知道，凡是 A 所缺少的而正好相邻对等方已拥有的文件块，都应当去索取。可能其中的某些文件块，很多相邻对等方都有（即文件块的副本很多），这就是"不稀有的"文件块，以后可慢慢请求。如果 A 所缺少的文件块在相邻对等方中的副本很少，那就是"很稀有的"。因此，A 首先应当请求副本最少的文件块（即最稀有的）。否则，一旦拥有最稀有文件块的对等方退出了洪流，就会影响 A 对所缺文件块的收集。

对于第二个问题，BT 采用了一种更加机灵的算法，其基本思想就是：凡当前有以最高速率向 A 传送文件块的某相邻对等方，A 就优先把所请求的文件块传送给该相邻对等方。具体来说，A 持续地测量从其相邻对等方接收数据的速率，并确定速率最高的 4 个相邻对等方。接着，A 就把文件块发送给这 4 个相邻对等方。每隔 10 秒钟，A 还要重新计算速率，然后可能修改这 4 个对等方。在 BT 的术语中，这 4 个对等方叫作**已疏通的或无障碍的**(unchoked)对等方。更重要的是，每隔 30 秒，A 要随机地找一个另外的相邻对等方 B，并向其发送文件块。这样，A 有可能成为 B 的前 4 位上传文件块的提供者。在此情况下，B 也有可能向 A 发送文件块。如果 B 发送文件块的速率足够快，那么 B 也有可能进入 A 的前 4 位上传文件块的提供者。这样做的结果是，这些对等方相互之间都能够以令人满意的速率交换文件块。

P2P 技术还在不断地改进，但随着 P2P 文件共享程序日益广泛地使用，也产生了一系列的问题有待于解决。这些问题已迫使人们要重新思考下一代互联网应如何演进。例如，音频/视频文件的知识产权就是其中的一个问题。又如，当非法盗版的、或不健康的音频/视频文件在互联网上利用 P2P 文件共享程序广泛传播时，要对 P2P 的流量进行有效的管理，在技术上还是有相当的难度。由于现在 P2P 文件共享程序的大量使用，已经消耗了互联网主干网上大部分的带宽。因此，怎样制定出合理的收费标准，既能够让广大网民接受，又能使网络运营商赢利并继续加大投入，也是目前迫切需要解决的问题。

本章的重要概念

● 应用层协议是为了解决某一类应用问题，而问题的解决又是通过位于不同主机中的多个应用进程之间的通信和协同工作来完成的。应用层规定了应用进程在通信时所遵循的协议。应用层的许多协议都是基于客户-服务器方式的。客户是服务请求方，服务器是服务提供方。

● 域名系统 DNS 是互联网使用的命名系统，用来把便于人们使用的机器名字转换为 IP 地址。DNS 是一个联机分布式数据库系统，并采用客户服务器方式。

● 域名到 IP 地址的解析是由分布在互联网上的许多域名服务器程序（即域名服务器）共同完成的。

● 互联网采用层次树状结构的命名方法，任何一台连接在互联网上的主机或路由器，都有一个唯一的层次结构的名字，即域名。域名中的点和点分十进制 IP 地址中的点没有对应关系。

● 域名服务器分为根域名服务器、顶级域名服务器、权限域名服务器和本地域名服务器。

● 文件传送协议 FTP 使用 TCP 可靠的运输服务。FTP 使用客户服务器方式。在进行文件传输时，FTP 的客户和服务器之间要建立两个并行的 TCP 连接：控制连接和数据连接。实际用于传输文件的是数据连接。

● 万维网 WWW 是一个大规模的、联机式的信息储藏所，可以非常方便地从互联网上的一个站点链接到另一个站点。

● 万维网的客户程序向互联网中的服务器程序发出请求，服务器程序向客户程序送回客户所要的万维网文档。在客户程序主窗口上显示出的万维网文档称为页面。

- 万维网使用统一资源定位符 URL 来标志万维网上的各种文档，并使每一个文档在整个互联网的范围内具有唯一的标识符 URL。

- 万维网客户程序与服务器程序之间进行交互所使用的协议是超文本传送协议 HTTP。HTTP 使用 TCP 连接进行可靠的传送。但协议 HTTP 本身是无连接、无状态的。协议 HTTP/1.1 使用了持续连接（分为非流水线方式和流水线方式）。

- HTTP/2 可使用同一个 TCP 连接把服务器发回的响应**并行发回**；允许客户复用 TCP 连接进行多个请求；把所有的报文划分为许多较小的**二进制编码的帧**，采用新的压缩算法，不发送重复的首部字段，大大减小了首部的开销，提高了传输效率。

- 万维网使用超文本标记语言 HTML 来显示各种万维网页面。

- 万维网静态文档是指在文档创作完毕后就存放在万维网服务器中，在被用户浏览的过程中，内容不会改变。动态文档是指文档的内容是在浏览器访问万维网服务器时才由应用程序动态创建的。

- 活动文档技术可以使浏览器屏幕连续更新。活动文档程序可与用户直接交互，并可连续地改变屏幕的显示。

- 在万维网中用来进行搜索的工具叫作搜索引擎。搜索引擎大体上可划分为全文检索搜索引擎和分类目录搜索引擎两大类。

- 电子邮件是互联网上使用最多的和最受用户欢迎的一种应用。电子邮件把邮件发送到收件人使用的邮件服务器，并放在其中的收件人邮箱中，收件人可随时上网到自己使用的邮件服务器进行读取，相当于"电子信箱"。

- 一个电子邮件系统有三个主要组成构件，即：用户代理、邮件服务器，以及邮件协议（包括邮件发送协议，如 SMTP，和邮件读取协议，如 POP3 和 IMAP）。用户代理和邮件服务器都要运行这些协议。

- 电子邮件的用户代理就是用户与电子邮件系统的接口，它向用户提供一个很友好的视窗界面来发送和接收邮件。

- 从用户代理把邮件传送到邮件服务器，以及在邮件服务器之间的传送，都要使用协议 SMTP。但用户代理从邮件服务器读取邮件时，则要使用协议 POP3（或 IMAP）。

- 基于万维网的电子邮件使用户能够利用浏览器收发电子邮件。用户浏览器和邮件服务器之间的邮件传送使用协议 HTTP，而在邮件服务器之间邮件的传送仍然使用协议 SMTP。

- 目前 P2P 工作方式下的文件共享在互联网流量中已占据最大的份额，比万维网应用所占的比例大得多。

- BT 是很流行的一种 P2P 应用。BT 采用"最稀有的优先"的技术，可以尽早把最稀有的文件块收集到。此外，凡有当前以最高速率向某个对等方传送文件块的相邻对等方，该对等方就优先把所请求的文件块传送给这些相邻对等方。这样做的结果是，这些对等方相互之间都能够以令人满意的速率交换文件块。

- 当对等方的数量很大时，采用 P2P 方式下载大文件，要比传统的客户–服务器方式快得多。

习题

6-01 互联网的域名结构是怎样的？它与目前的电话网的号码结构有何异同之处？

6-02 域名系统的主要功能是什么？域名系统中的本地域名服务器、根域名服务器、顶级域名服务器以及权限域名服务器有何区别？

6-03 举例说明域名转换的过程。域名服务器中的高速缓存的作用是什么？

6-04 设想有一天整个互联网的 DNS 系统都瘫痪了（这种情况不大会出现），试问还有可能给朋友发送电子邮件吗？

6-05 文件传送协议 FTP 的主要工作过程是怎样的？为什么说 FTP 是带外传送控制信息？主进程和从属进程各起什么作用？

6-06 解释以下名词。各英文缩写词的原文是什么？

WWW, URL, HTTP, HTML, CGI, 浏览器，超文本，超媒体，超链，页面，活动文档，搜索引擎。

6-07 假定要从已知的 URL 获得一个万维网文档。若该万维网服务器的 IP 地址开始时并不知道。试问：除 HTTP 外，还需要什么应用层协议和运输层协议？

6-08 为什么 DNS 地址解析要使用 UDP 传输，而电子邮件的 SMTP 要使用 TCP 传输？

6-09 什么是动态文档？试举出万维网使用动态文档的一些例子。

6-10 请判断以下论述的正误，并简述理由。

(1) 用户点击某网页，该网页有 1 个文本文件和 3 张图片。此用户可以发送一个请求就可以收到 4 个响应报文。

(2) 有以下两个不同的网页：www.abc.com/m1.html 和 www.abc.com/m2.html。用户可以使用同一个 HTTP/1.1 持续连接传送对这两个网页的请求和响应。

(3) 在客户与服务器之间进行非持续连接，那么只需要用一个 TCP 报文段就能够装入两个不同的 HTTP 请求报文。

(4) 在 HTTP 响应报文中的主体实体部分永远不会是空的。

6-11 一个万维网网点有 1000 万个页面，平均每个页面有 10 个超链。读取一个页面平均要 100 ms。问要检索整个网点所需的最少时间。

6-12 搜索引擎可分为哪两种类型？各有什么特点？

6-13 试述电子邮件的最主要的组成部件。用户代理 UA 的作用是什么？没有 UA 行不行？

6-14 电子邮件的信封和内容在邮件的传送过程中起什么作用？和用户的关系如何？

6-15 电子邮件的地址格式是怎样的？请说明各部分的意思。

6-16 试简述 SMTP 通信的工作过程。

6-17 试述邮局协议 POP 的工作过程。在电子邮件中，为什么需要使用 POP 和 SMTP 这两个协议？IMAP 与 POP 有何区别？

6-18 电子邮件系统需要将人们的电子邮件地址编成目录以便于查找。要建立这种目录应将人名划分为几个标准部分（例如，姓、名）。若要形成一个国际标准，那么必须解决哪些问题？

6-19 电子邮件系统使用 TCP 传送邮件。为什么有时我们会遇到邮件发送失败的情况？为什么有时对方会收不到我们发送的邮件？

6-20 基于万维网的电子邮件系统有什么特点？在传送邮件时使用什么协议？

6-21 协议 DHCP 用在什么情况下？

6-22 现在流行的 P2P 文件共享应用程序都有哪些特点？

第7章 网络安全

随着计算机网络的发展，网络中的安全问题也日趋严重。当网络的用户来自社会各个阶层与部门时，大量在网络中存储和传输的数据就需要保护。由于计算机网络安全是另一门专业学科，所以本章只对计算机网络安全问题的基本内容进行初步的介绍。

本章最重要的内容是：

(1) 计算机网络面临的安全性威胁和计算机网络安全的主要问题。

(2) 对称密钥密码体制和公钥密码体制的特点。

(3) 数字签名与鉴别的概念。

(4) 密钥分配的方法和证书链的概念。

(5) 网络层安全协议 IPsec 和运输层安全协议 TLS 的要点。

(6) 系统安全：防火墙与入侵检测。

7.1 网络安全问题概述

本节讨论计算机网络面临的安全性威胁、安全的内容和一般的数据加密模型。

7.1.1 计算机网络面临的安全性威胁

计算机网络的通信面临两大类威胁，即**被动攻击**和**主动攻击**（见图 7-1）：

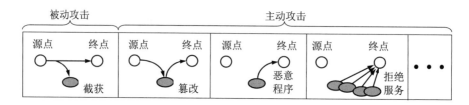

图 7-1 对网络的被动攻击和主动攻击

被动攻击是指攻击者从网络上窃听他人的通信内容。通常把这类攻击称为**截获**。在被动攻击中，攻击者只是观察和分析某一个**协议数据单元 PDU**（这里使用 PDU 这一名词是考虑到所涉及的可能是不同的层次）而不干扰信息流。即使这些数据对攻击者来说是不易理解的，他也可通过观察 PDU 的协议控制信息部分，了解正在通信的协议实体的地址和身份，研究 PDU 的长度和传输的频度，从而了解所交换的数据的某种性质。这种被动攻击又称为**流量分析**。在战争时期，通过分析某处出现大量异常的通信量，往往可以发现敌方指挥所的位置。

主动攻击有如下几种最常见的方式。

(1) **篡改**　　攻击者故意篡改网络上传送的报文。这里也包括彻底中断传送的报文，或甚至是把完全伪造的报文传送给接收方。这种攻击方式有时也称为更改报文流。

(2) **恶意程序**　　恶意程序种类繁多，对网络安全威胁较大的主要有以下几种：

- **计算机病毒**，一种会"传染"其他程序的程序，"传染"是通过修改其他程序来把自身或自身的变种复制进去而完成的。
- **计算机蠕虫**，一种通过网络的通信功能将自身从一个节点发送到另一个节点并自动启动运行的程序。
- **特洛伊木马**，一种程序，它执行的功能并非所声称的功能而是某种恶意的功能。如一个编译程序除了执行编译任务，还把用户的源程序偷偷地复制下来，那么这种编译程序就是一种特洛伊木马。计算机病毒有时也以特洛伊木马的形式出现。
- **逻辑炸弹**，一种当运行环境满足某种特定条件时执行其他特殊功能的程序。如一个编辑程序，平时运行得很好，但当系统时间为 13 日又为星期五时，它删去系统中所有的文件，这种程序就是一种逻辑炸弹。
- **后门入侵**，是指一种利用系统实现中的漏洞通过网络入侵系统。就像一个盗贼在夜晚试图闯入民宅，如果某家住户的房门有缺陷，盗贼就能乘虚而入。索尼游戏网络（PlayStation Network）在 2011 年被入侵，导致 7700 万用户的个人信息，诸如姓名、生日、email 地址、密码等，被盗。
- **流氓软件**，一种未经用户允许就在用户计算机上安装运行并损害用户利益的软件，其典型特征是：强制安装、难以卸载、浏览器劫持、广告弹出、恶意收集用户信息、恶意卸载，恶意捆绑，等等。现在流氓软件的泛滥已超过了各种计算机病毒，成为互联网上最大的公害。流氓软件的名字一般都很吸引人，如某某卫士、某某搜霸等，因此要特别小心。

上面所说的计算机病毒是狭义的，也有人把所有的恶意程序泛指为计算机病毒。例如 1988 年 10 月的"Morris 病毒"入侵美国互联网，舆论说该事件是"计算机病毒入侵美国计算机网"，而计算机安全专家却称之为"互联网蠕虫事件"。

(3) **拒绝服务 DoS (Denial of Service)**　　指攻击者向互联网上的某个服务器不停地发送大量分组，使该服务器无法提供正常服务，甚至完全瘫痪。2000 年 2 月 7 日至 9 日美国几个著名网站遭黑客①袭击，使这些网站的服务器一直处于"忙"的状态，因而无法向发出请求的客户提供服务。这种攻击被称为**拒绝服务**。又如在 2014 年圣诞节，索尼游戏网（PlayStation Network）和微软游戏网（Microsoft Xbox Live）被黑客攻击后瘫痪，估计有 1.6 亿用户受到影响。

若从互联网上的成百上千个网站集中攻击一个网站，则称为**分布式拒绝服务 DDoS (Distributed Denial of Service)**。有时也把这种攻击称为**网络带宽攻击**或**连通性攻击**。

对于主动攻击，可以采取适当措施加以检测。但对于被动攻击，通常却是检测不出来的。根据这些特点，可得出计算机网络通信安全的目标如下：

(1) 防止析出报文内容和流量分析。

(2) 防止恶意程序。

(3) 检测更改报文流和拒绝服务。

对付被动攻击可采用各种数据加密技术；而对付主动攻击，则需将加密技术与适当的鉴别技术相结合。

---

① 注：黑客(hacker)是指精通计算机编程的高手，他们能够通过专门的技术手段进入到某些据称是相当安全的计算机系统中。黑客一般可分为两大类。一类是蓄意搞破坏或盗窃别人计算机中数据信息的坏人，而另一类则是专门研究计算机系统安全性的好人。例如，银行发行的信用卡必须十分安全，但这种信用卡的安全性在公开发行之前却无从知晓。这时就要请专门研究计算机安全的黑客对信用卡进行攻击实验。如黑客在努力尝试后仍无法攻破，则可认为该信用卡至少在目前是相对安全的。

7.1.2　安全的计算机网络

一个安全的计算机网络应设法达到以下四个目标：

1. 机密性

机密性（或私密性）就是只有信息的发送方和接收方才能懂得所发送信息的内容，而信息的截获者则看不懂所截获的信息。显然，机密性是网络安全通信最基本的要求，也是对付被动攻击所必须具备的功能。通常可简称为**保密**。尽管计算机网络安全并不仅仅依靠机密性，但不能提供机密性的网络肯定是不安全的。为了使网络具有机密性，需要使用各种密码技术。

2. 端点鉴别

安全的计算机网络必须能够鉴别信息的发送方和接收方的真实身份。网络通信和面对面的通信差别很大。现在频繁发生的网络诈骗，在许多情况下，就是由于在网络上不能鉴别出对方的真实身份。当我们进行网上购物时，首先需要知道卖家是真正有资质的商家还是犯罪分子假冒的商家，不能解决这个问题，就不能认为网络是安全的。端点鉴别在对付主动攻击中是非常重要的。

3. 信息的完整性

即使我们能够确认发送方的身份是真实的，并且所发送的信息也都是经过加密的，我们依然不能认为网络是安全的。还必须确认所收到的信息都是完整的，也就是信息的内容没有被人篡改过。保证信息的完整性在应对主动攻击时也是必不可少的。信息的完整性和保密性是两个不同的概念。例如，商家向公众发布的商品广告当然不需要保密，但如果广告在网络上传送时被人恶意删除或添加了一些内容，那么就可能对商家造成很大的损失。

实际上，信息的完整性与端点鉴别往往是不可分割的。假定你准确知道报文发送方的身份没有错（即通过了端点鉴别），但收到的报文却已被人篡改过（即信息不完整），那么这样的报文显然是没有用处的。因此，在谈到"鉴别"时，有时是同时包含了端点鉴别和报文的完整性。也就是说，既鉴别发送方的身份，又鉴别报文的完整性。

4. 运行的安全性

现在的机构与计算机网络的关系越密切，就越要重视计算机网络运行的安全性。上一节介绍的恶意程序和拒绝服务的攻击，即使没有窃取到任何有用的信息，但这种攻击却能够使受到攻击的计算机网络不能正常运行，甚至完全瘫痪。因此，确保计算机系统运行的安全性，也是非常重要的工作。对于一些要害部门，这点尤为重要。

访问控制对计算机系统的安全性非常重要。必须对访问网络的权限加以控制，并规定每个用户的访问权限。由于网络是个非常复杂的系统，其访问控制机制比操作系统的访问控制机制更复杂（尽管网络的访问控制机制是建立在操作系统的访问控制机制之上的），尤其在安全要求更高的**多级安全**情况下更是如此。

7.1.3　数据加密模型

一般的数据加密模型如图 7-2 所示。用户 A 向 B 发送**明文** X，但通过使用**加密算法** E 和**加密密钥** K 进行 E 运算后，就得出**密文** Y。

图 7-2 中所示的加密和解密用的**密钥** K(key)是一串秘密的字符串（即比特串）。

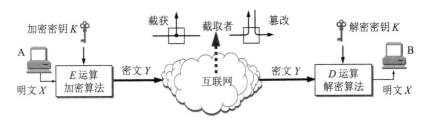

图 7-2　一般的数据加密模型

在传送过程中可能出现密文的**截取者**（或**攻击者、入侵者**）。接收端利用**解密算法** D 和**解密密钥** K 进行 D 运算，解出明文 X。解密算法是加密算法的逆运算。在进行解密运算时，如果不使用事先约定好的密钥就无法解出明文。

这里我们假定加密密钥和解密密钥都是一样的。但实际上它们可以是不一样的（即使不一样，这两个密钥也必然有某种相关性）。密钥通常由密钥中心提供。当密钥需要向远地传送时，一定要通过另一个安全信道。

密码编码学(cryptography)是密码体制的设计学，而**密码分析学**(cryptanalysis)则是在未知密钥的情况下从密文推演出明文或密钥的技术。密码编码学与密码分析学合起来即为**密码学**(cryptology)。

如果不论截取者获得了多少密文，但在密文中都没有足够的信息来唯一地确定出对应的明文，则这一密码体制称为**无条件安全的**，或称为**理论上是不可破的**。在无任何限制的条件下，目前几乎所有实用的密码体制均是可破的。因此，人们关心的是要研制出**在计算上**（而不是在**理论上**）是不可破的密码体制。如果一个密码体制中的密码，不能在一定时间内被可以使用的计算资源破译，则这一密码体制称为**在计算上是安全的**。

早在几千年前人类就已经有了通信保密的思想和方法。直到 1949 年，信息论创始人香农(C. E. Shannon)发表著名文章，论证了一般经典加密方法得到的密文几乎都是可破的。密码学的研究曾面临着严重的危机。但从 20 世纪 60 年代起，随着电子技术、计算技术的迅速发展以及结构代数、可计算性和计算复杂性理论等学科的研究，密码学又进入了一个新的发展时期。在 20 世纪 70 年代后期，美国的**数据加密标准 DES** (Data Encryption Standard)和**公钥密码体制**(public key crypto-system，又称为公开密钥密码体制)的出现，成为近代密码学发展史上的两个重要里程碑。

7.2　两类密码体制

7.2.1　对称密钥密码体制

所谓对称密钥密码体制，即**加密密钥与解密密钥是使用相同的密码体制**。例如图 7-2 所示的情况，通信的双方使用的就是对称密钥。

数据加密标准 DES 属于对称密钥密码体制。它由 IBM 公司研制出，于 1977 年被美国定为联邦信息标准后，在国际上引起了极大的重视。ISO 曾将 DES 作为数据加密标准。

DES 是一种分组密码。在加密前，先对整个的明文进行分组。每一个组为 64 位长的二进制数据。然后对每一个 64 位二进制数据进行加密处理，产生一组 64 位密文数据。最后将各组密文串接起来，即得出整个的密文。使用的密钥占有 64 位（实际密钥长度为 56 位，外加 8 位用于奇偶校验）。

DES 的保密性仅取决于对密钥的保密，而算法是公开的。DES 的问题是它的密钥长度。56 位长的密钥意味着共有 2^{56} 种可能的密钥，也就是说，共有约 7.6×10^{16} 种密钥。假设一台计算机 1 μs 可执行一次 DES 加密，同时假定平均只需搜索密钥空间的一半即可找到密钥，那么破译 DES 要超过 1000 年。

然而芯片的发展出乎意料地飞快。现在 56 位 DES 已不再被认为是安全的。

于是学者们提出了三重 DES（Triple DES 或记为 3DES）的方案，把一个 64 位明文用一个密钥加密，用另一个密钥解密，然后再使用第一个密钥加密。三重 DES 广泛用于网络、金融、信用卡等系统。

1997 年美国标准与技术协会（NIST）开始了对高级加密标准 AES (Advanced Encryption Standard)的遴选，以取代 DES。最后由两位年轻的比利时学者，Joan Daemen 和 Vincent Rijmen 提交的 Rijndael 算法被选中，在 2001 年正式成为高级加密标准 AES，并在 2002 年成为美国政府加密标准。目前尚未见到能够成功破解 AES 密码系统的报道。有人认为，要破解 AES 可能需要在数学上出现非常重大的突破。

7.2.2 公钥密码体制

公钥密码体制（又称为公开密钥密码体制）的概念是由斯坦福(Stanford)大学的研究人员 Diffie 与 Hellman 于 1976 年提出的。公钥密码体制**使用不同的加密密钥与解密密钥**。

公钥密码体制的产生主要有两个方面的原因，一是由于对称密钥密码体制的**密钥分配**问题，二是由于对**数字签名**的需求。

在对称密钥密码体制中，加解密的双方使用相同的密钥。但怎样才能做到这一点呢？一种是事先约定，另一种是用信使来传送。在高度自动化的大型计算机网络中，用信使来传送密钥显然是不合适的。如果事先约定密钥，就会给密钥的管理和更换带来极大的不便。若使用高度安全的**密钥分配中心** KDC (Key Distribution Center)，也会使得网络成本增加。

对数字签名的强烈需要也是产生公钥密码体制的一个原因。在许多应用中，人们需要对纯数字的电子信息进行签名，表明该信息确实是某个特定的人产生的。

公钥密码体制提出不久，人们就找到了三种公钥密码体制。目前最著名的是由美国三位科学家 Rivest, Shamir 和 Adleman 于 1976 年提出并在 1978 年正式发表的 **RSA 体制**，它是一种基于数论中的大数分解问题的体制。

在公钥密码体制中，**加密密钥** PK（public key，即**公钥**）是向公众公开的，而**解密密钥** SK（secret key，即**私钥或密钥**）则是需要保密的。加密算法 E 和解密算法 D 也都是公开的。

公钥密码体制的加密和解密过程有如下特点：

(1) **密钥对**(key-pair)产生器产生出接收者 B 的一对密钥：加密密钥 PK_B 和解密密钥 SK_B。发送者 A 所用的加密密钥 PK_B 就是接收者 B 的公钥，它向公众公开。而 B 所用的解密密钥 SK_B 就是接收者 B 的私钥，对其他人都保密。

(2) 发送者 A 用 B 的公钥 PK_B 通过 E 运算对明文 X 加密，得出密文 Y，发送给 B。B 用自己的私钥 SK_B 通过 D 运算进行解密，恢复出明文。

(3) 虽然在计算机上可以容易地产生成对的 PK_B 和 SK_B，但从已知的 PK_B 实际上不可能推导出 SK_B，即从 PK_B 到 SK_B 是"计算上不可能的"。

(4) 虽然公钥可用来加密，但却不能用来解密。

(5) 先后对 X 进行 D 运算和 E 运算或进行 E 运算和 D 运算，结果都是一样的。

请注意，通常都是先加密然后再解密。但仅从运算的角度看，D 运算和 E 运算的先后顺序则可以是任意的。对某个报文进行 D 运算，并不表明是要对其解密。

图 7-3 给出了用公钥密码体制进行加密的过程。

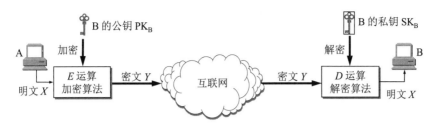

图 7-3 公钥密码体制

公开密钥与对称密钥在使用通信信道方面有很大的不同。在使用对称密钥时，由于双方使用同样的密钥，因此在通信信道上可以进行**一对一的双向保密通信**，每一方既可用此密钥加密明文，并发送给对方，也可接收密文，用同一密钥对密文解密。这种保密通信仅限于持有此密钥的双方（如再有第三方就不保密了）。但在使用公开密钥时，在通信信道上可以是**多对一的单向保密通信**。例如在图 7-3 中，可以有很多人同时持有 B 的公钥，并各自用此公钥对自己的报文加密后发送给 B。只有 B 才能够用其私钥对收到的多个密文一一进行解密。但使用这对密钥进行反方向的保密通信则是不行的。在现实生活中，这种多对一的单向保密通信是很常用的。例如，在网购时，很多顾客都向同一个网站发送各自的信用卡信息，就属于这种情况。

请注意，**任何加密方法的安全性取决于密钥的长度**，以及攻破密文所需的计算量，而不是简单地取决于加密的体制（公钥密码体制或传统加密体制）。我们还要指出，公钥密码体制并没有使传统密码体制被弃用，因为目前公钥加密算法的**开销较大**，在可见的将来还不会放弃传统的加密方法。

7.3　鉴　　别

7.3.1　报文鉴别

在网络的应用中，**鉴别**(authentication)是网络安全中一个很重要的问题。鉴别和加密是不相同的概念。**鉴别的内容有二。一是要鉴别发信者，即验证通信的对方的确是自己所要通信的对象，而不是其他的冒充者**。这就是实体鉴别。实体可以是发信的人，也可以是一个进程（客户或服务器）。因此这也常称为端点鉴别。**二是要鉴别报文的完整性，即对方所传送的报文没有被他人篡改过**。不过有时常用**报文鉴别**一词包含上述鉴别的两个内容，既鉴别报文的发送者，也鉴别报文的完整性。

至于报文是否需要加密，则是与"鉴别"性质不同的问题。有的报文需要加密（这要另找措施），但许多报文并不需要加密。

请注意，鉴别与**授权**(authorization)也是不同的概念。授权涉及的问题是：所进行的过程是否被允许（如是否可以对某文件进行读或写）。

下面就来讨论报文鉴别的原理。

7.3.2　用数字签名进行鉴别的原理

书信或文件是根据亲笔签名或印章来鉴别其真实性的。但在计算机网络中传送的报文，则可使用**数字签名**进行鉴别。

为了进行**签名**，A 用其私钥 SK_A 对报文 X 进行 D 运算（见图 7-4）。D 运算本来叫作解密运算。可是，还没有加密怎么就进行解密呢？这并没有关系。因为 D 运算只是得到了某种不可读的密文。在图 7-4 中我们写为"D 运算"而不是"解密运算"，就是为了避免产生这种误解。A 把经过 D 运算得到的密文 Y 传送给 B。B 为了**核实签名**，用 A 的公钥进行 E 运算，还原出明文 X。请注意，任何人用 A 的公钥 PK_A 进行 E 运算后都可以得出 A 发送的明文。可见图 7-4 所示的通信方式并非为了保密，而是为了进行签名和核实签名，即确认此明文的确是 A 发送的。

图 7-4　用数字签名进行鉴别

下面讨论一下数字签名为什么具有上述的三点功能。

除 A 外无人持有 A 的私钥 SK_A，所以除 A 外无人能产生密文 Y。这样，B 确信报文 X 是 A 签名发送的。这就鉴别了报文的发送者。同理，其他人若篡改过报文，但由于无法得到 A 的私钥 SK_A 并对篡改后的报文进行 D 运算，那么 B 对收到的报文进行核实签名的 E 运算后，将会得出不可读的明文，因而不会被欺骗。这样就保证了报文的完整性。

数字签名还有另一功能，就是发送者事后不能抵赖对报文的签名。这叫作**不可否认**。若 A 要抵赖曾发送报文给 B，B 可把 X 以及对 X 进行 D 运算的密文 Y 出示给进行公证的第三者。第三者很容易用 PK_A 去证实 A 确实发送 X 给 B。

以上这三项功能的关键都在于没有其他人能够持有 A 的私钥 SK_A。

但上述过程仅对报文进行了签名，对报文 X 本身却未保密。因为截获到密文 Y 并知道发送者身份的任何人，通过查阅手册即可获得发送者的公钥 PK_A，因而能知道报文的内容。若采用图 7-5 所示的方法，则可同时实现秘密通信和数字签名。图中 SK_A 和 SK_B 分别为 A 和 B 的私钥，而 PK_A 和 PK_B 分别为 A 和 B 的公钥。

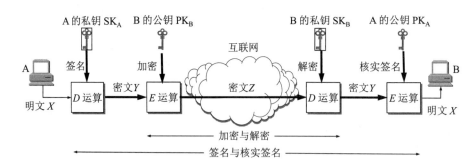

图 7-5　具有保密性的数字签名

如图 7-5 所示的可保证机密性的数字签名方法，很难用于现实生活中。这是因为要对可能很长报文先后要进行两次 D 运算和两次 E 运算，这会花费非常多的计算机 CPU 时间，是无法令人接受的。因此目前对网络上传送的大量报文，普遍都使用开销小得多的对称密钥加密。要实现数字签名必须使用公钥密码，但一定要设法减小公钥密码算法的开销。这就要使用后面介绍的密码散列函数和报文鉴别码。

7.3.3 密码散列函数

散列函数（又称为杂凑函数，或哈希函数）在计算机领域中使用得很广泛。密码学对散列函数有非常高的要求，因此符合密码学要求的散列函数又常称为**密码散列函数**(cryptographic hash function)，有时也可简称为散列函数。密码散列函数 $H(X)$ 具有以下三个主要特点：

(1) 虽然散列函数的输入报文 X 的长度不受限制，但计算出的结果 $H(X)$ 的长度则应是**较短的**和**固定的**。散列函数的输出 $H(X)$ 又称为**散列值**，或**散列**。散列函数采用确定算法，因此相同的输入必定得出相同的输出。虽然密码散列函数相当复杂，但利用计算机，散列函数的运算还是相当快的。

(2) 若散列值 $H(X)$ 的长度为 128 位，那么输出散列值只有 2^{128} 个**有限多**的可能值。但我们的输入报文 X 有**无限多**的取值。可见散列函数的输入和输出的关系是**多对一**的，必然会出现不同输入却产生相同输出的**碰撞**现象。密码散列函数的挑选必须使发生碰撞的概率非常小，这就是必须具有很好的**抗碰撞性**。

(3) 若给出散列值 $H(X)$，则**无人**能找出输入报文 X。也就是说，散列函数是一种**单向函数** (one-way function)，即逆向变换是不可能的。

图 7-6 说明了怎样利用密码散列函数进行报文鉴别。

用户 A 对报文 X 进行散列运算，得出很短的固定长度散列 $H(X)$。A 用自己的私钥对散列 $H(X)$ 进行 D 运算（即用私钥进行加密），得出已签名的**报文鉴别码** MAC(Message Authentication Code)。请注意，对很短的散列 $H(X)$ 进行 D 运算是很快的。A 把已签名的报文鉴别码 MAC，拼接在报文 X 后面，构成扩展的报文发送给 B。

B 收到扩展的报文后，先进行报文分离。然后 B 对报文 X 进行散列函数运算，同时用 A 的公钥对分离出的已签名的报文鉴别码 MAC 进行 E 运算（即用公钥进行解密）。最后对这两个运算结果 $H(X)$ 进行比较。如相等，就说明鉴别通过。由于入侵者没有 A 的私钥，因此不可能伪造出 A 发出的报文。这里我们假定 B 事先知道 A 的公钥。

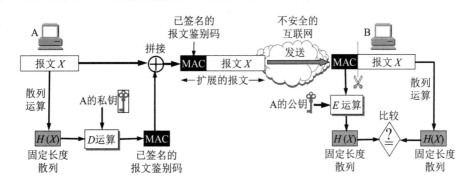

图 7-6 使用已签名的报文鉴别码对报文鉴别

不难看出，采用这种方法得到的扩展的报文，不仅是不可伪造的，也是不可否认的。图 7-6 所示的过程，可简称为："A 用自己的私钥进行签名，B 用 A 的公钥进行鉴别"。

曾经在互联网上获得广泛应用的密码散列函数叫作 MD5。MD 就是 Message Digest 的缩写，意思是**报文摘要**。MD5 是报文摘要的第 5 个版本。但 MD5 现在已经被另一种新的标准叫作**安全散列算法** SHA (Secure Hash Algorithm)所取代。现在更新的版本 SHA-2 即将取代较旧的版本 SHA 和 SHA-1。

7.4 密 钥 分 配

由于密码算法是公开的，网络的安全性就完全基于密钥的安全保护上。因此在密码学中出现了一个重要的分支——**密钥管理**。密钥管理包括：密钥的产生、分配、注入、验证和使用。本节只讨论密钥的分配。

密钥分配（或**密钥分发**）是密钥管理中最大的问题。密钥必须通过最安全的通路进行分配。例如，可以派非常可靠的信使携带密钥分配给互相通信的各用户。这种方法称为**网外分配方式**。但随着用户的增多和网络流量的增大，密钥更换频繁(密钥必须定期更换才能做到可靠)，派信使的办法已不再适用，而应采用**网内分配方式**，即对密钥自动分配。

1. 对称密钥的分配

对称密钥分配存在以下两个问题。

第一，如果 n 个人中的每一个需要和其他 $n-1$ 个人通信，就需要 $n(n-1)$ 个密钥。但每两人共享一个密钥，因此密钥数是 $n(n-1)/2$。这常称为 n^2 **问题**。如果 n 是个很大的数，所需要的密钥数量就非常大。

第二，通信的双方怎样才能安全地得到共享的密钥呢？正是因为网络不安全，所以才需要使用加密技术。但密钥又需要怎样传送呢？

目前常用的密钥分配方式是设立**密钥分配中心** KDC (Key Distribution Center)。KDC 是大家都信任的机构，其任务就是给需要进行秘密通信的用户临时分配一个会话密钥（仅使用一次）。在图 7-7 中假定用户 A 和 B 都是 KDC 的登记用户。A 和 B 在 KDC 登记时就已经在 KDC 的服务器上安装了各自和 KDC 进行通信的**主密钥**(master key)K_A 和 K_B。为简单起见，下面在叙述时把"主密钥"简称为"密钥"。密钥分配分为三个步骤（如图中带箭头直线上的❶，❷和❸所示）。

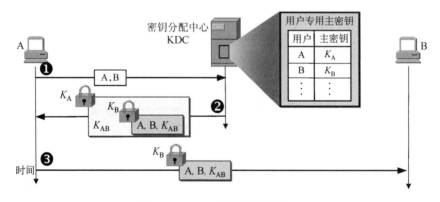

图 7-7 KDC 对会话密钥的分配

❶ 用户 A 向密钥分配中心 KDC 发送时用明文，说明想和用户 B 通信。在明文中给出 A 和 B 在 KDC 登记的身份。

❷ KDC 用随机数产生"一次一密"的会话密钥 K_{AB} 供 A 和 B 的这次会话使用，然后向 A 发送回答报文。这个回答报文用 A 的密钥 K_A 加密。这个报文中包含有这次会话使用的密钥 K_{AB} 和请 A 转给 B 的一个**票据**(ticket)[①]，该票据包括 A 和 B 在 KDC 登记的身份，以及这次会话将要使用的密钥 K_{AB}。票据用 B 的密钥 K_B 加密，A 无法知道此票据的内容，因为 A 没有 B

---

① 注：目前在网络安全领域中 ticket 一词还没有标准译名，也有人译为"票"、"执照"或"签条"。

的密钥 K_B。当然 A 也不需要知道此票据的内容。

❸ 当 B 收到 A 转来的票据并使用自己的密钥 K_B 解密后，就知道 A 要和他通信，同时也知道 KDC 为这次和 A 通信所分配的会话密钥 K_{AB}。

此后，A 和 B 就可使用会话密钥 K_{AB} 进行这次通信了。

请注意，在网络上传送密钥时，都是经过加密的。解密用的密钥都不在网上传送。

KDC 还可在报文中加入时间戳，以防止报文的截取者利用以前已记录下的报文进行重放攻击。会话密钥 K_{AB} 是一次性的，因此保密性较高。而 KDC 分配给用户的密钥 K_A 和 K_B，都应定期更换，以减少攻击者破译密钥的机会。

2. 公钥的分配

在公钥密码体制中，公钥的分配方法并不简单。本节就讨论这个问题。

我们假定大家都各自保存自己的私钥，而把各自的公钥发布在网上。假定 A 和 B 都是公司。有个捣乱者给 A 发送邮件，声称自己是 B，要购买 A 生产的设备，货到付款，并给出了 B 的收货地址。邮件中还附上"B 的公钥"（其实是捣乱者的公钥）。最后用捣乱者的私钥对邮件进行了签名。A 收到邮件后，就用邮件中给出的捣乱者的公钥（A 以为自己使用了 B 的公钥），对邮件中的签名进行了鉴别，就误认为 B 真的是要购买设备。当 A 把生产的设备运到 B 的地址后，B 才知道被愚弄了！捣乱者甚至还可伪造一个冒充 B 的网站，上面有"B 的公钥"（其实是捣乱者的公钥）。

那么，有没有可靠的方法来获得 B 的公钥，并且能确信公钥是真的？

一种非常可靠的方法，就是公司 A 派人直接向公司 B 索要其公钥。但这种很不方便的办法显然不能普遍推广使用。

现在流行的办法，这就是找一个可信任的第三方机构，给拥有公钥的实体发一个具有数字签名的**数字证书**(digital certificate)，有时也可简称为**证书**。数字证书就是对公钥与其对应的实体（人或机器）进行**绑定**(binding)一个证明。因此它常称为**公钥证书**。这种签发证书的机构就叫作**认证中心 CA** (Certification Authority)，它由政府或知名公司出资建立，因此可以得到大家的信任。每个证书中写有公钥及其拥有者的标识信息（人名、地址、电子邮件地址或 IP 地址等）。更重要的是，证书中有 CA 使用自己私钥的**数字签名**，这就是认证中心 CA 把 B 的证书进行散列函数运算，再用 CA 的私钥对散列值进行 D 运算（也就是**对散列值进行签名**）。这样就得到了 CA 的数字签名。把 <u>CA 的数字签名</u>和 <u>B 的证书</u>放在一起，就最后构成了<u>已签名的 B 的数字证书</u>（图 7-8）。这样的证书无法伪造。任何用户都可从可信任处（如代表政府的报纸或文件）获得认证中心 CA 的公钥，以验证证书的真伪。这种数字证书是公开的，不需要加密。现在我国的认证中心已有不少，例如，在金融领域，**中国金融认证中心** CFCA (China Financial Certification Authority)是由中国人民银行牵头，联合 14 家全国性商业银行共同建立的金融认证机构，其权威性是毋庸置疑的。在国际上，威瑞信公司 *VeriSign* 是发行数字证书产品的一家具有权威性的公司。

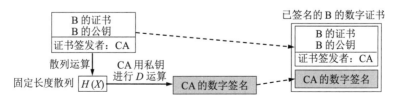

图 7-8　已签名的 B 的数字证书的产生过程

公司 A 拿到 B 的数字证书后，可以对 B 的数字证书的真实性进行核实。A 使用数字证书上给出的 CA 的公钥，对数字证书中 CA 的数字签名进行 E 运算，得出一个数值。再对 B 的数字证书（把 CA 的数字签名除外的部分）进行散列运算，又得出一个数值。比较这两个数值。若一致，则数字证书是真的。当 A 收到包含有 B 的数字签名的订货单时，也能用类似的方法，对订单的真实性进行核实（使用 B 的数字证书中给出的 B 的公钥）。

像上述的认证中心是我们无条件信任的。也就是说，如果你连这样的认证中心都不信任，那么在互联网上就找不出可以信任的公司了。这样的认证中心也叫作**根认证中心**。由于需要认证的公司或网站太多，不可能都让几个根认证中心来认证，因此就派生了许多下级认证中心。这些下级认证中心都由根认证中心认真审查过，认为是可信任的，于是这些可信任的下级认证中心也能够签发证书。这样就产生所谓**信任链**和**证书链**的概念。

7.5　互联网使用的安全协议

前面几节所讨论的网络安全原理都可用在互联网中，下面简单介绍目前在网络层和运输层所使用的网络安全协议。

7.5.1　网络层安全协议

我们在第 4 章中讨论虚拟专用网 VPN 时，提到在 VPN 中传送的信息都是经过加密的。现在我们就要介绍提供这种加密服务的 IP 安全数据报——IPsec。

IPsec 是一个相当复杂的协议族，但经常就说个 IPsec 协议，或简称为 IPsec。IPsec 支持 IPv4 和 IPv6。

IPsec 就是"IP 安全(security)"的缩写。IP 安全数据报的工作原理并不复杂。它使用**隧道方式(tunnel mode)**工作。隧道方式就是在原始的 IP 数据报的前后分别添加若干控制信息，再加上新的 IP 首部，构成一个 IP 安全数据报。

IP 安全数据报的 IP 首部都是不加密的。只有使用不加密的 IP 首部，互联网中的各个路由器才能识别 IP 首部中的有关信息，把 IP 安全数据报在不安全的互联网中进行转发，从源点安全地转发到终点。所谓"安全数据报"是指数据报的数据部分是经过加密的，并能够被鉴别的。通常把数据报的数据部分称为数据报的**有效载荷(payload)**。

在发送 IP 安全数据报之前，在源实体和目的实体之间必须创建一条网络层的逻辑连接，即**安全关联 SA (Security Association)**。这样，**传统的互联网中无连接的网络层就变为了具有逻辑连接的一个层**。安全关联是从源点到终点的**单向连接**，它能够提供安全服务。如要进行双向安全通信，则两个方向都需要建立安全关联。假定某公司有一个公司总部和一个在外地的分公司。总部需要和这个分公司以及在各地出差的 n 个员工进行双向安全通信。在这种情况下，一共需要创建$(2+2n)$条安全关联 SA。在这些 SA 上传送的就是 IP 安全数据报。

图 7-9 是安全关联 SA 的示意图。先看图 7-9(a)，公司总部和分公司都各有一个负责收发 IP 数据报的路由器 R_1 和 R_2（通常就是公司总部和分公司的防火墙中的路由器），而公司总部与分公司之间的 SA 就是在 R_1 和 R_2 之间建立的。现假定公司总部的主机 H_1 要和分公司的主机 H_2 通过互联网进行安全通信。

H_1 发送给 H_2 的 IP 数据报，必须先经过公司总部的路由器 R_1。然后经 IPsec 的加密处理后，成为 IP 安全数据报。这样就把原始的 IP 数据报隐藏在 IP 安全数据报中了。IP 安全数据报经过互联网中很多路由器的转发，最后到达分公司的路由器 R_2。R_2 对 IP 安全数据报解密，还原出原始的数据报，传送到终点主机 H₂。从逻辑上看，IP 安全数据报在安全关联 SA 上传送，就好像通过一个安全的隧道。这就是"隧道方式"这一名词的来源。如果总部的主机 H₁要和本总部的另一台主机 H₃ 通信，由于都在公司内部，不需要加密，因此不需要建立安全关联。H₁ 发出的 IP 数据报只需通过总部内部的路由器 R₁ 转发一次即可送到 H₃。如果 H₁ 要上网查看天气预报，同样不需要建立安全关联，而是发送 IP 数据报，经过路由器 R₁ 转发到互联网中的下一个路由器，最后到达互联网中预报气象的服务器。

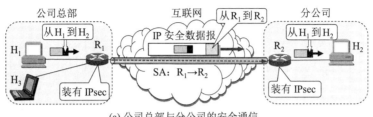

(a) 公司总部与分公司的安全通信

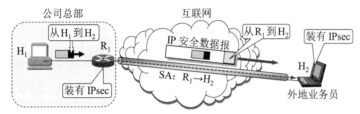

(b) 公司总部与业务员的安全通信

图 7-9　安全关联 SA 的示意图

若公司总部的主机 H₁ 要和某外地业务员的主机 H₂ 进行安全通信，则情况将稍有不同。从图 7-9(b)可以看出，这时公司总部的 R₁ 和外地的 H₂ 建立安全关联 SA。公司总部 H₁ 发送的 IP 数据报，通过路由器 R₁ 后，就变成了 IP 安全数据报。经过互联网中许多路由器的转发，最后到达 H₂。可以看出，现在是在 R₁ 和 H₂ 之间构成了一个安全隧道。外地业务员利用安装在 H₂ 中的 IPsec 对 IP 安全数据报进行鉴别和解密，还原 H₁ 发来的 IP 数据报。

关于 IP 安全数据报的具体格式等问题，这里就不进行讨论了。

7.5.2　运输层安全协议

当万维网能够提供网上购物时，安全问题就马上被提到桌面上来了。例如，当顾客在网上购物时，他会要求得到下列安全服务：

(1) 顾客需要确保服务器属于真正的销售商，而不是属于一位冒充者，因为顾客不希望把他的信用卡号交给一位冒充者。同样，销售商也可能需要对顾客进行鉴别。

(2) 顾客与销售商需要确保报文的内容（例如账单）在传输过程中没有被更改。

(3) 顾客与销售商需要确保诸如信用卡号之类的敏感信息不被冒充者窃听。

不仅在电子商务领域，即使在我们日常上网浏览各种信息时，我们所浏览的信息也是属于个人隐私，不应作为网上的公开信息。因此，在很多情况下，客户端（浏览器）与服务器之间的通信需要使用安全的运输层协议。曾经广泛使用的运输层安全协议有两个，即：**安全套接字层 SSL (Secure Socket Layer)**和**运输层安全 TLS (Transport Layer Security)**。SSL 作用在端系统应用层的 HTTP 和运输层之间，在 TCP 之上建立起一个安全通道，为通过 TCP 传输的应用层数据提供安全保障。

1999 年 IETF 在 SSL 3.0 的基础上设计了协议 TLS 1.0（改动极少），为所有基于 TCP 的网络应用提供安全数据传输服务。后来升级为 TLS 1.1 和 TLS 1.2。2018 年 8 月发布了最新版本 TLS 1.3（不向后兼容）。在 2020 年，旧版本 TLS 1.0/1.1 均被废弃。其实到目前为止，协议 TLS 1.2 还是安全可用的，只是被发现存在潜在的安全隐患。因此，现在能够使用的运输层安全协议就只剩下协议 TLS 1.2 和协议 TLS1.3 了。

协议 TLS 的位置在运输层和应用层之间（图 7-10）。虽然协议 SSL 2.0/3.0 均已被废弃不用了，但现在还经常能够看到把 "SSL/TLS" 视为 TLS 的同义词。这是因为协议 TLS 本来就源于 SSL（但并不兼容），而现在旧协议 SSL 被更新为新协议 TLS。

应用程序
TLS（或 SSL/TLS）
TCP
IP

图 7-10　协议 TLS 位于运输层和应用层之间

应用层使用协议 TLS 最多的就是 HTTP，但并非仅限于 HTTP。当不需要运输层安全协议时，HTTP 就直接使用 TCP 连接，这时协议 TLS 不起作用。

现在使用运输层安全协议的人越来越多，因此相当多的网站已是全站使用运输层安全协议。例如，浏览百度网站信息时，在浏览器的地址栏键入其官网地址 www.baidu.com 后（不必在前面键入 http:// 或 https://），就可以在屏幕上看到这样的响应：

🔒 https://www.baidu.com

尽管用户在浏览器上没有键入 https://，但百度网站总是提供安全的运输层服务，也就是在地址栏 URL 的协议部分显示出的是 https（s 代表 security，安全），并且在其左边还有一个**安全锁**🔒的标志。这时我们就可以放心和这样的网站进行通信，因为这个网站已经被鉴别了是真正的百度网站，并且之后在用户浏览器和百度服务器之间的所有交互报文都是加密的，因而通信的机密性得到了保证。

当我们使用某些主流浏览器访问不安全的网站时，浏览器会向用户发出 "不安全" 的警告。下面给出当我们键入桔梗网的网址 shu.jiegeng.com 后所看到的响应：

谷歌 Chrome 浏览器指出 "不安全"　　　　　　火狐 Firefox 浏览器提示无安全锁

ⓘ 不安全 | shu.jiegeng.com　　　　　　　🛡 ✎ shu.jiegeng.com

这就提醒我们在上网时要注意信息的安全。

下面通过图 7-11 来介绍协议 TLS 的要点。在客户与服务器双方已经建立了 TCP 连接后，就可开始执行协议 TLS。这里主要有两个阶段，即**握手阶段**和**会话阶段**。在握手阶段双方要进行一些交互，目的是让浏览器 A 对服务器 B 进行鉴别，同时还要生成双方交互时所要使用的密钥。在接着的会话阶段就是双方进行安全可靠的数据交互。

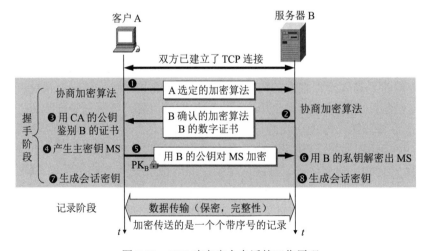

图 7-11　TLS 建立安全会话的工作原理

在握手阶段：

❶ A 向 B 发送选定的加密算法（包括密钥交换算法）。

❷ B 确认所支持的算法，并把自己的 CA 数字证书发送给 A。

❸ A 用数字证书中 CA 的公钥对 B 的数字证书进行验证鉴别。至此，A 完成了对 B 的鉴别，确信 B 是可信网站的服务器。

❹ A 按照双方确定的密钥交换算法生成**主密钥 MS**。但不能直接发送给 B，因为信道是不安全的。

❺ A 用 B 的公钥 PK$_B$ 对主密钥 MS 加密后发送给 B。只有 B 才能解密。

❻ B 用自己的私钥把主密钥 MS 解密出来。这样，A 和 B 都拥有了为后面的数据传输使用的**共同的主密钥 MS**。但这个主密钥还要继续生成会话用的密钥，即：

❼和❽ 主密钥 MS 被分割成为 4 个会话密钥。这 4 个会话密钥都是**对称密钥**，即加密和解密用的是同一个密钥。A 和 B 拥有同样的 4 个会话密钥。

在会话阶段，为了保证传送数据的机密性（要加密）和完整性（要鉴别），较长的数据被划分为许多小块的**记录(record)**进行传送。如果我们把这 4 个会话密钥分别记为 K_1～K_4，那么这 4 个会话密钥是这样使用的：

● A 发送记录时用 K_1 对数据加密，B 用 K_1 解密。

● A 发送记录时用 K_2 对报文鉴别码 MAC 加密，B 用 K_2 解密。

● B 发送记录时用 K_3 对数据加密，A 用 K_3 解密。

● B 发送记录使用 K_4 对报文鉴别码 MAC 加密，A 用 K_4 解密。

在会话阶段，为了防止入侵者截取传输中的记录，或颠倒记录的前后顺序，TLS 的记录协议对每一个记录按发送顺序赋予序号，这样就提高了数据传输的可靠性。

这里介绍的协议 TLS 只是最基本的部分，更复杂的细节这里从略。

7.6　系统安全：防火墙与入侵检测

恶意用户或软件通过网络对计算机系统的入侵或攻击已成为当今计算机安全最严重的威胁之一。用户入侵包括利用系统漏洞进行未授权登录，或者授权用户非法获取更高级别权限。软件入侵方式包括通过网络传播病毒、蠕虫和特洛伊木马。此外还包括阻止合法用户正常使用服务的拒绝服务攻击，等等。而前面讨论的所有安全机制都不能有效解决以上安全问题。例如，加密技术并不能阻止植入了"特洛伊木马"的计算机系统通过网络向攻击者泄露秘密信息。

7.6.1　防火墙

防火墙(firewall)作为一种访问控制技术，通过严格控制进出网络边界的分组，禁止任何不必要的通信，从而减少潜在入侵的发生，尽可能降低这类安全威胁所带来的安全风险。由于防火墙不可能阻止所有入侵行为，作为系统防御的第二道防线，**入侵检测系统** IDS (Intrusion Detection System)通过对进入网络的分组进行深度分析与检测发现疑似入侵行为的网络活动，并进行报警以便进一步采取相应措施。

防火墙是一种特殊编程的路由器，安装在一个网点和网络的其余部分之间，目的是实施访问控制策略。这个访问控制策略是由使用防火墙的单位自行制定的。这种安全策略应当最适合本单位的需要。图 7-12 指出防火墙位于互联网和内部网络之间。互联网这边是防火墙的外面，而内部网络这边是防火墙的里面。一般都把防火墙里面的网络称为"**可信的网络**"

(trusted network)[①]或内联网，而把防火墙外面的网络称为"**不可信的网络**"(untrusted network)。

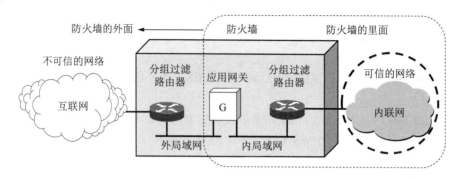

图 7-12　防火墙在互连网络中的位置

防火墙技术一般分为以下两类。

(1) **分组过滤路由器**是一种具有分组过滤功能的路由器，它根据过滤规则对进出内部网络的分组执行转发或者丢弃（即过滤）。过滤规则是基于分组的网络层或运输层首部的信息，例如：源/目的 IP 地址、源/目的端口、协议类型（TCP 或 UDP），等等。我们知道，TCP 的端口号指出了在 TCP 上面的应用层服务。例如，端口号 23 是 TELNET，端口号 119 是新闻网USENET，等等。所以，如果在分组过滤器中将所有目的端口号为 23 的**入分组**都进行阻拦，那么所有外单位用户就不能使用 TELNET 登录到本单位的主机上。同理，如果某公司不愿意其雇员在上班时花费大量时间去看互联网的 USENET 新闻，就可将目的端口号为 119 的**出分组**阻拦住，使其无法发送到互联网。

分组过滤可以是无状态的，即独立地处理每一个分组。也可以是有状态的，即要跟踪每个连接或会话的通信状态，并根据这些状态信息来决定是否转发分组。例如，一个进入到分组过滤路由器的分组，如果其目的端口是某个客户动态分配的，那么该端口显然无法事先包含在规则中。这样的分组被允许通过的唯一条件是：该分组是该端口发出合法请求的一个响应。这样的规则只能通过有状态的检查来实现。

分组过滤路由器的优点是简单高效，且对于用户是透明的，但不能对高层数据进行过滤。例如，不能禁止某个用户对某个特定应用进行某个特定的操作，不能支持应用层用户鉴别等。这些功能需要使用应用网关技术来实现。

(2) **应用网关**也称为**代理服务器**(proxy server)，它在应用层通信中扮演报文中继的角色。在应用网关中，可以实现基于应用层数据的过滤和高层用户鉴别。

所有进出网络的应用程序报文都必须通过应用网关。当某应用客户进程向服务器发送一份请求报文时，先发送给应用网关，应用网关在应用层打开该报文，查看该请求是否合法（可根据应用层用户标识 ID 或其他应用层信息来确定）。如果请求合法，应用网关以客户进程的身份将请求报文转发给原始服务器。如果不合法，报文则被丢弃。例如，一个邮件网关在检查每一个邮件时，根据邮件地址，或邮件的其他首部，甚至是报文的内容（如，有没有"导弹""核弹头"等关键词）来确定该邮件能否通过防火墙。

应用网关也有一些缺点。首先，每种应用都需要一个不同的应用网关（可以运行在同一台

　　[①] 注：2004 年 11 月，联合国总部建立了"互联网治理工作组 WGIG (Working Group on Internet Governance)"，来解决互联网的诚信和安全问题。我国在 2006 年 2 月颁布的《国家中长期科学和技术发展规划纲要（2006—2020 年）》中，提出以发展高可信网络为重点。现在高可信网络已成为研究热点。

主机上）。其次，在应用层转发和处理报文，处理负担较重。另外，对应用程序不透明，需要在应用程序客户端配置应用网关地址。

通常可将这两种技术结合使用，图 7-12 所画的防火墙就同时具有这两种技术。它包括两个分组过滤路由器和一个应用网关，它们通过两个局域网连接在一起。

7.6.2 入侵检测系统

防火墙试图在入侵行为发生之前阻止所有可疑的通信。但事实是不可能阻止所有的入侵行为，有必要采取措施在入侵已经开始，但还没有造成危害或在造成更大危害前，及时检测到入侵，以便尽快阻止入侵，把危害降低到最小。**入侵检测系统 IDS** 正是这样一种技术。IDS 对进入网络的分组执行深度分组检查，当观察到可疑分组时，向网络管理员发出告警或执行阻断操作（由于 IDS 的"误报"率通常较高，多数情况不执行自动阻断）。IDS 能用于检测多种网络攻击，包括网络映射、端口扫描、拒绝服务攻击、蠕虫和病毒、系统漏洞攻击等。

入侵检测方法一般可以分为基于特征的入侵检测和基于异常的入侵检测两种。

基于特征的 IDS 维护一个所有已知攻击标志性特征的数据库。每个特征是一个与某种入侵活动相关联的规则集，这些规则可能基于单个分组的首部字段值或数据中特定比特串，或者与一系列分组有关。当发现有与某种攻击特征匹配的分组或分组序列时，则认为可能检测到某种入侵行为。这些特征和规则通常由网络安全专家生成，机构的网络管理员定制并将其加入到数据库中。

基于特征的 IDS 只能检测已知攻击，对于未知攻击则束手无策。基于异常的 IDS 通过观察正常运行的网络流量，学习正常流量的统计特性和规律，当检测到网络中流量的某种统计规律不符合正常情况时，则认为可能发生了入侵行为。例如，当攻击者在对内网主机进行 ping 搜索时，可导致 ICMP ping 报文突然大量增加，与正常的统计规律有明显不同。但区分正常流和统计异常流是一个非常困难的事情。至今为止，大多数部署的 IDS 主要是基于特征的，尽管某些 IDS 包括了某些基于异常的特性。

不论采用什么检测技术都存在"漏报"和"误报"情况。如果"漏报"率比较高，则只能检测到少量的入侵，给人以安全的假象。对于特定 IDS，可以通过调整某些阈值来降低"漏报"率，但同时会增大"误报"率。"误报"率太大会导致大量虚假警报，网络管理员需要花费大量时间分析报警信息，甚至会因为虚假警报太多而对报警"视而不见"，使 IDS 形同虚设。

本章的重要概念

● 计算机网络上的通信面临的威胁可分为两大类，即被动攻击（如截获）和主动攻击（如中断、篡改、伪造）。主动攻击的类型有更改报文流、拒绝服务、伪造初始化、恶意程序（病毒、蠕虫、木马、逻辑炸弹、后门入侵、流氓软件）等。

● 计算机网络安全主要有以下一些内容：机密性、端点鉴别、信息的完整性、运行的安全性和访问控制。

● 密码编码学是密码体制的设计学，而密码分析学则是在未知密钥的情况下从密文推演出明文或密钥的技术。密码编码学与密码分析学合起来即为密码学。

● 如果不论截取者获得了多少密文，都无法唯一地确定出对应的明文，则这一密码体制称为无条件安全的（或理论上是不可破的）。在无任何限制的条件下，目前几乎所有实用的密码体制均是可破的。如果一个密码体制中的密码不能在一定时间内被可以使用的计算资源破译，则这一密码体制称为在计算上是安全的。

- 对称密钥密码体制是加密密钥与解密密钥相同的密码体制（如数据加密标准 DES 和高级加密标准 AES）。这种加密的保密性仅取决于对密钥的保密，而算法是公开的。

- 公钥密码体制（又称为公开密钥密码体制）使用不同的加密密钥与解密密钥。加密密钥（即公钥）是向公众公开的，而解密密钥（即私钥或密钥）则是需要保密的。加密算法和解密算法也都是公开的。

- 目前最著名的公钥密码体制是 RSA 体制，它是基于数论中的大数分解问题的体制。

- 任何加密方法的安全性取决于密钥的长度，以及攻破密文所需的计算量，而不是简单地取决于加密的体制（公钥密码体制或传统加密体制）。

- 数字签名必须保证能够实现以下三点功能：（1）报文鉴别，即接收者能够核实发送者对报文的签名；（2）报文的完整性，即接收者确信所收到的数据和发送者发送的完全一样而没有被篡改过；（3）不可否认，即发送者事后不能抵赖对报文的签名。

- 鉴别是要验证通信的对方的确是自己所要通信的对象，而不是其他的冒充者。鉴别与授权是不同的概念。

- 报文摘要 MD 曾是一种鉴别报文的常用方法，后来有了更加安全的 SHA-1。但目前最为安全的是 SHA-2 和 SHA-3。

- 密钥管理包括：密钥的产生、分配、注入、验证和使用。密钥分配（或密钥分发）是密钥管理中最大的问题。密钥必须通过最安全的通路进行分配。目前常用的密钥分配方式是设立密钥分配中心 KDC。

- 认证中心 CA 是签发数字证书的实体，也是可信的第三方。CA 把公钥与其对应的实体（人或机器）进行绑定和写入证书，并对证书进行数字签名。任何人都可从可信的地方获得认证中心 CA 的公钥来鉴别数字证书的真伪。

- 为了方便地签发数字证书，根 CA 可以有下面的多级的中间 CA，负责给用户签发数字证书。这样就构成了信任链和证书链。

- 在网络层可使用协议 IPsec。IPsec 支持 IPv4 和 IPv6。IPsec 数据报可以使用隧道方式工作。

- 运输层的安全协议曾经有 SSL（安全套接字层）和 TLS（运输层安全）。但 SSL 已被淘汰。目前使用的最新版本是 TLS 1.3。TLS 对服务器的安全性进行鉴别，对浏览器与服务器的所有会话记录进行加密，并保证所传送的报文的完整性。

- 防火墙是一种特殊编程的路由器，安装在一个网点和网络的其余部分之间，目的是实施访问控制策略。防火墙里面的网络称为"可信的网络"，而把防火墙外面的网络称为"不可信的网络"。防火墙的功能有两个：一个是阻止（主要的），另一个是允许。

- 防火墙技术分为：网络级防火墙，用来防止整个网络出现外来非法的入侵（属于这类的有分组过滤和授权服务器）；应用级防火墙，用来进行访问控制（用应用网关或代理服务器来区分各种应用）。

- 入侵检测系统 IDS 是在入侵已经开始，但还没有造成危害或在造成更大危害前，及时检测到入侵，以便尽快阻止入侵，把危害降低到最小。

习题

7-01　计算机网络都面临哪几种威胁？主动攻击和被动攻击的区别是什么？对于计算机网络，其安全措施都有哪些？

7-02 试解释以下名词：(1)拒绝服务；(2)访问控制；(3)流量分析；(4)恶意程序。

7-03 为什么说计算机网络的安全不仅仅局限于保密性？试举例说明，仅具有保密性的计算机网络不一定是安全的。

7-04 密码编码学、密码分析学和密码学都有哪些区别？

7-05 "无条件安全的密码体制"和"在计算上是安全的密码体制"有什么区别？

7-06 对称密钥体制与公钥密码体制的特点各是什么？各有何优缺点？

7-07 为什么密钥分配是一个非常重要但又十分复杂的问题？试举出一种密钥分配的方法。

7-08 公钥密码体制下的加密和解密过程是怎样的？为什么公钥可以公开？如果不公开是否可以提高安全性？

7-09 试述数字签名的原理。

7-10 为什么需要进行报文鉴别？鉴别和保密、授权有什么不同？试述实现报文鉴别的方法。

7-11 试分别举例说明以下情况：(1)既需要保密，也需要鉴别；(2)需要保密，但不需要鉴别；(3)不需要保密，但需要鉴别。

7-12 试简述 IPsec 的工作过程

7-13 试简述 TLS 的工作过程。

7-14 试述防火墙的工作原理和所提供的功能。什么叫作网络级防火墙和应用级防火墙？

第 8 章　互联网上的音频/视频服务

本章首先对互联网提供音频/视频服务进行概述。然后介绍流式音频/视频中的媒体服务器和实时流式协议 RTSP，并以 IP 电话为例介绍交互式音频/视频所使用的一些协议，如实时运输协议 RTP、实时传送控制协议 RTCP、H.323 以及会话发起协议 SIP。接着讨论改进"尽最大努力交付"服务的一些措施。

本章最重要的内容是：

(1) 多媒体信息的特点（如时延和时延抖动，播放时延等）。

(2) 流媒体的概念。

(3) IP 电话使用的几种协议。

(4) 改进"尽最大努力交付"服务的几种方法。

8.1　概　　述

计算机网络最初是为传送数据设计的。互联网 IP 层提供的"**尽最大努力交付**"服务，以及**每一个分组独立交付**的策略，对传送数据信息十分合适。互联网使用的协议 TCP 可以很好地解决 IP 层不能提供可靠交付这一问题。

然而技术的进步使许多用户开始利用互联网传送音频/视频信息。在许多情况下，这种音频/视频常称为**多媒体信息**[①]。本来电路交换的公用电话网传送话音和多媒体信息早已是成熟的技术。例如视频会议（又称为电视会议）原先是使用电路交换的公用电话网。使用电路交换的好处是：一旦连接建立了（也就是只要拨通了电话），各种信号在电话线路上的**传输质量就有保证**。但使用公用电话网的缺点是**价格太高**。因此要想办法改用互联网。

多媒体信息（包括声音和图像信息）与不包括声音和图像的数据信息有很大的区别，其最主要的两个特点如下。

第一，多媒体信息的信息量往往很大。

含有音频或视频的多媒体信息的信息量一般都很大，下面是简单的说明。

对于电话的声音信息，如采用标准的 PCM 编码（8 kHz 速率采样），而每一个采样脉冲用 8 位编码，则得出的声音信号的速率就是 64 kbit/s。对于高质量的立体声音乐 CD 信息，虽然它也采用 PCM 编码，但其采样速率为 44.1 kHz，而每一个采样脉冲用 16 位编码，因此这种双声道立体声音乐信号的速率超过了 1.4 Mbit/s。

再看一下数码照片。假定分辨率为 1280×960（中等质量）。若每个像素用 24 位进行编码，则一张未经压缩的照片的字节数约为 3.52 MB（这里 1 B = 8 bit，1 MB = 2^{20} B）。

活动图像的信息量就更大，如不压缩的彩色电视信号的速率超过 250 Mbit/s。

因此在网上传送多媒体信息都无例外地采用各种信息压缩技术。例如在话音压缩方面的标

---

① 注：多媒体信息和传统数据信息不同，它是指内容上相互关联的文本、图形、图像、声音、动画和活动图像等所形成的复合数据信息。而多媒体业务则应有集成性、交互性和同步性的特点。集成性是指对多媒体信息进行存储、传输、处理、显示的能力，交互性是指人与多媒体业务系统之间的相互控制能力，同步性是指在多媒体业务终端上显示的图像、声音和文字是以同步方式工作的。在本章中，我们经常把音频/视频信息和多媒体信息作为同义词来使用，虽然它们并不严格地等同。

准有：移动通信的 GSM（13 kbit/s），IP 电话的 G.729（8 kbit/s）和 G.723.1（6.4 kbit/s 和 5.3 kbit/s），立体声音乐的压缩技术有 MP3（128 kbit/s 或 112 kbit/s）。在视频信号方面的标准有：VCD 质量的 MPEG1（1.5 Mbit/s）和 DVD 质量的 MPEG2（3～6 Mbit/s）。限于篇幅，本书将不讨论有关数据压缩方面的内容。

第二，在传输多媒体数据时，对时延和时延抖动均有较高的要求。

首先要说明的是，"传输多媒体数据"隐含地表示了"边传输边播放"的意思。因为如果是把多媒体音频/视频节目先下载到计算机的硬盘中，等下载完毕后再播放，那么在互联网上传输多媒体数据就没有什么更多的特点值得我们专门来讨论（仅仅是数据量非常大而已）。设想我们要欣赏网上的某个视频或音频节目。如果必须先花好几个小时（准确的时间事先还不知道）来下载它，等下载完毕后才能开始播放，那么这显然是很不方便的。因此，今后讨论在互联网上传输多媒体数据时，都是指含有"边传输边播放"的特点。

我们知道，模拟的多媒体信号只有经过数字化后才能在互联网上传送。就是对模拟信号要经过采样和模数转换变为数字信号，然后将一定数量的比特组装成分组进行传送。这些分组在发送时的时间间隔都是**恒定的**，通常称这样的分组为**等时的**(isochronous)。这种等时分组进入互联网的速率也是恒定的。但传统的**互联网本身是非等时的**。这是因为在使用协议 IP 的互联网中，每一个分组独立地传送，因而这些分组在到达接收端时就变成**非等时的**。如果我们在接收端对这些以非恒定速率到达的分组边接收边还原，那就一定会产生很大的失真。图 8-1 说明了互联网是非等时的这一特点。

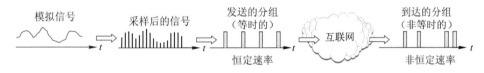

图 8-1　互联网是非等时的

要解决这一问题，可以在接收端设置适当大小的缓存①，当缓存中的分组数达到一定的数量后再以恒定速率按顺序将这些分组读出进行还原播放。图 8-2 说明了缓存的作用。

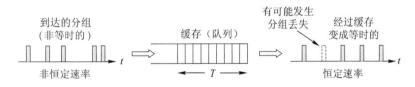

图 8-2　缓存把非等时的分组变换为等时的

从图 8-2 可看出，缓存实际上就是一个先进先出的队列。图中标明的 T 叫作**播放时延**，这就是从最初的分组开始到达缓存算起，经过时间 T 后按固定时间间隔把缓存中的分组按先后顺序依次读出。我们看到，缓存使所有到达的分组都产生了时延。由于分组以非恒定速率到达，因此早到达的分组在缓存中停留的时间较长，而晚到达的分组在缓存中停留的时间就较短。从缓存中取出分组是按照固定的时钟节拍进行的，因此，到达的非等时的分组，经过缓存后再以恒定速率读出，就变成了等时的分组（但请注意，时延太大的分组就丢弃了），这就在很大程度上**消除了时延的抖动**。但我们付出的代价是增加了时延。以上所述的概念可以用图 8-3 来说明。

注：① 请不要和运输层 TCP 的缓存弄混。这里所说的缓存是在应用层的缓存。

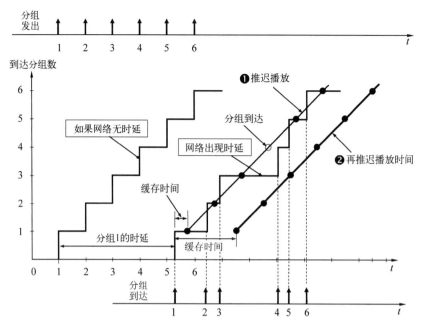

图 8-3　利用缓存得到等时的分组序列

图 8-3 画出了发送端一连发送 6 个等时的分组。如果网络**没有时延**，那么到达的分组数随时间的变化就如图中最左边的阶梯状的曲线所示。这就是说，只要发送方发出一个分组，在接收方到达的分组数就立即加 1。但实际的网络使每一个分组产生的时延不同，因此这一串分组在到达接收端时就变成了非等时的，这就使得分组到达的阶梯状曲线向右移动，并且变成不均匀的。图 8-3 标注出了分组 1 的时延。图中给出了两个不同的开始播放时刻。黑色小圆点表示在播放时刻对应的分组已经在缓存中，而空心小圆圈表示在播放时刻对应的分组尚未到达。我们可以看出，即使推迟了播放时间（如图中的❶），也可能有某个迟到分组赶不上播放（如图中的空心小圆圈）。如果再推迟播放时间（如图中的❷），则所有的 6 个分组都不会错过播放，但这样做的时延会较大。

然而我们还有一些问题没有讨论。

首先，播放时延 T 应当选为多大？把 T 选择得越大，就可以消除更大的时延抖动，但所有分组的平均时延也增大了，而这对某些实时应用（如视频会议）是很不利的。当然这对单向传输的视频节目问题并不太大（如从网上下载一段视频节目，只要耐心多等待一段时间来将分组放入缓存即可）。如果 T 选择得太小，那么消除时延抖动的效果就较差。因此 T 的选择必须折中考虑。在传送**时延敏感**的实时数据时，不仅**传输时延不能太大**，而且**时延抖动也必须受到限制**。

其次，在互联网上传输实时数据的分组时有可能会出现差错甚至丢失。如果利用协议 TCP 对这些出错或丢失的分组进行重传，那么时延就会大大增加。对于传送实时数据，我们**宁可丢失少量分组**（当然不能丢失太多），**也不要使用太晚到达的分组**。在连续的音频或视频数据流中，很少量分组的丢失对播放效果的影响并不大（因为这是由人来进行主观评价的），因而是可以容忍的。适当**丢失容忍**也是实时数据的另一个重要特点。

由于分组的到达可能不按序，但将分组还原和播放时又应当是按序的。因此在发送多媒体分组时还应当给每一个分组加上**序号**。这表明还应当有相应的协议支持才行。

还有一种情况，就是要使接收端能够将节目中本来就存在的正常的短时间停顿（如话音中的静默期或音乐中出现的几拍停顿）和因某些分组产生的较大时延造成的"停顿"区分开来。

这就需要在每一个分组增加一个**时间戳**(timestamp)，让接收端知道所收到的每一个分组是在什么时间产生的。

有了序号和时间戳，再采用适当的算法，接收端就知道应在什么时间开始播放缓存中收到的分组。这样既可减少分组的丢失率，也可使播放的时延在人们可容忍的范围之内。

根据以上的讨论可以看出，若想在互联网上传送质量很好的音频/视频数据，就需要设法改造现有的互联网，使它能够适应音频/视频数据的传送。

对这个问题，网络界一直有较大的争论，众说纷纭。有人认为，只要大量使用光缆，网络的时延和时延抖动就可以足够小。再加上使用具有大容量高速缓存的高速路由器，在互联网上传送实时数据就不会有问题。也有人认为，必须将互联网改造为能够对端到端的带宽实现**预留**，从而根本改变互联网的协议栈——**从无连接的网络转变为面向连接的网络**。还有人认为，部分改动互联网的协议栈所付出的代价较小，而这也能够使多媒体信息在互联网上的传输质量得到改进。

尽管上述的争论仍在继续，但互联网的一些新的协议也在不断出现。下面我们有选择地讨论与传送音频/视频信息有关的若干问题。

目前互联网提供的音频/视频服务大体上可分为三种类型：

(1) **流式**(streaming)**存储音频/视频**　这种类型是先把已压缩的录制好的音频/视频文件（如音乐、电影等）存储在服务器上。用户通过互联网下载这样的文件。请注意，用户并不是把文件全部下载完毕后再播放，因为这往往需要很长时间，而用户一般也不大愿意等待太长的时间。流式存储音频/视频文件的特点是能够**边下载边播放**，即在文件下载后不久（例如，几秒钟到几十秒钟后）就开始连续播放。名词"流式"就是这样的含义。请注意，普通光盘中的DVD 电影不是流式视频。如果我们打算下载一部光盘中的普通 DVD 电影，那么你只能在整个电影全部下载完毕后（这可能要经历相当长的时间）才能播放。请注意，flow 的译名也是"流"（或"流量"），但意思和 streaming 完全不同。

(2) **流式实况音频/视频**　这种类型和无线电台或电视台的实况广播相似，不同之处是音频/视频节目的**广播**是通过互联网来传送的。流式实况音频/视频是一对多（而不是一对一）的通信。它的特点是：音频/视频节目不是事先录制好并存储在服务器中的，而是在发送方**边录制边发送**（不是录制完毕后再发送）的。在接收时也要求能够连续播放。接收方收到节目的时间和节目中事件的发生时间可以认为是同时的（相差的仅仅是电磁波的传播时间和很短的信号处理时间）。流式实况音频/视频按理说应当采用多播技术才能提高网络资源的利用率，但目前实际上还是使用多个独立的单播。流式实况音频/视频现在还不普及。

(3) **交互式音频/视频**　这种类型是用户使用互联网和其他人进行**实时**交互式通信。现在的 IP 电话（又称互联网电话）或互联网电视会议就属于这种类型。

请注意，上面所讲的"边下载边播放"中的"下载"，实际上与传统意义上的"下载"有着本质上的区别。传统的"下载"是把下载的音频/视频节目作为一个文件存储在硬盘中。用户可以在任何时候把下载的文件打开，甚至进行编辑和修改，然后还可以转发给其他朋友。但对于流式音频/视频的"下载"，实际上并没有把"下载"的内容存储在硬盘上。因此当"边下载边播放"结束后，在用户的硬盘上没有留下有关播放内容的任何痕迹。这对保护版权非常有利。播放流式音频/视频的用户，仅仅能够在屏幕上观赏播放的内容。他既不能修改节目内容，也不能把播放的内容存储下来，因此也无法再转发给其他人。但技术总是在不断进步。现在已经有了能够存储在网上播放的音频/视频文件的软件。

于是现在就出现了一个新的词汇——**流媒体**(streaming media)。流媒体其实就是上面所说的流式音频/视频。流媒体的特点就是"边传送流媒体边播放"（streaming and playing），但不能存储在硬盘上成为用户的文件。在国外的一些文献中，常常把流媒体的"网上传送"称为streaming。目前还没有找到对 streaming 更好的译名。

限于篇幅，下面简单介绍上面的第一种和第三种音频/视频类型的服务。

8.2 流式存储音频/视频

在讨论流式存储音频/视频文件下载方法之前，我们先回忆一下使用传统的浏览器是怎样从服务器下载音频/视频文件的。图 8-4 说明了这种下载的三个步骤。

❶ 用户从客户机(client machine)的浏览器上用 HTTP 协议向服务器请求下载某个音频/视频文件，GET 表示请求下载的 HTTP 报文。请注意，HTTP 使用 TCP 连接。

❷ 服务器如有此文件就发送给浏览器，RESPONSE 表示服务器的 HTTP 响应报文。在响应报文中装有用户所要的音频/视频文件。整个下载过程可能会花费很长的时间。

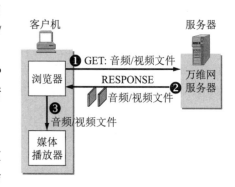

图 8-4　传统的下载文件方法

❸ 当浏览器完全收下这个文件后，就可以传送给自己机器上的媒体播放器进行解压缩，然后播放。

为什么不能直接在浏览器中播放音频/视频文件呢？这是因为这种播放器并没有集成在万维网浏览器中。因此，必须使用一个单独的应用程序来播放这种音频/视频节目。这个应用程序通常称为**媒体播放器**(media player)。现在流行的媒体播放器有 Real Networks 公司的 RealPlayer、微软公司的 Windows Media Player 和苹果公司的 QuickTime。媒体播放器具有的主要功能是：管理用户界面、解压缩、消除时延抖动和处理传输带来的差错。

请注意，图 8-4 所示的传统下载文件的方法并没有涉及"流式"（即边下载边播放）的概念。传统下载方法的最大缺点就是历时太长（几十分钟到几十小时），必须把所下载的音频/视频文件全部下载完毕后才能开始播放（差几个字节都不行）。为此，已经找出了几种改进的措施。

8.2.1　具有元文件的万维网服务器

第一种改进的措施就是在万维网服务器中，除了真正的音频/视频文件，还增加了一个**元文件**(metafile)。所谓元文件（请注意，不是源文件）就是一种非常小的文件，它描述或指明**其他文件**的一些重要信息。这里的元文件保存了有关这个音频/视频文件的信息。图 8-5 说明了使用元文件下载音频/视频文件的几个步骤。

❶ 浏览器用户点击所要看的音频/视频文件的超链，使用 HTTP 的 GET 报文接入到万维网服务器。实际上，这个超链并没有直接指向所请求的音频/视频文件，而是指向一个元文件。这个元文件有实际的音频/视频文件的统一资源定位符 URL。

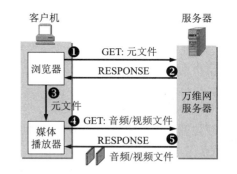

图 8-5　使用元文件下载音频/视频文件

❷ 万维网服务器把该元文件装入 HTTP 响应报文的主体，发回给浏览器。在响应报文中

还有指明该音频/视频文件类型的首部。

❸ 客户机浏览器收到万维网服务器的响应，分析其内容类型首部行，调用相关的媒体播放器（客户机中可能装有多个媒体播放器），把提取出的元文件传送给媒体播放器。

❹ 媒体播放器使用元文件中的 URL 直接和万维网服务器建立 TCP 连接，并向万维网服务器发送 HTTP 请求报文，要求下载浏览器想要的音频/视频文件。

❺ 万维网服务器发送 HTTP 响应报文，把该音频/视频文件发送给媒体播放器。媒体播放器在存储了若干秒的音频/视频文件后（这是为了消除抖动），就以音频/视频流的形式边下载、边解压缩、边播放。

8.2.2　媒体服务器

为了更好地提供播放流式音频/视频文件的服务，现在最为流行的做法就是使用两个分开的服务器。如图 8-6 所示，现在使用一个普通的万维网服务器，和另一个**媒体播放器**(media server)。媒体服务器和万维网服务器可以运行在一个端系统内，也可以运行在两个不同的端系统中。媒体服务器与普通的万维网服务器的最大区别就是，媒体服务器是专门为播放流式音频/视频文件而设计的，因此能够更加有效地为用户提供播放流式多媒体文件的服务。因此媒体服务器也常被称为**流式服务器**(streaming server)。下面我们介绍其工作原理。

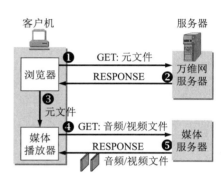

图 8-6　使用媒体服务器

在用户端的媒体播放器与媒体服务器的关系是客户与服务器的关系。与图 8-5 不同的是，现在媒体播放器不是向万维网服务器而是向媒体服务器请求音频/视频文件。媒体服务器和媒体播放器之间采用另外的协议进行交互。

采用媒体服务器后，下载音频/视频文件的前三个步骤仍然和 8.2.1 节所述的一样，区别就是后面两个步骤，即：

❶～❸与图 8-5 中的相同。

❹媒体播放器使用元文件中的 URL 接入到媒体服务器，请求下载浏览器所请求的音频/视频文件。下载文件可以使用 8.2.1 节讲过的 HTTP/TCP，也可以使用 UDP 的任何协议，例如使用实时运输协议 RTP（见 8.3.3 节）。

❺ 媒体服务器给出响应，把该音频/视频文件发送给媒体播放器。媒体播放器在迟延了若干秒后（例如，2～5 秒），以流的形式边下载、边解压缩、边播放。

起初人们选用 UDP 来传送。不采用 TCP 的主要原因是担心当网络出现分组丢失时，TCP 的重传机制会使重传的分组不能按时到达接收端，使得媒体播放器的播放不流畅。但后来的实践经验发现，采用 UDP 会有以下几个缺点。

(1) 发送端按正常播放的速率发送流媒体数据帧，但由于网络的情况多变，在接收端的播放器很难做到始终按规定的速率播放。例如，一个视频节目需要以 1 Mbit/s 的速率播放。如果从媒体服务器到媒体播放器之间的网络容量突然降低到 1 Mbit/s 以下，那么这时就会出现播放器的暂停，影响正常的观看。

(2) 很多单位的防火墙往往会阻拦外部 UDP 分组的进入，因而使用 UDP 传送多媒体文件时会被防火墙阻拦掉。

(3) 使用 UDP 传送流式多媒体文件时，如果在用户端希望能够控制媒体的播放，如进行暂停、快进等操作，那么还需要使用协议 RTP（见 8.3.3 节）和 RTSP（见 8.2.3 节）。这样就增加了成本和复杂性。

于是，现在对流式存储音频/视频的播放，如 YouTube 和 Netflix[①]，都采用 TCP 来传送。图 8-7 说明了使用 TCP 传送流式视频的几个主要步骤。

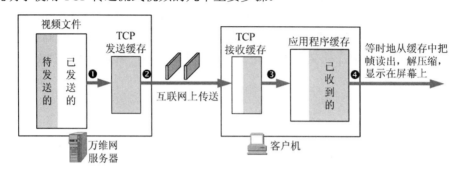

图 8-7 使用 TCP 传送流式视频的主要步骤

❶ 用户使用 HTTP 获取存储在万维网服务器中的视频文件，然后把视频数据传送到 TCP 发送缓存中。若发送缓存已填满，就暂时停止传送。

❷ 从 TCP 发送缓存通过互联网向客户机中的 TCP 接收缓存传送视频数据，直到接收缓存被填满。

❸ 从 TCP 接收缓存把视频数据再传送到应用程序缓存（即媒体播放器的缓存）。当这个缓存中的视频数据存储到一定程度时，就开始播放。这个过程一般不超过 1 分钟。

❹ 在播放时，媒体播放器等时地（即周期性地）把视频数据按帧读出，经解压缩后，把视频节目显示在用户的屏幕上。

请注意。这里只有步骤❹的读出速率是严格按照源视频文件的规定速率来播放的。而前面的三个步骤中的数据传送速率则可以是任意的。如果用户暂停播放，那么图中的三个缓存将很快被填满，这时 TCP 发送缓存就暂停读取所存储的视频文件。如果客户机中的两个缓存经常处于填满状态，就能够较好地应付网上偶然出现的拥塞。

如果步骤❷的传送速率小于步骤❹的读出速率，那么客户机中的两个缓存中的存储量就会逐渐减少。当媒体播放器缓存的数据被取空后，播放就不得不暂停，直到后续的视频数据重新注入进来后才能继续播放。实践证明，只要在步骤❷的 TCP 平均传送速率达到视频节目规定的播放速率的两倍，媒体播放器一般就能流畅地播放网上的视频节目。

这里要指出，如果观看实况转播，那么最好应当首先考虑使用 UDP 来传送。如果使用 TCP 传送，则当出现网络严重拥塞而产生播放的暂停时，就会使人难于接受。使用 UDP 传送时，即使因网络拥塞丢失了一些分组，对观看的感觉也会比突然出现暂停要好些。

顺便指出，宽带上网并不能保证媒体播放器一定能够流畅地回放任何视频节目。这是因为网络营运商只能保证从媒体播放器到网络运营商这一段网络的数据速率。但从网络运营商到互联网上的某个媒体服务器的这段网络状况则是未知的，很可能在某些时段会出现一些网络拥塞。此外，还要考虑所选的视频节目的清晰度。我们都知道，DVD 质量的视频和高清电视节目所要求的网速就相差很多。

流式媒体播放器自问世后就很受欢迎。网民们不需要再随身携带刻录有视频节目的光盘，

[①] 注：YouTube 是全球最大的视频网站，能支持数百万用户同时观看流畅的视频节目，也支持网民上传自己制作的共享视频节目。Netflix 是世界上最大的在线影片租赁提供商,可提供超过 85000 部 DVD 电影的租赁服务，以及 4000 多部影片或者电视剧的在线观看服务。

只要有能够上网的智能手机或轻巧的平板电脑，就能够随时上网观看各种音频/视频节目。曾经在城市中很热闹的光盘销售商店，由于受到流式媒体的冲击，现已变得相当萧条。

8.2.3　实时流式协议 RTSP

实时流式协议 RTSP (Real-Time Streaming Protocol)是为了给流式过程增加更多的功能而设计的协议。RTSP 本身并不传送数据，而仅仅使媒体播放器能够**控制**多媒体流的传送（有点像文件传送协议 FTP 有一个控制信道），因此 RTSP 又称为**带外协议**(out-of-band protocol)。

RTSP 协议以客户服务器方式工作，它是一个应用层的**多媒体播放控制协议**，用来使用户在播放从互联网下载的实时数据时能够进行控制（像在影碟机上那样的控制），如：暂停/继续、快退、快进等。因此，RTSP 又称为**"互联网录像机遥控协议"**。

RTSP 的语法和操作与 HTTP 协议的相似（所有的请求和响应报文都是 ASCII 文本）。但与 HTTP 不同，RTSP 是有状态的协议（HTTP 是无状态的）。RTSP 记录客户机所处的状态（初始化状态、播放状态或暂停状态）。RTSP 控制分组既可在 TCP 上传送，也可在 UDP 上传送。RTSP 没有定义音频/视频的压缩方案，也没有规定音频/视频在网络中传送时应如何封装在分组中。RTSP 不规定音频/视频流在媒体播放器中应如何缓存。

在使用 RTSP 的播放器中比较著名的是苹果公司的 QuickTime 和 Real Networks 公司的 RealPlayer。

图 8-8 示意了使用 RTSP 的媒体服务器的工作过程。

❶ 浏览器使用 HTTP 的 GET 报文向万维网服务器请求音频/视频文件。

❷ 万维网服务器从浏览器发送携带有元文件的响应。

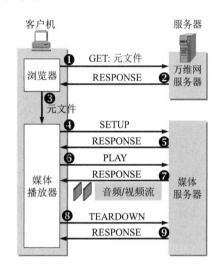

❸ 浏览器把收到的元文件传送给媒体播放器。

❹ 媒体播放器的 RTSP 客户发送 SETUP 报文与媒体服务器的 RTSP 服务器建立连接。

❺ 媒体服务器的 RTSP 服务器发送响应 RESPONSE 报文。

❻ 媒体播放器的 RTSP 客户发送 PLAY 报文开始下载音频/视频文件（即开始播放）。

图 8-8　使用 RTSP 的媒体服务器的工作过程

❼ 媒体服务器的 RTSP 服务器发送响应 RESPONSE 报文。

此后，音频/视频文件被下载，所用的协议是运行在 UDP 上的，可以是后面要介绍的 RTP，也可以是其他专用的协议。在音频/视频流播放的过程中，媒体播放器可以随时暂停（利用 PAUSE 报文）和继续播放（利用 PLAY 报文），也可以快进或快退。

❽ 用户在不想继续观看时，可以由 RTSP 客户发送 TEARDOWN 报文断开连接。

❾ 媒体服务器的 RTSP 服务器发送响应 RESPONSE 报文。

请注意，以上编号的步骤❹至❾都使用实时流协议 RTSP。在图 8-8 中步骤❼后面没有编号的"音频/视频流"则使用另外的传送音频/视频数据的协议，如 RTP。

8.3　交互式音频/视频

限于篇幅，在本节中我们只介绍交互式音频，即 IP 电话。IP 电话是在互联网上传送多媒体信息的一个例子。通过对 IP 电话的讨论，可以有助于了解在互联网上传送多媒体信息应当解决好哪些问题。

8.3.1 IP 电话概述

1. 狭义的和广义的 IP 电话

IP 电话有多个英文同义词。常见的有 VoIP (Voice over IP), Internet Telephony 和 VON (Voice On the Net)。但 IP 电话的含义却有不同的解释。

狭义的 IP 电话就是指在 IP 网络上打电话。所谓"IP 网络"就是"使用 IP 协议的分组交换网"的简称。这里的网络可以是互联网，也可以是包含有传统的电路交换网的互联网，不过在互联网中至少要有一个 IP 网络。

广义的 IP 电话则不仅仅是电话通信，而且还可以是在 IP 网络上进行交互式多媒体实时通信（包括话音、视频等），甚至还包括**即时传信** IM (Instant Messaging)。即时传信是在上网时就能从屏幕上得知有哪些朋友也正在上网。若有，则彼此可在网上即时交换信息（文字的或声音的），也包括使用一点对多点的多播技术。目前流行的即时传信应用程序有 Skype、QQ 和 MSN Messenger 等，很受网民的欢迎。IP 电话可看成一个正在演进的多媒体服务平台，是话音、视频、数据综合的基础结构。在某些条件下（例如使用宽带的局域网），IP 电话的话音质量甚至还优于普通电话。

下面讨论狭义的 IP 电话，而广义的 IP 电话在原理上是一样的。

其实 IP 电话并非新概念。早在 20 世纪 70 年代初期 ARPANET 刚开始运行不久，美国即着手研究如何在计算机网络上传送电话信息，即所谓的**分组话音通信**。但在很长一段时间里，分组话音通信发展得并不快。主要的原因是：

(1) 缺少廉价的高质量、低速率的话音信号编解码软件和相应的芯片。

(2) 计算机网络的传输速率和路由器处理速率均不够快，因而导致传输时延过大。

(3) 没有保证实时通信**服务质量** QoS (Quality of Service)的网络协议。

(4) 计算机网络的规模较小，而通信网只有在具有一定规模后才能产生经济效益。

2. IP 电话网关

然而到了 20 世纪 90 年代中期，上述的几个问题才相继得到了较好的解决。于是美国的 VocalTec 公司在 1995 年初率先推出了实用化的 IP 电话。但是这种 IP 电话必须使用 PC。1996 年 3 月，IP 电话进入了一个转折点：VocalTec 公司成功地推出了 **IP 电话网关**（IP Telephony Gateway），它是公用电话网[①]与 IP 网络的接口设备。IP 电话网关的作用就是：

(1) 在电话呼叫阶段和呼叫释放阶段**进行电话信令的转换**。

(2) 在通话期间**进行话音编码的转换**。

有了这种 IP 电话网关，就可实现 PC 用户与固定电话用户打 IP 电话（仅需经过 IP 电话网关一次），以及固定电话用户之间打 IP 电话（需要经过 IP 电话网关两次）。

图 8-9 画出了 IP 电话的几种不同的连接方式。图中最上面的情况最简单，是两个 PC 用户之间的通话。这当然不需要经过 IP 电话网关，但必须是双方都同时上网才能进行通话。图 8-9 中间的一种情况是 PC 与固定电话之间的通话。最后一种情况是两个固定电话之间打 IP 电话，这当然是最方便的。读者应当特别注意在哪一部分是使用电路交换还是分组交换。

---

① 注：公用电话网即**公用电路交换电话网**，又称为**传统电话网或电信网**。

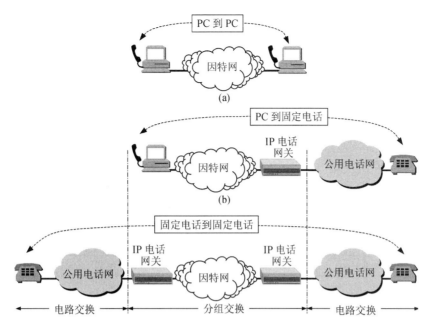

图 8-9　IP 电话的几种连接方法

3. IP 电话的通话质量

IP 电话的通话质量与电路交换电话网的通话质量有很大差别。在电路交换电话网中，任何两端之间的通话质量都是有保证的。但 IP 电话则不然。IP 电话的通话质量主要由两个因素决定，一个是**通话双方端到端的时延和时延抖动**，另一个是**话音分组的丢失率**。但这两个因素都是**不确定的**，而取决于**当时网络上的通信量**。若网络上的通信量非常大，以致发生了网络拥塞，那么端到端时延和时延抖动以及分组丢失率都会很高，这就导致 IP 电话的通话质量下降。因此，一个用户使用 IP 电话的通话质量**取决于当时其他许多用户的行为**。请注意，电路交换电话网的情况则完全不同。当电路交换电话网的通信量太大时，往往使我们无法拨通电话（听到的是忙音），即电话网拒绝对正在拨号的用户提供接通服务。但是只要我们拨通了电话，那么电信公司就能保证让用户满意的通话质量。

经验证明，在电话交谈中，端到端的时延不应超过 250 ms，否则交谈者就会感到不自然。陆地公用电话网的时延一般只有 50～70 ms。但经过同步卫星的电话端到端时延会超过 250 ms，一般人都不太适应经过卫星传送的过长的时延。IP 电话的时延有时会超过 250 ms，因此 IP 电话必须努力减小端到端的时延。当通信线路产生回声时，则容许的端到端时延就更小些（有时甚至只容许几十毫秒的时延）。

IP 电话端到端时延是由以下几个因素造成的：

(1) 话音信号进行模数转换要产生时延。

(2) 已经数字化的话音比特流要积累到一定的数量才能够装配成一个话音分组，这也会产生时延。

(3) 话音分组的发送需要时间，此时间等于话音分组长度与通信线路的速率之比。

(4) 话音分组在互联网中经过许多路由器的存储转发所产生的时延。

(5) 话音分组到达接收端在缓存中暂存所引起的时延。

(6) 把话音分组还原成模拟话音信号的数模转换也要产生一定的时延。

(7) 话音信号在通信线路上的传播时延。

(8) 由终端设备的硬件和操作系统产生的接入时延。由 IP 电话网关引起的接入时延约为 20～40 ms，而用户 PC 声卡引起的接入时延为 20～180 ms。有的调制解调器（如 V.34）还会再增加 20～40 ms 的时延（由于进行数字信号处理、均衡等）。

话音信号在通信线路上的传播时延一般都很小（卫星通信除外），通常可不予考虑。当采用高速光纤主干网时，上述的第（3）项时延也不大。

第（1）、第（2）和第（6）项时延取决于话音编码的方法。很明显，在保证话音质量的前提下，话音信号的数码率应尽可能低些。为了能够在世界范围提供 IP 电话服务，话音编码就必须采用统一的国际标准。ITU-T 已制定出不少话音质量不错的低速率话音编码的标准。目前适合 IP 电话使用的 ITU-T 标准主要有 G.729 和 G.723.1 两种声码器。这两种标准的主要性能比较见表 8-1。

表 8-1 G.729 和 G.723.1 的主要性能比较

标准	比特率（kbit/s）	帧大小（ms）	处理时延（ms）	帧长（字节）	数字信号处理 MIPS
G.729	8	10	10	10	20
G.723.1	5.3/6.3	30	30	20/24	16

表中的比特率是输入为 64 kbit/s 标准 PCM 信号时在编码器输出的速率。帧大小是压缩到每一个分组中的话音信号时间长度。处理时间是对一个帧运行编码算法所需的时间。帧长是一个已编码的帧的字节数（不包括首部）。数字信号处理 MIPS（每秒百万指令）是用数字信号处理芯片实现编码所需的最小处理机速率（以每秒百万指令为单位）。如使用 PC 的通用处理机，则所需的处理机 MIPS 还要高些。不难看出，G.723.1 标准虽然可得到更低的速率，但其时延也更大些。

要减少上述第（4）和第（5）项时延较为困难。当网络发生拥塞而产生话音分组丢失时，还必须采用一定的策略（称为"**丢失掩蔽算法**"）对丢失的话音分组进行处理。例如，可使用前一个话音分组来填补丢失的话音分组的间隙。

提高路由器的转发分组的速率对提高 IP 电话的质量也是很重要的。据统计，一个跨大西洋的 IP 电话一般要经过 20～30 个路由器。现在一个普通路由器每秒可转发 50～100 万个分组。若能改用吉比特路由器（又称为**线速路由器**），则每秒可转发 500 万至 6000 万个分组（即交换速率达 60 Gbit/s 左右）。这样还可进一步减小由网络造成的时延。

近几年来，IP 电话的质量得到了很大的提高。现在许多 IP 电话的话音质量已经优于固定电话的话音质量。一些电信运营商还建造了自己专用的 IP 电话线路，以便保证更好的通话质量。在 IP 电话领域里，最值得一提的就是 Skype IP 电话，它给全世界的广大用户带来了高品质并且廉价的通话服务。Skype 使用了 Global IP Sound 公司开发的互联网低比特率编解码器 iLBC (internet Low Bit rate Codec)进行话音的编解码和压缩，使其话音质量优于传统的公用电话网（采用电路交换）的话音质量。Skype 支持两种帧长：20 ms（速率为 15.2 kbit/s，一个话音分组块为 304 bit）和 30 ms（速率为 13.33 kbit/s，一个话音分组块为 400 bit）。Skype 的另一个特点是对话音分组的丢失进行了特殊的处理，因而能够容忍高达 30%的话音分组丢失率，通话的用户一般感觉不到话音的断续或时延，杂音也很小。

Skype 采用 P2P 和全球索引（Global Index）技术来提供快速路由选择机制（而不是单纯依靠服务器来完成这些工作），因而其管理成本大大降低，在用户呼叫时，由于用户路由信息分布式地存储于互联网的节点中，因此呼叫连接完成得很快。Skype 还采用了端对端的加密方式，保证信息的安全性。Skype 在信息发送之前进行加密，在接收时进行解密，在数据传输过程中完全没有可能在中途被窃听。

由于 Skype 使用的是 P2P 的技术，用户数据主要存储在 P2P 网络中，因此必须保证存储在公共网络中的数据是可靠的和没有被篡改的。Skype 对公共目录中存储的和用户相关的数据都采用了数字签名，保证了数据无法被篡改。

自 2003 年 8 月 Skype 推出以来，在短短 15 个月内，Skype 已拥有超过 5000 万次的下载量，注册量超过 2000 万用户，并且还在以每天超过 15 万用户的速度增长。在 2011 年，在同一时间使用 Skype 的用户数已经突破了 3000 万大关。据统计，在 2014 年的国际长途电话的市场份额中，Skype 已经占据 40%。Skype 的问世给全球信息技术和通信产业带来深远的影响，也给每一位网络使用者带来生活方式的改变。

8.3.2 IP 电话所需要的几种应用协议

在 IP 电话的通信中，我们至少需要两种应用协议。一种是信令协议，它使我们能够在互联网上找到被叫用户[1]。另一种是话音分组的传送协议，它使我们用来进行电话通信的话音数据能够以时延敏感属性在互联网中传送。这样，为了在互联网中提供实时交互式的音频/视频服务，我们需要新的多媒体体系结构。

图 8-10 给出了在这样的体系结构中的三种应用层协议。第一种协议是与信令有关的，如 H.323 和 SIP（画在最左边）；第二种协议是直接传送音频/视频数据的，如 RTP（画在最右边）；第三种协议是为了提高服务质量，如 RSVP 和 RTCP（画在中间）。

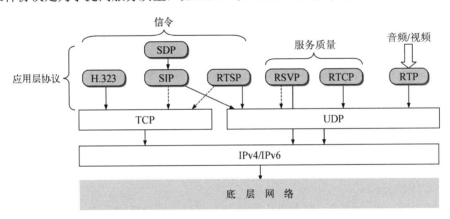

图 8-10 提供实时交互式音频/视频服务所需的应用层协议

下面先介绍**实时运输协议 RTP** 及其配套的协议——**实时运输控制协议 RTCP**，然后介绍 IP 电话的信令协议 H.323 和**会话发起协议 SIP**。

1. 实时运输协议 RTP

实时运输协议 RTP (Real-time Transport Protocol)为实时应用提供端到端的传输，但不提供任何服务质量的保证。需要发送的多媒体数据块（音频/视频）经过压缩编码处理后，先送给 RTP 封装成为 RTP 分组（也可称为 RTP 报文[1]），RTP 分组装入运输层的 UDP 用户数据报

---

① 注：在公用电话网中，电话交换机根据用户所拨打的号码就能够通过合适的路由找到被叫用户，并在主叫和被叫之间建立起一条电路连接。这些都依靠电话**信令(signaling)**完成。我们听到的振铃声、忙音或一些录音提示，以及打完电话挂机释放连接，也都是由电话信令来处理的。现在电话网使用的信令就是 7 号信令 SS7。利用 IP 网络打电话同样也需要 IP 网络能够识别的某种信令，但由于 IP 电话往往要经过已有的公用电话网，因此 IP 电话的信令必须在所有的功能上与原有的 7 号信令相兼容，这样才能使 IP 网络和公用电话网上的两种信令能够互相转换，因而能够做到互操作。

① 注：按惯例，在运输层或应用层的协议数据单元应当叫作报文。但相关 RFC 文档中都使用 RTP packet 这一名词。为了和 RFC 文档一致，这里也使用"RTP 分组"。下一节的 RTCP 也按同样方法处理。

后，再向下递交给 IP 层。RTP 现已成为互联网正式标准，并且已被广泛使用。RTP 同时也是 ITU-T 的标准（H.225.0）。实际上，RTP 是一个**协议框架**，因为它只包含了实时应用的一些共同功能。RTP 自己并不对多媒体数据块进行任何处理，而只是向应用层提供一些附加的信息，让应用层知道应当如何进行处理。

图 8-10 把 RTP 协议画在应用层。这是因为从应用开发者的角度看，RTP 应当**是应用层的一部分**。在应用程序的发送端，开发者必须编写用 RTP 封装分组的程序代码，然后把 RTP 分组交给 UDP 套接字接口。在接收端，RTP 分组通过 UDP 套接字接口进入应用层后，还要利用开发者编写的程序代码从 RTP 分组中把应用数据块提取出来。

然而 RTP 的名称又隐含地表示它是一个**运输层协议**。这样划分也是可以的，因为 RTP 封装了多媒体应用的数据块，并且由于 RTP 向多媒体应用程序提供了服务（如时间戳和序号），因此也可以把 RTP 看成在 UDP 之上的一个**运输层子层的协议**。

RTP 分组只包含 RTP 数据，而控制是由另一个配套使用的 RTCP 协议提供的（将在下一节介绍）。

图 8-11 给出了 RTP 分组封装到 UDP 用户数据报中的示意图。

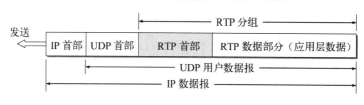

图 8-11　RTP 分组封装到 UDP 用户数据报中的示意图

在 RTP 分组的首部中有许多字段，有的字段指明了 RTP 的数据部分是何种格式的应用（如 PCM、G.728 等），有序号字段（给每一个 RTP 分组进行编号）、时间戳字段（指明每一个 RTP 分组的第一个字节的采样时刻），等等。

2. 实时运输控制协议 RTCP

实时运输控制协议 RTCP (RTP Control Protocol) 是与 RTP 协议配合使用的协议，也是 RTP 协议不可分割的部分。

RTCP 协议的主要功能是：服务质量的监视与反馈、媒体间的同步（如某一个 RTP 发送的声音和图像的配合），以及多播组中成员的标志。RTCP 分组（也可称为 RTCP 报文）也使用 UDP 来传送，但 RTCP 并不对音频/视频分组进行封装。由于 RTCP 分组很短，因此可把多个 RTCP 分组封装在一个 UDP 用户数据报中。RTCP 分组周期性地在网上传送，它带有发送端和接收端对服务质量的统计信息报告（例如，已发送的分组数和字节数、分组丢失率、分组到达时间间隔的抖动等）。

3. H.323

现在 IP 电话有两套信令标准：一套是 ITU-T 定义的 H.323 协议，另一套是 IETF 提出的**会话发起协议 SIP (Session Initiation Protocol)**。我们先介绍 H.323 协议。

H.323 是 ITU-T 于 1996 年制定的用于在局域网上传送话音信息的建议书。1998 年的第二个版本改用的名称是 "基于分组的多媒体通信系统"。基于分组的网络包括互联网、局域网、企业网、城域网和广域网。H.323 是互联网的端系统之间进行实时声音和视频会议的标准。**请注意，H.323 不是一个单独的协议而是一组协议**。H.323 包括系统和构件的描述、呼叫模型的描述、呼叫信令过程、控制报文、复用、话音编解码器、视频编解码器，以及数据协议等。图 8-12 示意了连接在分组交换网上的 H.323 终端使用 H.323 协议进行多媒体通信。

图 8-12　H.323 终端使用 H.323 协议进行多媒体通信

H.323 标准指明了四种构件，使用这些构件连网就可以进行点对点或一点对多点的多媒体通信。

(1) H.323 **终端**　　这可以是一台计算机，也可以是运行 H.323 程序的单个设备。

(2) **网关**　　网关连接到两种不同的网络，使得 H.323 网络可以和非 H.323 网络（如公用电话网）进行通信。仅在一个 H.323 网络上进行通信的两个终端当然就不需要使用网关了。

(3) **网闸**(gatekeeper)　　网闸（或译为网守、关守）相当于整个 H.323 网络的大脑。所有的呼叫都要通过网闸，因为网闸提供地址转换、授权、带宽管理和计费功能。网闸还可以帮助 H.323 终端找到距离公用电话网上的被叫用户最近的一个网关。

(4) **多点控制单元 MCU** (Multipoint Control Unit)　　MCU 支持三个或更多的 H.323 终端的音频或视频会议。MCU 管理会议资源、确定使用的音频或视频编解码器。

网关、网闸和 MCU 在逻辑上是分开的构件，但它们可实现在一个物理设备中。在 H.323 标准中，将 H.323 终端、网关和 MCU 都称为 H.323 **端点**(end point)。

图 8-13 表示了利用 H.323 网关使互联网能够和公用电话网进行连接。

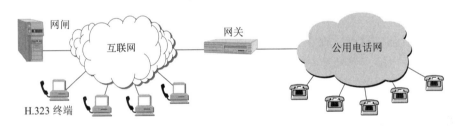

图 8-13　H.323 网关用来和公用电话网进行连接

4. 会话发起协议 SIP

虽然 H.323 系列现在已被大部分生产 IP 电话的厂商采用，但由于 H.323 过于复杂（整个文档多达 736 页），不便于发展基于 IP 的新业务，因此 IETF 的 MMUSIC 工作组制定了另一套较为简单且实用的标准，即**会话发起协议 SIP** (Session Initiation Protocol)，目前已成为互联网的建议标准。SIP 使用了 KISS 原则，即："保持简单、傻瓜" (Keep It Simple and Stupid)。

协议 SIP 的出发点是以互联网为基础，而把 IP 电话视为互联网上的新应用。因此 SIP 协议只涉及 IP 电话所需的信令和有关服务质量的问题，而没有提供像 H.323 那样多的功能。SIP 没有强制使用特定的编解码器，也不强制使用协议 RTP。然而，实际上大家还是选用 RTP 和 RTCP 作为配合使用的协议。

SIP 使用文本方式的客户服务器协议。SIP 系统只有两种构件，即**用户代理**(user agent)和**网络服务器**(network server)。

用户代理包括两个程序，即**用户代理客户 UAC** (User Agent Client)和**用户代理服务器 UAS** (User Agent Server)，前者用来发起呼叫，后者用来接受呼叫。

网络服务器分为**代理服务器**(proxy server)和**重定向服务器**(redirect server)。代理服务器接受来自主叫用户的呼叫请求（实际上是来自用户代理客户的呼叫请求），并将其转发给被叫用户或下一跳代理服务器，然后下一跳代理服务器再把呼叫请求转发给被叫用户（实际上是转发给用户代理服务器）。重定向服务器不接受呼叫，它通过响应告诉客户下一跳代理服务器的地址，由客户按此地址向下一跳代理服务器重新发送呼叫请求。

SIP 的地址十分灵活。它可以是电话号码，也可以是电子邮件地址、IP 地址或其他类型的地址。但一定要使用 SIP 的地址格式，例如：

- 电话号码　　　sip:zhangsan@8625-87654321
- IPv4 地址　　　sip:zhangsan@201.12.34.56
- 电子邮件地址　　sip:zhangsan@163.com

和 HTTP 相似，SIP 是基于报文的协议。SIP 使用了 HTTP 的许多首部、编码规则、差错码以及一些鉴别机制。它比 H.323 具有更好的可扩缩性。

由于 SIP 问世较晚，因此它现在比 H.323 占有的市场份额要小。考虑到 SIP 已成为 IETF 的标准协议，所以我们应注意 SIP 的进展情况。

8.4　改进"尽最大努力交付"的服务

使互联网更好地传送多媒体信息的另一种方法是，改变互联网平等对待所有分组，使得对时延有较严格要求的实时音频/视频分组，能够从网络得到更好的**服务质量 QoS**。

根据 ITU-T 在建议书 E.800 中给出的定义，**服务质量 QoS 是服务性能的总效果，此效果决定了一个用户对服务的满意程度**。因此在最简单的意义上，有服务质量的服务就是能够满足用户的应用需求的服务，或者说，可提供一致的、可预计的数据交付服务。

在涉及一些具体问题时，服务质量可用若干基本的性能指标来描述，包括可用性、差错率、响应时间、吞吐量、分组丢失率、连接建立时间、故障检测和改正时间等。服务提供者可向其用户保证某一种等级的服务质量。

我们已多次强调过，互联网本身只能提供"尽最大努力交付"的服务。而要传送多媒体信息，网络必须具有一定的服务质量。下面简单介绍一下使互联网具有一定的服务质量的措施。

1. 分类

分类就是根据进入互联网的分组的实时性的不同（如一般数据不要求实时传送，而实时音频/视频分组则要求时延尽可能小些），对不同类别的通信量给予不同的优先级。这样就把进入互联网的分组划分为不同的优先级。路由器能够让优先级高的分组优先从路由器的队列中转发出去。例如，**区分服务** DiffServ（Differentiated Service）也是一种把分组进行分类的策略，它利用 IP 数据报首部中的区分服务字段，可设置不同等级的服务质量。

2. 管制

管制就是路由器不停地监视通过路由器的各类数据流的速率。如果某类速率超过预先设定的数值，路由器就把其中的某些分组丢弃，使该速率不超过原来设定的门限。

3. 调度

调度是为了更加合理地利用网络资源。利用调度功能可以给不同优先级的数据流划分出相应的逻辑链路，这些逻辑链路具有不同的带宽。这样做可以保证实时音频/视频流能够分配到更多的带宽，因而提高了服务质量。

4. 呼叫接纳

在使用**呼叫接纳**机制时，一个数据流要预先声明它所需的服务质量，然后或者被准许进入网络（能得到所需的服务质量），或者被拒绝进入网络（当所需的服务质量不能得到满足时）。

5. 加权公平排队

加权公平排队 WFQ (Weighted Fair Queuing)是在分组进入路由器后就进行优先级分类，然后到对应于自己类别的队列中排队。但根据各类别的优先级的不同，每种队列得到不同的权重，因而分配到的服务时间也不同。结果，优先级高的队列分配到的服务时间就较多，得到了更好的服务。

本章的重要概念

● 多媒体信息有两个重要特点：（1）多媒体信息的信息量往往很大；（2）在传输多媒体数据时，对时延和时延抖动均有较高的要求。在互联网上传输多媒体数据时，我们都是指含有"边传输、边播放"的特点。

● 由多媒体信息构成的分组在发送时是等时的。这些分组在到达接收端时就变成为非等时的。当接收端缓存中的分组数达到一定的数量后，再以恒定速率按顺序将这些分组进行还原播放。这样就产生了播放时延，同时也可以在很大程度上消除时延的抖动。

● 在传送对时延敏感的实时数据时，传输时延和时延抖动都必须受到限制。通常宁可丢失少量分组，也不要接收太晚到达的分组。

● 目前互联网提供的音频/视频服务有三种类型：（1）流式存储音频/视频，用户通过互联网边下载、边播放。（2）流式实况音频/视频，其特点是在发送方边录制、边发送，在接收时也是要求能够连续播放。（3）交互式音频/视频，如 IP 电话或互联网电视会议。

● 流媒体（streaming media）就是流式音频/视频，其特点是边下载、边播放，但不能存储在硬盘上成为用户的文件。

● 媒体服务器（或称为流式服务器）可以更好地支持流式音频和视频的传送。TCP 能够保证流式音频/视频文件的播放质量，但开始播放的时间要比请求播放的时间滞后一些（必须先在缓存中存储一定数量的分组）。对于实时流式音频/视频文件则选用 UDP 传送。

● 实时流式协议 RTSP 是为了给流式过程增加更多功能而设计的协议。RTSP 本身并不传送数据，而仅仅是使媒体播放器能够控制多媒体流的传送。RTSP 又称为"互联网录像机遥控协议"。

● 狭义的 IP 电话是指在 IP 网络上打电话。广义的 IP 电话则不仅是电话通信，而且还可以在 IP 网络上进行交互式多媒体实时通信（包括话音、视频等），甚至还包括即时传信 IM（如 QQ 和 Skype 等）。

● IP 电话的通话质量主要由两个因素决定：（1）通话双方端到端的时延和时延抖动；（2）话音分组的丢失率。但这两个因素都是不确定的，而是取决于当时网络上的通信量。

● 实时运输协议 RTP 为实时应用提供端到端的传输，但不提供任何服务质量的保证。需要发送的多媒体数据块（音频/视频）经过压缩编码处理后，先送给 RTP 封装成为 RTP 分组，装入运输层的 UDP 用户数据报后，再向下递交给 IP 层。可以把 RTP 看成在 UDP 之上的一个运输层子层的协议。

- 实时运输控制协议 RTCP 是与 RTP 配合使用的协议。RTCP 的主要功能是：服务质量的监视与反馈，媒体间的同步，以及多播组中成员的标志。RTCP 分组也使用 UDP 来传送，但 RTCP 并不对音频/视频分组进行封装。

- 现在 IP 电话有两套信令标准。一套是 ITU-T 定义的 H.323 协议，另一套是 IETF 提出的会话发起协议 SIP。

- H.323 不是一个单独的协议而是一组协议。H.323 包括系统和构件的描述、呼叫模型的描述、呼叫信令过程、控制报文、复用、话音编解码器、视频编解码器，以及数据协议等。H.323 标准的四个构件是：(1) H323 终端；(2) 网关；(3) 网闸；(4) 多点控制单元 MCU。

- 会话发起协议 SIP 只涉及 IP 电话所需的信令和有关服务质量的问题。SIP 使用文本方式的客户服务器协议。SIP 系统只有两种构件，即用户代理（包括用户代理客户和用户代理服务器）和网络服务器（包括代理服务器和重定向服务器）。SIP 的地址十分灵活，它可以是电话号码，也可以是电子邮件地址、IP 地址或其他类型的地址。

- 服务质量 QoS 是服务性能的总效果，此效果决定了一个用户对服务的满意程度。因此，有服务质量的服务就是能够满足用户的应用需求的服务。或者说，可提供一致的、可预计的数据交付服务。

- 服务质量 QoS 可用若干基本的性能指标来描述，包括可用性、差错率、响应时间、吞吐量、分组丢失率、连接建立时间、故障检测和改正时间等。服务提供者可向其用户保证某一种等级的服务质量。

- 为了使互联网具有一定的服务质量，可采取以下一些措施：(1) 分类，如区分服务；(2) 管制；(3) 调度；(4) 呼叫接纳；(5) 加权公平排队等。

习题

8-01　音频/视频数据和普通的文件数据有哪些主要的区别？这些区别对音频/视频数据在互联网上传送所用的协议有哪些影响？既然现有的电信网能够传送音频/视频数据，并且能够保证质量，为什么还要用互联网来传送音频/视频数据呢？

8-02　端到端时延与时延抖动有什么区别？产生时延抖动的原因是什么？为什么说在传送音频/视频数据时对时延和时延抖动都有较高的要求？

8-03　目前可通过哪几种方案改造互联网，使互联网能够适合于传送音频/视频数据？

8-04　实时数据和等时的数据是一样的意思吗？为什么说互联网是不等时的？实时数据有哪些特点？试说明播放时延的作用。

8-05　流式存储音频/视频、流式实况音频/视频和交互式音频/视频都有何区别？

8-06　媒体播放器和媒体服务器的功能是什么？请用例子说明。媒体服务器为什么又称为流式服务器？

8-07　实时流式协议 RTSP 的功能是什么？为什么说它是个带外协议？

8-08　狭义的 IP 电话和广义的 IP 电话有哪些区别？IP 电话有哪几种连接方式？

8-09　IP 电话的通话质量与哪些因素有关？影响 IP 电话话音质量的主要因素有哪些？为什么 IP 电话的通话质量是不确定的？

8-10　RTP 协议能否提供应用分组的可靠传输？请说明理由。

8-11　RTCP 协议使用在什么场合？

8-12　什么是服务质量 QoS？为什么说"互联网根本没有服务质量可言"？

8-13　在讨论服务质量时，管制、调度、呼叫接纳各表示什么意思？

第9章　无线网络和移动网络

近几十年来，无线蜂窝电话通信技术得到了飞速发展。现在移动电话数已经超过了发展历史达 100 多年的固定电话数。据工信部 2021 年 7 月的统计，我国的移动电话用户已超过16.1 亿户（有人持有多个手机号，因此这个数值超过了全国人口总数），也大大超过了固定电话的用户——1.81 亿户（固定电话的总数仍在逐年下降）。在我国网民中，手机网民的规模已达到 10.07 亿户，占总体网民的比例为 99.6%。如果说，互联网在过去曾是 PC 互联网，那么现在就应当是**移动互联网**了。

由于无线网络和移动网络的数据链路层与传统的有线互联网的数据链路层相差很大，因此有必要单列一章来讨论这个问题。

本章先讨论无线局域网 WLAN，其重点是无线局域网 MAC 层协议载波监听多点接入/碰撞避免 CSMA/CA 的原理；接着对无线个人区域网 WPAN 和无线城域网 WMAN 进行简单的介绍；最后简要介绍一下蜂窝移动通信网。本来，这种蜂窝移动通信网属于通信领域的内容，与计算机网络并无关联。但是随着技术的发展，情况发生了根本的变化：蜂窝移动通信网已演进到全部使用 IP 技术。按照计算机网络对主机的定义，现在的智能手机已经变成了计算机网络上的主机。因此在本书中也应对无线蜂窝通信网进行适当的介绍。

本章最重要的内容是：

(1) 无线局域网的组成，特别是接入点 AP (Access Point) 的作用。

(2) 无线局域网使用的 CSMA/CA 协议（弄清与载波监听多点接入/碰撞检测 CSMA/CD 的区别）和无线局域网 MAC 帧使用的几种地址。

(3) 蜂窝移动通信网的基本概念以及与互联网互连的方法。

9.1　无线局域网 WLAN

在局域网刚刚问世后的一段时间里，无线局域网的发展比较缓慢，原因是价格贵、数据传输速率低、安全性较差，以及使用登记手续复杂（使用无线电频率必须得到有关部门的批准）。但自 20 世纪 80 年代末以来，由于人们工作和生活节奏的加快以及移动通信技术的飞速发展，无线局域网也就逐步进入市场。无线局域网提供了移动接入的功能，这就给许多需要发送数据但又不能坐在办公室的工作人员提供了方便。当一个工厂跨越的面积很大时，若要将各个部门都用电缆连接成网，其费用可能很高；但若使用无线局域网，不仅节省了投资，而且建网的速度也会较快。另外，当大量持有便携式计算机的用户在一个地方同时要求上网时（如在图书馆或股票交易大厅里），若用电缆连网，恐怕连铺设电缆的位置都很难找到。而用无线局域网则比较容易。由于手机普及率日益提高，通过无线局域网接入到互联网已成为当今上网最常用的方式。无线局域网常简写为 WLAN (Wireless Local Area Network)。

请读者注意，**便携站**(portable station)和**移动站**(mobile station)表示的意思并不一样。便携站当然是便于移动的，但便携站在工作时其位置是固定不变的。而移动站不仅能够移动，而且还可以**在移动的过程中进行通信**（正在进行的应用程序感觉不到计算机位置的变化，也不因计算机位置的移动而中断运行）。移动站一般使用电池供电。

9.1.1 无线局域网的组成

无线局域网 WLAN 可分为两大类。第一类是**有基础设施的**，第二类是**无基础设施的**。本章主要介绍第一类无线局域网。

1. 基于 802.11 的无线局域网

对于第一类有基础设施的无线局域网，1997 年 IEEE 制定了 802.11 系列标准。2003 年 5 月，我国颁布了 WLAN 的国家标准，该标准采用 ISO/IEC 8802-11 系列国际标准，并针对 WLAN 的安全问题，把国家对密码算法和无线电频率的要求纳入进来。它是基于国际标准的符合我国安全规范的 WLAN 标准，是属于国家强制执行的标准。该国标在 2004 年 6 月已经正式执行，不符合此标准的 WLAN 产品将不允许出现在国内市场上。

802.11 是一个相当复杂的标准。但简单地说，802.11 就是无线以太网的标准，它使用星形拓扑。无线局域网的中心叫作**接入点 AP** (Access Point)，它是无线局域网的基础设施，也是一个链路层的设备。接入点 AP 也叫作**无线接入点 WAP** (Wireless Access Point)。所有在无线局域网中的站点，对网内或网外的通信，都必须通过接入点 AP。现在的无线局域网的接入点 AP 往往具有 100 Mbit/s 或 1 Gbit/s 的端口，用来连接到有线以太网。家庭使用的无线局域网接入点 AP，为了方便居民上网，就把 IP 层的路由器的功能也嵌入进来。因此家用的接入点 AP 往往又称为无线路由器（直接用网线连接到家中墙上的 RJ-45 插孔即可）。但企业或机构使用的接入点 AP 还是和路由器分开的。

802.11 无线局域网的 MAC 层使用 CSMA/CA 协议（在后面的 9.1.3 节讨论）。现在 802.11 系列标准的无线局域网常称为 Wi-Fi。Wi-Fi 是非营利性国际组织 Wi-Fi 联盟(Wi-Fi Alliance)的一个标记。Wi-Fi 联盟对通过其互操作性测试的产品会发给注册商标⬛，表明是经过 Wi-Fi 联盟认证的。从 2000 年起到 2020 年，全球有 Wi-Fi 注册商标认证的产品已超过 150 亿个。Wi-Fi 的写法并无统一规定，如 WiFi, Wifi, Wi-fi 等都能在文献中见到。

802.11 标准规定无线局域网的最小构件是**基本服务集 BSS** (Basic Service Set)。一个基本服务集 BSS 包括一个接入点和若干个移动站（这里所说的移动站，也可包括不经常搬动的台式电脑。这种电脑的主板上都装有 Wi-Fi 适配器）。各站在本 BSS 以内进行的通信，或者与外部站点的通信，都必须通过本 BSS 的接入点。当网络管理员安装 AP 时，必须为该 AP 分配一个不超过 32 字节的**服务集标识符 SSID** (Service Set IDentifier)[①]和一个通信信道。SSID 就是指使用该 AP 的无线局域网的名字。SSID 使用字符串而不使用二进制数字的理由就是字符串便于记忆。一个基本服务集 BSS 所覆盖的地理范围叫作一个**基本服务区 BSA** (Basic Service Area)。基本服务区 BSA 和无线移动通信的蜂窝小区相似。无线局域网的基本服务区 BSA 的范围直径一般不超过 100 米。我们知道，在网络通信中，链路层设备的唯一标志是其 MAC 地址。接入点 AP 在出厂时就已有了一个唯一的 48 位二进制数字的 MAC 地址，其正式名称是**基本服务集标识符 BSSID**。在无线局域网中传送的各种帧的首部中，都必须有节点的 MAC 地址（即 BSSID，但不是 SSID）。请不要把 BSSID 和 SSID 弄混。用户通常都知道所连接的无线局域网的网络名 SSID（例如，点击手机中的设置，再点击 WLAN，就可看见附近的许多无线局域网的网络名 SSID，然后选择合适的 SSID 接入到互联网），但一般用户不需要知道机器使用的 MAC 地址的 BSSID。

现在简单介绍一下无线局域网所用的信道(channel)的概念。无线局域网通常使用 2.4 GHz

---

① 注：例如，对于使用 Windows 10 的计算机，点击"开始"→"Windows 系统"→"控制面板"→"网络和 Internet"→"网络和共享中心"，下面有三个选项，点击"连接到网络"，就可以看见在每个无线局域网的覆盖范围内的网络名 SSID。这些网络名可以由设备 AP 的生产厂家预先给出，也可以由局域网的管理员更改为另外的名字。

和 5 GHz 频段。每个频段又再划分为若干个信道，供各无线局域网使用。例如，在 2.4 GHz 频段中有大约 85 MHz 的带宽可用。802.11b 标准定义了 11 个部分重叠的信道集。相邻信道的中心频率相差 5 MHz，而每个信道的带宽约为 22 MHz。因此，仅当两个信道由四个或更多信道隔开时它们彼此才无重叠。其中，信道 1、6 和 11 的集合是唯一的三个非重叠信道的集合。现在已经广泛使用的无线路由器就是典型的接入点设备，并且在出厂时就预先设置了 SSID 和使用的信道（用户也可以自行更改）。例如，当发现附近的接入点使用的信道对自己有干扰时，就可以重新设置本服务集接入点的工作信道。

一个基本服务集可以是孤立的单个服务集，也可通过接入点 AP 连接到一个**分配系统 DS** (Distribution System)，然后再连接到另一个基本服务集，这样就构成了一个**扩展服务集 ESS** (Extended Service Set)。ESS 也有一个标识符，是不超过 32 字符的字符串**名字**而**不是地址**，叫作**扩展服务集标识符 ESSID**（如图 9-1 所示）。分配系统的作用就是使扩展服务集 ESS 对上层的表现就像一个基本服务集 BSS 一样。分配系统可以使用以太网（这是最常用的）、点对点链路或其他无线网络。扩展服务集 ESS 还可为无线用户提供到 802.x 局域网（也就是非 802.11 无线局域网）的接入。这种接入是通过叫作**门户**(portal)的设备来实现的。门户是 802.11 定义的新名词，其实它的作用就相当于一个网桥。在一个扩展服务集内几个不同的基本服务集也可能有相交的部分。图 9-1 中的移动站 A 如果要和另一个基本服务集中的移动站 B 通信，就必须经过两个接入点 AP$_1$ 和 AP$_2$，即 A→AP$_1$→AP$_2$→B。我们应当注意到，在图 9-1 的例子中，从 AP$_1$ 到 AP$_2$ 的通信是使用有线传输的。

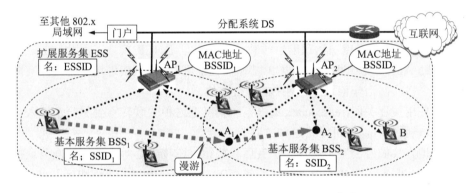

图 9-1　IEEE 802.11 的基本服务集 BSS 和扩展服务集 ESS

我们还应注意到，图 9-1 所示的两个基本服务集的覆盖范围有重合的地方。为了避免在这种重合的地方出现不同信道的相互干扰，这两个接入点所选择的工作信道，必须相隔 5 个或更多的信道。

图 9-1 画出了移动站 A 漫游的情况。但移动站 A 漫游到图中的位置 A$_1$ 时，就能够同时收到两个接入点的信号。这时，移动站 A 可以选择和信号较强的一个接入点联系。当移动站漫游到位置 A$_2$ 时，就只能和接入点 AP$_2$ 联系了。移动站只要能够和其中一个接入点联系上，就可一直保持与另一个移动站 B 的通信。基本服务集的服务范围是由移动站所发射的电磁波的辐射范围确定的。在图 9-1 中用一个虚线椭圆来表示基本服务区的范围。由于实际地形条件可能是多种多样的，一个服务区的覆盖范围可能是很不规则的几何形状。

802.11 标准并没有定义如何实现漫游，但定义了一些基本的工具。例如，一个移动站若要加入一个基本服务集 BSS，就必须先与某个接入点 AP 建立**关联**(association)。建立关联就表示这个移动站加入了选定的 AP 所属的子网，并和这个接入点 AP 创建了一个虚拟线路。只有已关联的 AP 才向这个移动站发送数据帧，而这个移动站也只有通过关联的 AP 才能向其他站点发送数据帧。这和手机开机后必须和附近的某个基站建立关联的概念是相似的。

移动站与接入点 AP 建立关联的方法有两种，即被动扫描和主动扫描。通常采用前者，因为这样可以节省移动站的电源功率消耗。图 9-2 表示通常建立关联的过程。

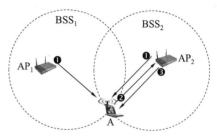

图 9-2　移动站通过被动扫描与
接入点建立关联

❶ 两个接入点 AP$_1$ 和 AP$_2$ 都各自周期性发出（例如每秒 10 次）**信标帧**(beacon frame)，其中包含有若干系统参数（如服务集标识符 SSID 以及支持的速率等）。图 9-2 表示移动站 A 收到了两个接入点发出的信标帧。

❷ 移动站 A 扫描 11 个信道，选择愿意加入接入点 AP$_2$ 所在的基本服务集 BSS$_2$，于是向 AP$_2$ 发出**关联请求帧**(Association Request frame)。

❸ 接入点 AP$_2$ 同意移动站 A 发来的关联请求，向移动站 A 发送**关联响应帧**(Association Response frame)。

这样，移动站 A 和接入点 AP$_2$ 的关联就建立了。

为了使一个基本服务集 BSS 能够为更多的移动站提供服务，往往在一个 BSS 内安装有多个接入点 AP。有时一个移动站也可以收到本服务集以外的 AP 信号。移动站只能在多个 AP 中选择一个建立关联。通常可以选择信号最强的一个 AP。但有时也可能该 AP 提供的信道都已被其他移动站占用了。在这种情况下，也只能与信号强度稍差些的 AP 建立关联。

此后，这个移动站就和选定的 AP 互相使用 802.11 关联协议进行对话。移动站还要向该 AP 鉴别自身。现在的接入点 AP 在出厂时就已经嵌入了 DHCP 模块。因此在关联建立后，移动站通过关联的 AP 向该子网发送 DHCP 发现报文就可以获取 IP 地址。这时，互联网中的其他部分就把这个移动站当作该 AP 子网中的一台主机。

若移动站使用**重建关联**(reassociation)服务，就可把这种关联转移到另一个接入点。当使用**分离**(dissociation)服务时，就可终止这种关联。

现在许多地方（如办公室、机场、快餐店、旅馆、购物中心等）都能够向公众提供有偿或无偿接入 Wi-Fi 的服务。这样的地点就叫作**热点**(hot spot)。由许多热点和接入点 AP 连接起来的区域叫作**热区**(hot zone)。热点也就是公众无线入网点。

由于无线局域网已非常普及，因此现在无论是智能手机、智能电视机或计算机，其主板上都已经有了内置的**无线局域网适配器**，能够实现 802.11 的物理层和 MAC 层的功能。只要在无线局域网信号覆盖的地方，用户就能够通过接入点 AP 连接到互联网。

无线局域网用户在和附近的接入点 AP 建立关联时，一般还要键入用户口令。只有键入的口令正确后，才能和在该网络中的 AP 建立关联。在无线局域网发展初期，这种接入加密方案称为 WEP (Wired Equivalent Privacy，意思是"有线等效的保密")，它曾经是 1999 年通过的 IEEE 802.11b 标准中的一部分。然而 WEP 的加密方案有安全漏洞，因此现在的无线局域网普遍采用了保密性更好的加密方案 WPA（WiFi Protected Access，意思是"无线局域网受保护的接入"）或其第二个版本 WPA2。现在 WPA2 是 802.11n 中强制执行的加密方案，微软的 Windows 10 支持 WPA2。这表明只有在电脑屏幕上弹出的口令窗口键入正确的口令后，才能与其 AP 建立关联。

2. 移动自组网络

另一类无线局域网是无固定基础设施的无线局域网，它又叫作**自组网络**(ad hoc network)。这种自组网络没有上述基本服务集中的接入点 AP，而是由一些处于平等状态的移动站相互通信组成的临时网络（如图 9-3 所示）。图中还画出了当移动站 A 和 E 通信时，经过 A→B, B→C, C→D 和 D→E 这样一连串的存储转发过程。因此，在从源节点 A 到目的节点 E 的路径中，移动站 B, C 和 D 都是转发节点，这些节点都具有路由器的功能。由于自组网络没有预先建好的网络固定基础设施（基站），因此自组网络的服务范围通常是受限的，而且自组网络一般也不和外界的其他网络相连接（当然也不能接入到互联网）。移动自组网络也就是**移动分组无线网络**。

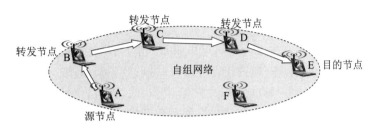

图 9-3　由处于平等状态的一些移动站组成的自组网络

自组网络通常是这样构成的：一些可移动的设备发现在它们附近还有其他的可移动设备，并且要求和其他移动设备进行通信。随着便携式电脑和智能手机的普及，自组网络的组网方式已受到人们的广泛关注。由于在自组网络中的每一个移动站，都要参与到网络中其他移动站的路由的发现和维护中，同时由移动站构成的网络拓扑有可能随时间变化得很快，因此在固定网络中行之有效的一些路由选择协议对移动自组网络已不适用。这样，在自组网络中路由选择协议就引起了特别的关注。另一个重要问题是多播。在移动自组网络中往往需要将某个重要信息同时向多个移动站传送。这种多播比固定节点网络的多播要复杂得多，需要有实时性好而效率又高的多播协议。在移动自组网络中，安全问题也是一个更为突出的问题。

移动自组网络在军用和民用领域都有很好的应用前景。在军事领域，由于战场上往往没有预先建好的固定接入点，其移动站就可以利用临时建立的移动自组网络进行通信。这种组网方式也能够应用到作战的地面车辆群和坦克群，以及海上的舰艇群、空中的机群。由于每一个移动设备都具有路由器转发分组的功能，因此分布式的移动自组网络的生存性非常好。在民用领域，持有笔记本电脑的人可以利用这种移动自组网络方便地交换信息，而不受便携式电脑附近没有电话线插头的限制。当出现自然灾害时，在抢险救灾时利用移动自组网络进行及时通信往往也是很有效的，因为这时事先已建好的网络基础设施（基站）可能都已经被破坏了。

近年来，移动自组网络中的一个子集——**无线传感器网络** WSN (Wireless Sensor Network) 引起了人们广泛的关注。无线传感器网络是由大量传感器节点通过无线通信技术构成的自组网络。无线传感器网络的应用就是进行各种数据的采集、处理和传输，一般并不需要很高的带宽，但是在大部分时间必须保持低功耗，以节省电池的消耗。由于无线传感节点的存储容量受限，因此对协议栈的大小有严格的限制。此外，无线传感器网络还对网络安全性、节点自动配置、网络动态重组等方面有一定的要求。

据统计，全球 98%的处理器并不在传统的计算机中，而是处在各种家电设备、运输工具以及工厂的机器中。如果在这些设备上能够嵌入合适的传感器和无线通信功能，就可能把数量极大的节点连接成分布式的传感器无线网络，因而能够实现连网计算和处理。

图 9-4 是典型的传感器节点的组成，它的主要构件包括 CPU、存储器、传感器硬件、无线收发器和电池。

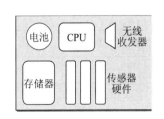

图 9-4　传感器节点的主要构件

无线传感器网络中的节点基本上是固定不变的，无线传感器网络主要的应用领域就是组成各种**物联网** IoT (Internet of Things)。下面是物联网的一些举例：

(1) 环境监测与保护（如洪水预报、动物栖息的监控）；

(2) 战争中对敌情的侦查和对兵力、装备、物资等的监控；

(3) 医疗中对病房的监测和对患者的护理；

(4) 在危险的工业环境（如矿井、核电站等）中的安全监测；

(5) 城市交通管理、建筑内的温度/照明/安全控制等。

最后需要弄清在文献中经常要遇到的、与接入有关的几个名词。

固定接入(fixed access)——在作为网络用户期间，用户设置的地理位置保持不变。

移动接入(mobility access)——用户设备能够以车辆速度（一般取为 120 km/h）移动时进行网络通信。当发生切换（即用户移动到不同蜂窝小区）时，通信仍然是连续的。

便携接入(portable access)——在受限的网络覆盖范围内，用户设备能够以步行速度移动时进行网络通信，提供有限的切换能力。

游牧接入(nomadic access)——用户设备的地理位置至少在进行网络通信时保持不变。如果用户设备移动了位置（改变了蜂窝小区），那么再次进行通信时可能还要寻找最佳的基站。

也有的文献把便携接入和游牧接入当作一样的，定义为可以在通信时以步行速度移动。这点在阅读文献时应加以注意。

9.1.2 802.11 局域网的物理层

802.11 标准中物理层相当复杂。限于篇幅，这里对无线局域网的物理层不能展开讨论。根据物理层的不同（如工作频段、速率、调制方法等），对应的标准也不同。最早流行的无线局域网是 802.11b、802.11a 和 802.11g。2009 年以后又公布了新的标准 802.11n、802.11ac 以及 802.11ax（见表 9-1）。为了使无线局域网的适配器能够适应多种标准，很多适配器都做成双模的（802.11a/g）或多模的（例如，802.11a/b/g/n/ac）。顺便说一下，表中的"别名"并非一开始就有的。在 802.11 以后的新标准就在原来的 802.11 后面增加一个英文字母。但 26 个英文字母很快就用完了，这时就采用附加两个英文字母的办法。在 2018 年人们普遍感到无线局域网的名字太难记忆时，Wi-Fi 联盟就决定使用 Wi-Fi 4/5/6 作为 802.11n/ac/ax 的别名。随后也顺便把 Wi-Fi 1/2/3 作为最早流行的三种无线局域网的别名。

表 9-1　几种常用的 802.11 无线局域网

标准	别名	频段	最高速率	物理层[①]	优缺点
802.11b (1999 年)	Wi-Fi 1	2.4 GHz	11 Mbit/s	扩频	最高速率较低，价格最低，信号传播距离最远，且不易受阻碍
802.11a (1999 年)	Wi-Fi 2	5 GHz	54 Mbit/s	OFDM	最高速率较高，支持更多用户同时上网，价格最高，信号传播距离较短，且易受阻碍
802.11g (2003 年)	Wi-Fi 3	2.4 GHz	54 Mbit/s	OFDM	最高速率较高，支持更多用户同时上网，信号传播距离最远，且不易受阻碍，价格比 802.11b 贵
802.11n (2009 年)	Wi-Fi 4	2.4 / 5 GHz	600 Mbit/s	MIMO OFDM	使用多个发射和接收天线达到更高的速率，当使用双倍带宽(40 MHz)时速率可达 600 Mbit/s
802.11ac (2014 年)	Wi-Fi 5	5 GHz	7 Gbit/s	MIMO OFDM	完全遵循 802.11i 安全标准的所有内容，使得无线连接能够在安全性方面达到企业级用户的需求
802.11ax (2019 年)	Wi-Fi 6	2.4 / 5 GHz	9.6 Gbit/s	MIMO OFDM	侧重解决密集环境下（如火车站、机场）提高吞吐量密度（即单位面积的吞吐量）

① 注：在物理层使用的 OFDM 是 Orthogonal Frequency Division Multiplexing（正交频分复用）的缩写。MIMO 是 Multiple Input Multiple Output（多入多出）的缩写，它采用空间分集，使用多空间通道，即利用物理上完全分离的最多 4 个发射天线和 4 个接收天线，对不同数据进行不同的调制/解调，因而提高了数据的传输速率。

表 9-1 中 802.11ax 又称为**高效率无线标准** HEW (High-Efficiency Wireless)，向下兼容 802.11a/b/g/n/ac。其侧重解决的问题是在密集环境下（如火车站、飞机场等热点和人员都很密集的场所）保持手机的畅通。现在已有不少 802.11ax 的产品的最高速率达到了更高的数值。目前正在研究的还有被称为**极高吞吐量** EHT (Extremely High Throughput)的 802.11be（Wi-Fi 7），其最高速率有望达到 30 Gbit/s，它的另一个特点是要降低延迟和抖动（延迟要降低到 5 ms 以下），这对实时游戏具有重要意义。802.11be 的标准可能在 2024 年完成。

2016 年的 802.11ah，工作频段在 900 MHz，最高速率为 18 Mbit/s，这种无线局域网的功耗低、传输距离长（最长可达 1 km），很适合于物联网设备之间的通信。

无线局域网最初还使用过跳频扩频 FHSS (Frequency Hopping Spread Spectrum)和红外技术 IR (InfraRed)，但现在已经很少使用了。

下面我们讨论 802.11 标准的 MAC 层协议。

9.1.3 802.11 局域网的 MAC 层协议

1. CSMA/CA 协议

虽然 CSMA/CD 协议已成功地应用于使用有线连接的局域网，但无线局域网能不能也使用 CSMA/CD 协议呢？下面我们从无线信道本身的特点出发来详细讨论这个问题。

"碰撞检测"要求一个站点在发送本站数据的同时，还必须不间断地检测信道。一旦检测到碰撞，就立即停止发送。但由于无线信道的传输条件特殊，其信号强度的动态范围非常大，因此在 802.11 适配器上接收到的信号强度往往会远远小于发送信号的强度（信号强度可能相差百万倍）。因此用无线局域网的适配器无法实现碰撞检测。

我们知道，无线电波能够向所有的方向传播，且其传播距离有限。当电磁波在传播过程中遇到障碍物时，其传播距离就会受到限制。如图 9-5 所示的例子就是无线局域网的隐蔽站问题。这里我们假定每个移动站的无线电信号传播范围都是以发送站为圆心的一个圆形面积。

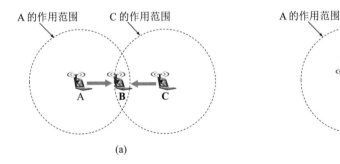

图 9-5   隐蔽站问题举例

图 9-5(a)表示站点 A 和 C 都想和 B 通信（这里仅仅是讲解隐蔽站问题的原理，在通信的过程中省略了接入点 AP。可以把 B 看成接入点 AP）。但 A 和 C 相距较远，彼此都检测不到对方发送的信号。当 A 和 C 检测到信道空闲时，就都向 B 发送数据，结果发生了碰撞，并且无法检测出这种碰撞。这就是**隐蔽站问题**(hidden station problem)。所谓隐蔽站，就是它发送的信号检测不到，但能产生碰撞。这里 C 是 A 的隐蔽站，A 也是 C 的隐蔽站。

当移动站之间有障碍物时也有可能出现上述问题。例如，图 9-5(b)的三个站点 A、B 和 C 彼此距离都差不多。从距离上看，彼此都应当能够检测到对方发送的信号。但 A 和 C 之间有高楼，因此 A 和 C 都互相成为对方的隐蔽站。若 A 和 C 同时向 B 发送数据就会发生碰撞，使 B 无法正常接收。此时也无法检测出碰撞。

综上所述，在制定无线局域网的协议时，必须考虑以下几方面：

(1) 无线局域网的适配器无法实现碰撞检测；

(2) 即使检测到信道空闲，但信道可能并不空闲；

(3) 即使我们能够在硬件上实现无线局域网的碰撞检测功能，也无法检测出隐蔽站问题所带来的碰撞。

我们知道，以太网使用的协议 CSMA/CD 有两个要点。一是发送前先检测信道，信道忙就不发送。二是边发送边检测信道，一发现碰撞就立即停止发送，并执行退避算法进行重传。因此偶尔发生的碰撞并不会使局域网的运行效率降低很多。无线局域网显然可以在发送前先检测信道，信道忙就不发送数据，但无法使用碰撞检测。这就是说，一旦开始发送数据，就一定把整个帧发送完毕；因此如果发生碰撞，整个信道资源的浪费就比较严重。

为此，802.11 局域网就应当**尽量减少碰撞发生的概率**。为此，设计了 CSMA/CA 协议。CA 表示 Collision Avoidance，是**碰撞避免**的意思。

2. 碰撞避免

802.11 局域网在使用 CSMA/CA 的同时，必须使用停止等待协议。这是因为无线信道的通信质量是远不如有线信道的，发生差错的概率较大，因此无线站点每通过无线局域网发送完一帧后，要等收到对方的确认帧后才知道发送成功。这就是**链路层确认**。图 9-6 给出了这个概念。A 在 t_0 发送数据帧 DATA，在 t_1 发送完毕。B 收到数据帧后应立即发回确认帧 ACK。但 B 从接收状态转到发送状态不可能在瞬间完成，而必须经过一小段时间间隔($t_2 - t_1$)，才能发送 ACK。显然，在这小段时间间隔($t_2 - t_1$)内，A 和 B 都不希望其他站发送数据，否则就必然和 B 发送的 ACK 冲突，导致 A 无法收到 ACK，从而误认为刚才发送的 DATA 失败了，接着就要重发 DATA。这就会造成信道资源的严重浪费。这段时间间隔($t_2 - t_1$)很重要，通常称为**短帧间间隔**，在无线局域网标准中被记为 SIFS。

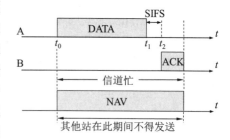

图9-6　A 向 B 发送数据，B 发回确认

从图 9-6 可以看出，在 SIFS 这段时间内，信道是空闲的。为了保证在 SIFS 这段时间内其他站都不发送数据，A 就把需要占用信道的时间（DATA + SIFS + ACK），以微秒为单位，写入其数据帧 DATA 的首部。所有处在站点 A 的广播范围内的各站，都能够收到这一信息，并创建自己的**网络分配向量** NAV (Network Allocation Vector)，以便在 NAV 这段时间内都不发送数据。

为了防止有的站没有收到 NAV，而在 SIFS 这段空闲时间内发送数据，协议规定，即使监测到信道空闲，还必须再等待一小段时间 DIFS（略大于 SIFS）。这样就保证了 B 发送的 ACK 不会和其他站的发送数据相冲突。DIFS 叫作分布协调功能帧间间隔，但很少有人愿意使用这样冗长的中文名字。

在不同的无线局域网标准中，对 SIFS 和 DIFS 以微秒为单位的数值都有明确的规定。

这个协议比较复杂的地方就是争用信道阶段。我们结合图 9-7 来讲解。

A 有数据要发送给 B，必须先等待时间 DIFS。若信道继续空闲，就发送数据帧 DATA，经过时间 SIFS 后，收到 B 发来的确认帧 ACK。图中最上面一行的 NAV 表示信道忙。

假定当信道处于忙时，C 和 D 有数据要发送。这当然要等待信道变为空闲后才有机会发送。在图 9-7 中就画出了推迟接入的机制。

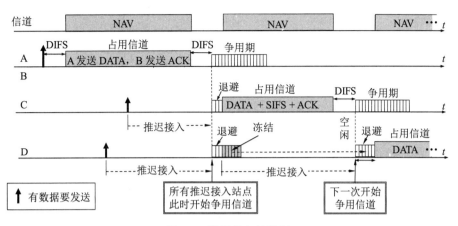

图 9-7　推迟接入的机制

但请注意，首先是在信道转为空闲后，C 和 D 还必须再等待一段时间 DIFS（理由已在前面讲过）。这时为了让同时等待的站点错开时间发送数据，C 和 D 就要采用退避算法，即各自随机选择退避若干个时隙，以避免发生冲突。这段时间称为**争用期**。在图 9-7 中，C 选择退避 3 个时隙，而 D 选择了退避 9 个时隙。结果 C 先争用到信道，发送了数据帧。

C 在发送数据时用 NAV 通告其他站，在 NAV 时间内都不要发送数据。D 检测到信道忙，知道有某个站在发送数据，就冻结其剩下的 6 个时隙，再次推迟接入信道。一直等到信道转为空闲，再等待时间 DIFS 后，一个新的争用期又开始了。从图 9-7 可以看出，这时没有其他站要发送数据，因此 D 经过了剩下 6 个时隙的退避时间后，就发送数据。

综上所述，我们把 CSMA/CA 协议的要点归纳如下：

(1) 站点若想发送数据，必须先监听信道。若信道在 DIFS 时间内为空闲，则可发送整个数据帧。否则，进行(2)。

(2) 监听信道。若信道忙，则继续等待，推迟接入。若信道为空闲，并且在 DIFS 时间内仍空闲，则开始争用信道。这时，站点选择一随机时隙数进行退避。在退避过程中，如无其他站发送数据，则当退避结束时就发送数据，把整个数据帧发完。若在退避过程中检测出信道忙，则冻结退避时隙，继续等待，这时转到(2)。

(3) 站点若在发完数据帧后收到接收方发来的确认帧，则发送成功。若还有后续帧要发送，就转到(2)。站点若在发完数据帧后，在设定时间内未收到确认，则准备重传，这时应转到(2)；但在进入争用信道时，应在更大的范围内选择一随机时隙数。

为了防止一个站长期垄断发送权，若一站点要连续发送若干数据帧，则不管有无其他站争用信道，以后每发送一帧前，都必须进入争用期（如图 9-8 所示）。

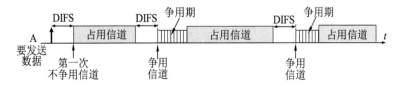

图 9-8　只有 A 站连续发送数据

3. 对信道进行预约

为了更好地解决隐蔽站带来的碰撞问题，802.11 允许要发送数据的站对信道进行**预约**。具体的做法是这样的：源站在发送数据帧之前先发送一个短的控制帧，叫作**请求发送 RTS**（Request To Send），它包括源地址、目的地址和这次通信（包括相应的确认帧）所需的持续时间。若目的站正确收到源站发来的 RTS 帧，且媒体空闲，则等待 SIFS 时间后，就发送一个响应控制帧，叫作**允许发送 CTS** (Clear To Send)，它也包括这次通信所需的持续时间（从 RTS 帧中将此持续时间复制到 CTS 帧中）。源站收到 CTS 帧后，再等待 SIFS 时间后，即可发送数据帧。若目的站正确收到了源站发来的数据帧，在等待 SIFS 时间后，就向源站发送确认帧 ACK。这样，这次通信共占用信道时间为：

$$RTS + SIFS + CTS + SIFS + DATA + SIFS + ACK$$

显然，使用信道预约会使整个网络的通信效率有所下降。但这两种控制帧都很短，其长度分别为 20 字节和 14 字节，与数据帧（最长可达 2346 字节）相比开销不算大。相反，若不使用这种控制帧，则一旦发生碰撞而导致数据帧重发，则浪费的时间就更多。虽然如此，协议允许用户在数据帧的长度超过某一数值时才使用 RTS 帧和 CTS 帧。因为当数据帧本身就很短时，再使用 RTS 帧和 CTS 帧进行信道预约，将会增加开销。因此，协议允许用户可以不使用 RTS 帧和 CTS 帧。

虽然协议经过了精心设计，但碰撞仍然会发生。例如，有两个站同时向同一个目的站发送 RTS 帧。这两个 RTS 帧发生碰撞后，使得目的站收不到正确的 RTS 帧，因而目的站就不会发送后续的 CTS 帧。这时，原先发送 RTS 帧的两个站就各自随机地退避若干时隙后再重新发送其 RTS 帧。

9.1.4 802.11 局域网的 MAC 帧

为了更好地了解 802.11 局域网的工作原理，我们应当进一步了解 802.11 局域网的 MAC 帧的结构。802.11 帧共有三种类型，即**控制帧、数据帧**和**管理帧**。通过图 9-9 所示的 802.11 局域网的数据帧和三种控制帧的主要字段，可以进一步了解 802.11 局域网的 MAC 帧的特点。

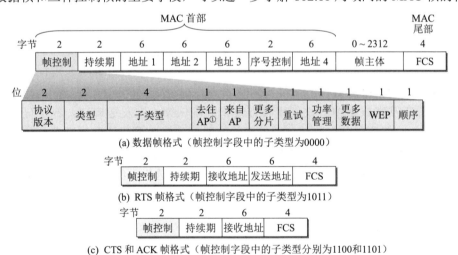

(a) 数据帧格式（帧控制字段中的子类型为0000）

(b) RTS 帧格式（帧控制字段中的子类型为1011）

(c) CTS 和 ACK 帧格式（帧控制字段中的子类型分别为1100和1101）

注：①802.11 标准上使用的名词是分配系统 DS，但在解释中，指出这里的 DS 也包含接入点 AP。

因此我们在这里使用接入点 AP 代替 DS。

图 9-9　802.11 局域网的帧格式

从图 9-9(a)可以看出，802.11 数据帧由以下三大部分组成：

(1) MAC 首部，共 30 字节。帧的复杂性都在帧的 MAC 首部。

(2) 帧主体，也就是帧的数据部分，不超过 2312 字节。这个数值比以太网的最大长度长很多。不过 802.11 帧的长度通常都小于 1500 字节。

(3) 帧检验序列 FCS 是 MAC 尾部，共 4 字节。

1. 关于 802.11 数据帧的地址

802.11 数据帧最特殊之处就是有四个地址字段。

地址 1 永远是接收地址（即直接接收数据帧的节点的 MAC 地址）。

地址 2 永远是发送地址（即实际发送数据帧的节点的 MAC 地址）。

地址 3 和地址 4 取决于数据帧中的"去往 AP"和"来自 AP"这两个子字段的数值。

接入点 AP 的 MAC 地址就是在 9.1.1 节介绍的 BSSID。

表 9-2 给出了 802.11 帧的地址字段最常用的两种情况（在有基础设施的网络中一般只使用前三种地址）。

表 9-2　802.11 帧的地址字段最常用的两种情况

去往 AP	来自 AP	地址 1	地址 2	地址 3	地址 4
0	1	目的地址	AP 地址	源地址	——
1	0	AP 地址	源地址	目的地址	——

现结合图 9-10 的例子进行说明。站点 A 向 B 发送数据帧，但这个数据帧必须经过 AP 转发。首先站点 A 把数据帧发送到接入点 AP_1，然后由 AP_1 把数据帧发送给站点 B。这些数据帧在图中标志为"802.11 帧"，强调使用了 802.11 标准的 CSMA/CA 协议。

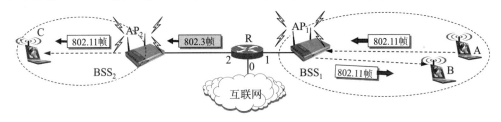

图 9-10　A 向 B 发送数据，或路由器 R 向 C 发送数据，都必须经过接入点转发

当站点 A 把数据帧发送给 AP_1 时，根据表 9-2 的规定，在帧控制字段中：

去往 AP = 1，来自 AP = 0，地址 1 = $BSSID_1$（AP_1 的 MAC 地址），地址 2 = MAC_A（源地址，即 A 的 MAC 地址），地址 3 = MAC_B（目的地址，即 B 的 MAC 地址）。

当 AP_1 把数据帧转发给站点 B 时，根据表 9-2 的规定，在帧控制字段中：

去往 AP = 0，来自 AP = 1，地址 1 = MAC_B（目的地址），地址 2 = $BSSID_1$（AP_1 的 MAC 地址），地址 3 = MAC_A（源地址）。

请注意，不管接入点 AP 是接收帧还是发送帧，源地址和目的地址都不会改变。

现在考虑图 9-10 中的另一种情况。假定路由器 R 要把一个数据报从接口 2 发送到移动站 C。R 当然知道 C 的 IP 地址（就是数据报的目的地址）。R 使用地址解析协议 ARP 可得到 C 的 MAC 地址。于是 R 把要转发的数据报封装成有线以太网帧（图中的 802.3 帧），其源地址是 R 在接口 2 的 MAC 地址，而目的地址是 C 的 MAC 地址。

当以太网帧到达 AP_2 后，AP_2 在将其进行无线发送之前，先把这个以太网帧转换为无线局域网使用的 802.11 帧。在其帧控制字段中：

去往 AP = 0，来自 AP = 1，地址 1 = MAC_C（目的地址），地址 2 = $BSSID_2$（AP_2 的 MAC

地址），地址 3 = MAC$_{R-2}$（源地址）。请注意现在源地址不是 AP$_2$ 的 MAC 地址。

2. 序号控制字段、持续期字段和帧控制字段

下面有选择地介绍 802.11 数据帧中的其他一些字段。

(1) **序号控制字段**　占 16 位，其中**序号子字段**占 12 位（从 0 开始，每发送一个新帧就加 1，到 4095 后再回到 0），**分片子字段**占 4 位（不分片则保持为 0；如分片，则帧的序号子字段保持不变，而分片子字段从 0 开始，每个分片加 1，最多到 15）。重传的帧的序号和分片子字段的值都不变。序号控制的作用是使接收方能够区分开是新传送的帧还是因出现差错而重传的帧。这和运输层讨论的序号的概念是相似的。

(2) **持续期字段**　占 16 位。9.1.3 节的"对信道进行预约"中已经讲过 CSMA/CA 协议允许发送数据的站点预约信道一段时间（包括传输数据帧和确认帧的时间）。这个时间要写入到持续期字段中。这个字段有多种用途（这里不对这些用途进行详细的说明），只有最高位为 0 时才表示持续期。这样，持续期不能超过 $2^{15} - 1 = 32767\mu s$。

(3) **帧控制字段**　共分为 11 个子字段。下面介绍其中较为重要的几个。

类型字段和**子类型字段**　用来区分帧的功能。上面已经讲过，802.11 帧共有三种类型：**控制帧**、**数据帧**和**管理帧**，而每一种帧又分为若干种子类型。例如，控制帧有 RTS、CTS 和 ACK 等几种不同的子类型。控制帧和管理帧都有其特定的帧格式，这里从略。

有线等效保密字段 WEP (Wired Equivalent Privacy)　占 1 位。若 WEP = 1，就表明采用了 WEP 加密算法。WEP 表明，使用在无线信道的这种加密算法在效果上可以和在有线信道上通信一样地保密。

9.2　无线个人区域网 WPAN

无线个人区域网 WPAN (Wireless Personal Area Network)就是在个人工作的地方把属于个人使用的电子设备（如便携式电脑、平板电脑、便携式打印机以及蜂窝电话等）用无线技术连接起来的自组网络，不需要使用接入点 AP，整个网络的范围约为 10 m。WPAN 可以是一个人使用，也可以是若干人共同使用（例如，一个外科手术小组的几位医生把几米范围内使用的一些电子设备组成一个 WPAN）。这些电子设备可以很方便地进行通信，就像普通电缆连接一样。请注意，WPAN 和 PAN (Personal Area Network)并不完全等同，因为 PAN 不一定都是使用无线连接的。

WPAN 和无线局域网 WLAN 并不一样。WPAN 是以个人为中心来使用的无线个人区域网，它实际上就是一个低功率、小范围、低速率和低价格的电缆替代技术。

WPAN 的 IEEE 标准起初都由 IEEE 的 802.15 工作组制定，这个标准也包括 MAC 层和物理层这两层的标准。后来也有其他组织参加了标准的制定。WPAN 都工作在 2.4 GHz 的 ISM 频段。顺便指出，欧洲的 ETSI 标准则把无线个人区域网取名为 HiperPAN。

最早使用的 WPAN 是 1994 年爱立信公司推出的**蓝牙(Bluetooth)**系统。IEEE 的 802.15 工作组曾经把蓝牙技术标准化为 IEEE 802.15.1，但此标准现已不再继续使用。目前蓝牙技术由**蓝牙技术联盟**负责维护和更新技术标准，认证制造厂商，并授权使用蓝牙技术和蓝牙标志，但蓝牙技术联盟并不负责蓝牙设备的设计、生产和出售。

第一代蓝牙的速率仅为 720 kbit/s，最大通信距离为 10 m 左右。蓝牙版本更新很快，到 2010 年已经是蓝牙 4.0 了。这个版本增加了**低耗能蓝牙 BLE (Bluetooth Low Energy)**。BLE 适用于数据量很小的节点，但电池可以连续工作 4～5 年（对比一下现在的智能手机可能每天都需要充电），传送距离增大到 30 m，速率可达 1 Mbit/s。这大大推动了低耗能蓝牙节点在物联网中的使用。蓝牙 4.0 已将传统蓝牙(classic Bluetooth)的速率提高到 3 Mbit/s，传输距离可达 100 m。2016 年发布的第五代蓝牙 5.0 的速率上限达 24 Mbit/s，有效传输距离最高可达 300 m。目前最新的版本是 2020 年发布的蓝牙 5.2。

蓝牙使用 TDM 方式和跳频扩频 FHSS 技术，组成不使用接入点 AP 的**皮可网**(piconet)。前缀 pico-（皮，10^{-12}），表示这种无线网络的覆盖面积非常小。每一个皮可网有一个**主设备**和最多 7 个工作的**从设备**。通过共享主设备或从设备，可以把多个皮可网连接起来，形成一个范围更大的**扩散网**。这种主从工作方式的个人区域网实现起来价格就会比较便宜。

WPAN 还定义了另外两种网络，即低速 WPAN 和高速 WPAN。

低速 WPAN 主要用于工业监控组网、办公自动化与控制等领域，其速率是 2～250 kbit/s。低速 WPAN 的标准是 IEEE 802.15.4。最近新修订的标准是 IEEE 802.15.4-2020。在低速 WPAN 中最重要的就是 ZigBee。ZigBee 名字来源于蜂群使用的赖以生存和发展的通信方式。蜜蜂通过跳 Z 形（即 ZigZag）的舞蹈，来通知其伙伴所发现的新食物源的位置、距离和方向等信息，因此就把 ZigBee 作为新一代无线通信技术的名称。ZigBee 技术主要用于各种电子设备（固定的、便携的或移动的）之间的无线通信，其主要特点是通信距离短（10～80 m），传输速率低，并且成本低廉。

ZigBee 的另一个特点是功耗非常低。在工作时，信号的收发时间很短；而在非工作时，ZigBee 节点处于休眠状态（处于这种状态的时间一般都远远大于工作时间）。这就使得 ZigBee 节点非常省电，所用的电池工作时间为 6 个月至 2 年左右。对于某些工作时间和总时间（工作时间 + 休眠时间）之比小于 1%的情况，电池的寿命甚至可以超过 10 年。

ZigBee 网络容量大。一个 ZigBee 的网络最多包括有 255 个节点，其中一个是主设备，其余则是从设备。若通过网络协调器，整个网络最多可以支持超过 64000 个节点。

高速 WPAN 的标准是 IEEE 802.15.3，是专为在便携式多媒体装置之间传送数据而制定的。这个标准支持 11～55 Mbit/s 的速率。这在个人使用的数码设备日益增多的情况下特别方便。例如，使用高速 WPAN 可以不用连接线就能把计算机和在同一间屋子里的打印机、扫描仪、外接硬盘，以及各种消费电子设备连接起来。别人使用数码摄像机拍摄的视频节目，可以不用连接线就能复制到你的数码摄像机的存储卡上。在会议厅中的便携式计算机可以不用连接线就能通过投影机把制作好的幻灯片投影到大屏幕上。IEEE 802.15.3a 工作组还提出了采用更高速率的物理层标准的**超高速** WPAN。这种网络使用**超宽带** UWB (Ultra-Wide Band)技术。超宽带技术工作在 3.1～10.6 GHz 微波频段，可得到非常高的信道带宽。超宽带技术可支持 100～400 Mbit/s 的速率，可用于小范围内高速传送图像或 DVD 质量的多媒体视频文件。

9.3 蜂窝移动通信网

9.3.1 蜂窝无线通信技术的发展简介

移动通信的种类很多，如蜂窝移动通信、卫星移动通信、集群移动通信、无绳电话通信等，但目前使用最多的是蜂窝移动通信，它又称为**小区制**移动通信。

蜂窝无线通信网发展非常迅速，其信号的覆盖面已远远超过 Wi-Fi 无线局域网的覆盖面。蜂窝无线通信最初只是用来打电话，这和本书讨论的计算机网络并无关联。但随着技术的发展，原来仅用来进行电话通信的手机，已经发展成为接入到互联网最主要的用户设备。手机之间互相传送的数据（其中大量是视频、音频数据）已构成当今互联网上流量的主要部分。现在若要在移动的环境下接入到互联网，已经离不开蜂窝无线通信网了。

蜂窝无线通信技术相当复杂，要深入了解其工作原理，需要学习另外的课程。限于篇幅，这里只能对蜂窝移动通信网进行一些入门介绍。初学者往往会遇到大量的英文缩写词，这些缩写词都是在技术文献中普遍使用的，因此最好的办法就是反复多看几遍。

最早的第一代（1G）蜂窝移动通信系统于 1978 年底问世，它使用**模拟技术**和传统的**电路交换**及频分多址 FDMA，仅能提供电话服务。这里的 G 表示 Generation（代），而不是 Giga（千兆，或吉）。1G 蜂窝移动通信系统的手机相当笨重（俗称大哥大），且话音质量差，因此不久后就被第二代（2G）蜂窝移动通信系统取代了。

2G 蜂窝移动通信系统采用了更先进的数字技术，其主要业务是使用电路交换的电话通信，同时也能够发送短信。短信业务标志着在移动通信中开始有了数据业务。

接着 2G 就发展到 2.5G 和 2.75G 蜂窝移动通信系统，进一步提高了数据通信的能力。

由于数据业务的需求日益迫切，第三代（3G）蜂窝移动通信系统同时使用电路交换和分组交换技术。电路交换承担电话业务，分组交换则承担互联网业务，如上网浏览、电子邮件、传送高清照片、视频会议等。这时，多媒体数据业务已成为通信的主流业务了。

第四代（4G）蜂窝移动通信系统的重大变化是取消了电路交换，而让分组交换承担所有的话音和数据业务，并且数据传输的速率也大大提高了。全网 IP 化更加方便用户使用手机快速传送文件、收发高清视频和进行网上视频会议。

下面分别介绍这几代蜂窝移动通信系统的要点。

9.3.2　2G 蜂窝移动通信系统

1990 年后开始了基于**数字技术**的第二代（2G）蜂窝移动通信，其代表性体制就是欧洲提出的 GSM 系统。虽然许多国家现在已经停止使用 2G 系统了，但为了更好地了解 3G 和 4G 体制，这里有必要非常简单地介绍一下 GSM 2G 蜂窝通信系统的重要组成构件（还有另外一种也属于 2G 蜂窝移动通信的 CDMA，这里从略）。

如图 9-11 所示，蜂窝移动通信的特点是把整个网络服务区划分成许多小区（cell，也就是"**蜂窝**"），每个小区设置一个**基站**，负责与本小区各个移动站的联络和控制。小区也就是基站的覆盖区。移动站的发送或接收都必须经过基站完成。每个基站的发射功率既要能够覆盖本小区，又不能太大而干扰了邻近小区的通信。小区的大小视基站天线高度、增益和信号传播条件以及该小区内的移动用户密度而定，从半径 20 m（移动用户很密集的地方）到 1～25 km 不等。采用小区的好处是可以在相隔一定距离的小区中重复使用相同的频率，这称为**频率复用**。图 9-11 画出了 7 个小区，每个小区的基站使用不同的频率。这样，只要相邻小区采用不同的频率，就可以组成由大量小区构成的蜂窝移动通信系统。

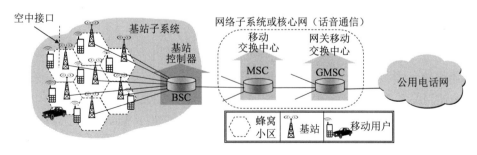

图 9-11　2G GSM 蜂窝移动通信系统的重要组成构件

GSM 系统使用了数字技术，但仍然使用传统的**电路交换**提供基本的话音通信服务。移动用户到基站之间的**空口**（即无线空中接口）采用的多址方式是 FDMA/TDMA 的混合系统。这种混合系统先按频分复用方式，把可用频带（上行和下行各占用 25 MHz）划分为 125 个带宽为 200 kHz 的子频带。然后再把每个子频带进行时分复用，每个 TDM 帧划分为 8 个时隙，使每个通话的用户占用一个 TDM 帧中的一个特定时隙。在每个蜂窝内可以从 125×8 个频道中合理地挑选出一些频道，就可以使相隔一定距离的蜂窝能够重复使用相同频率的频道。在移动通信系统中，"上行"是指从移动站到基站，而"下行"是指从基站到移动站。

如图 9-11 所示，GSM 包括**基站子系统和网络子系统**（即**核心网**）。基站子系统包括几十个**基站**和一个**基站控制器** BSC (Base Station Controller)。基站控制器 BSC 为本基站子系统中的几十个基站服务。当本基站系统中的移动用户和基站进行通信时，基站控制器 BSC 要负责为其分配无线信道，确定移动用户所在的小区，并当移动用户在本基站子系统内漫游时进行信道的切换。

核心网包括**移动交换中心** MSC (Mobile Switching Center)和**网关移动交换中心** GMSC (Gateway Mobile Switching Center)。MSC 的重要任务是负责用户的授权和账单（即确定是否允许一个移动设备接入到这个蜂窝网络中），用户呼叫连接的建立和释放，以及当用户移动在不同的基站子系统之间漫游时的信道切换。通常一个移动交换中心 MSC 可以管理 5 个基站控制器 BSC，而移动通信运营商可以建立很多的 MSC，然后通过网关移动交换中心 GMSC，连接到公用电话网或其他移动通信网。GSM 的速率仅为 9.6 kbit/s，要连接到互联网浏览网页是很不合适的。不过 GSM 可通过其信令系统提供字数不多的短信服务。

在图 9-11 中，我们省略了相当复杂的信令系统的构件。我们使用手机通话之前的拨号，就是靠信令系统来准确找到被叫用户的。整个蜂窝移动通信系统的管理和维护都要依靠复杂的信令系统。

9.3.3 数据通信被引入移动通信系统

GSM 初期以提供话音为主，在中后期为了满足移动数据通信的需求，引入了**通用分组无线服务** GPRS (General Packet Radio Service)（俗称 2.5G）和**增强型数据速率 GSM 演进** EDGE (Enhanced Data rate for GSM Evolution)（俗称 2.75G）系统。此外，还把**分组控制单元** PCU (Packet Control Unit)和 BSC 集成在一起，负责处理有关数据通信的业务。PCU 根据用户数据业务的突发性质，动态地分配空口资源给用户，提供的最大速率为 171.2 kbit/s（GPRS）和 384 kbit/s（EDGE）。

引入 GPRS 后的核心网由两个不同性质的域组成，即**电路交换域**和**分组交换域**（如图 9-12 所示）。电路交换域就是原来 GSM 的核心网部分，而分组交换域则包括**服务 GPRS 支持节点** SGSN (Serving GPRS Support Node)和**网关 GPRS 支持节点** GGSN (Gateway GPRS Support Node)。**电路交换域负责话音通信，而分组交换域负责数据通信**。SGSN 把基站控制器发来的 IP 数据报发送到 GGSN，同时把 GGSN 发来的 IP 数据报转发到基站控制器。SGSN 还要和蜂窝话音核心网的移动交换中心 MSC 交互，以便完成用户的授权、通信的切换，以及维护移动节点的位置信息等功能。GGSN 具有网络接入控制功能，把多个 SGSN 连接起来后接入到互联网。因此 GGSN 又称为 GPRS 路由器，它选择哪些分组可进入 GPRS 网络，以保证 GPRS 网络的安全。

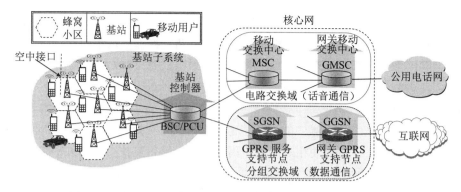

图 9-12   引入 GPRS 后的核心网由电路交换域和分组交换域组成

9.3.4 3G 蜂窝移动通信系统

1996 年国际电信联盟无线电通信部门 ITU-R 把第三代(3G)蜂窝移动通信的正式标准名称定为 IMT-2000，希望全球能够制定一个统一的标准（但实际上未能统一）。名称中的 2000 表示：这个系统工作在 2000 MHz 频段，支持的速率可达 2000 kbit/s（固定站）和 384 kbit/s（移动站），并预期在 2000 年左右得到商用。下面介绍 IMT-2000 中最广泛使用的一种标准。IMT (International Mobile Telecommunications)的意思是国际移动电信。

1998 年全球在通信领域最有影响的 7 个组织，其中包括中国通信标准化协会 CCSA (China Communications Standards Association)，成立了**第三代移动通信合作伙伴计划 3GPP** (3rd Generation Partnership Project)[①]，以便制定从 2G GSM 平滑过渡到 3G 的端到端标准。3GPP 制定的 3G 标准名称是**通用移动通信系统 UMTS** (Universal Mobile Telecommunications System)，发布在 3GPP R99 中。R99 (Release 99)表示 3GPP 规范的 1999 年版本。但在 2000 年以后，版本的格式改变了，字母 R 后面的数字表示 3GPP 规范的版本顺序号。3GPP R99 版本对 UMTS 的要求是，下行和上行的速率都要超过 384 kbit/s。

3G UMTS 引入了无线接入网的概念（如图 9-13 所示），其全名是**通用移动通信系统陆地无线接入网 UTRAN** (UMTS Terrestrial Radio Access Network)，它由多个无线网络系统组成。每个无线网络系统有一个**无线网络控制器 RNC** (Radio Network Controller)和许多基站，但在 UMTS 中，**基站**的正式名称是**节点 B** (Node-B)，简写为 **NB**。UTRAN 中无线网络控制器 RNC 的作用和 GSM 网络中的基站控制器相似。RNC 一方面通过电路交换域的 MSC 连接到蜂窝话音网络，另一方面通过分组交换域的 SGSN 和 GGSN 连接到分组交换的互联网。3G UMTS 把移动站称为**用户设备 UE** (User Equipment)。在用户设备 UE 和基站 NB 之间是无线链路，这点和 2G 的情况是相似的。

3G 中的核心网由 GSM 系统中的 GPRS 核心网进行平滑演进（软件升级和部分硬件升级）。在实际运营中还采用融合设备实现，例如，SGSN 和 GGSN 设备同时支持 2G/3G 功能。从互联网无法看到 GGSN 以内 3G 节点的移动性，GGSN 把这些对 UMTS 的外部都隐藏了。

3G UMTS 与 2G 的 GSM 的主要区别集中在 UTRAN 侧，在空口使用先进的调制技术，每个移动用户使用的带宽比 GSM 增大很多，因而能以更高的速率享用多种移动宽带多媒体业务

---

① 注：ITU 是联合国下属的各国政府之间的组织，但并非专业技术性很强的组织，因此许多标准的具体制定，还要依靠一些非政府机构的组织来完成。例如，有关互联网的标准，主要由 IETF 来制定。3GPP 的名称并不表示其研究对象仅限于 3G 蜂窝移动通信系统。目前全世界最主要的数百家移动通信网络运营商、芯片制造商、学术界、研究机构和政府机构，都积极参与了 3GPP 各种标准的制定。现在的 3GPP 不再局限于 3G 标准的制定，而是进行从 4G 一直到 5G 系统标准的制定。

（浏览网页，传送高清图片和视频短片，即时视频通信，进行多方视频会议等）。3G UMTS 也在不断提高速率，其下行速率可达到 21 Mbit/s（5 MHz 带宽），大大超过了 3G 最初设定的指标。

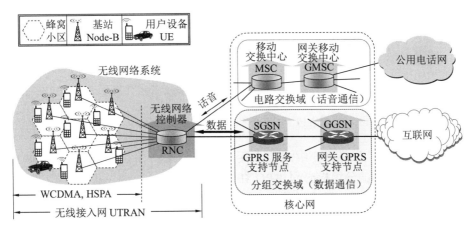

图 9-13   3G UMTS 蜂窝通信系统的重要组成构件

我国现使用三种 3G 国际标准，即 3GPP 组织中由欧洲提出的**宽带码分多址 WCDMA** (Wideband CDMA)（UMTS 的标准，中国联通使用），3GPP 组织中由美国提出的 CDMA2000（中国电信使用）和 3GPP 组织中主要由中国提出的时分同步码分多址 TD-SCDMA (Time Division-Synchronous CDMA)（UMTS 标准，中国移动使用），其中 TD-SCDMA 和 WCDMA 使用相同的 3GPP 规范，仅在接入网空口部分有差异。3GPP 组织的 CDMA2000 系统的核心网及接入网与 TD-SCDMA/WCDMA 的都不同。

3G 蜂窝移动通信是以**传输多媒体数据业务为主的通信系统**，而且必须兼容 2G 的功能（即能够通电话和发送短信），这就是所谓的向后兼容。

9.3.5   4G 蜂窝移动通信系统

ITU-R 于 2008 年把第四代（4G）移动通信的名称定为 IMT-Advanced (International Mobile Telecommunications-Advanced)，意思是**高级国际移动通信**。IMT-Advanced 的一个最重要的特点就是**取消了电路交换**，无论传送数据还是传送话音，**全部使用分组交换技术**，或称为**全网 IP 化**。IMT-Advanced 的目标峰值速率是：在固定通信和低速移动通信时应达到 1 Gbit/s，在高速移动通信时（如在火车、汽车上）应达到 100 Mbit/s。不断提高速率的动力来自客观的需求。智能手机的用户迫切需要利用手机上安装的即时通信应用软件，把手机拍摄的视频短片或高清照片及时分享给亲友，或用视频会议方式和亲友们进行视频交谈。这就要求移动通信系统把网络速率再提高到新的水平。

ITU-R 提出的这个 4G 标准比 3G 标准高出很多。3GPP R8 版本发布的**长期演进 LTE** (Long-Term Evolution)标准，在信道带宽为 20 MHz 时，其下行和上行速率应分别达到 100 Mbit/s 和 50 Mbit/s。这虽然比 3G 快得多，但仍达不到 4G 的标准。为照顾许多商家的经济利益，ITU-R 同意运行 LTE 标准的商家在手机左上角显示 "4G" 的字样。但 LTE 并不是真正的 4G。因此 LTE 又俗称为 3.9G 或 3.95G，表示 LTE 已很接近真正的 4G 了。

图 9-14 是 LTE 体系结构的最主要部分。下面进行简单的讨论。

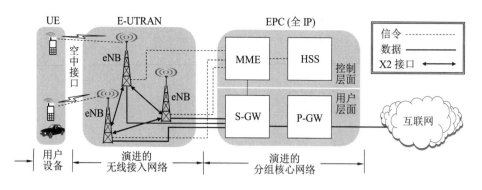

图 9-14   LTE 体系结构的最主要部分

LTE 的体系结构由三大部分组成，即**用户设备 UE**、**演进的无线接入网 E-UTRAN** (Evolved-UTRAN)和**演进的分组核心网 EPC** (Evolved Packet Core)。从图 9-14 可看出，核心 EPC 的上半部分是**控制层面**，信令的传输在图中用虚线表示。EPC 的下半部分是**用户层面**，数据的传输在图中用实线表示。

为了进一步提高速率，LTE 无线接入网的下行信道（eNB→UE）与上行信道（UE→eNB）采用了不同的复用方式。例如，下行信道采用了频分复用与时分复用相结合的方式，称为**正交频分多址 OFDMA**。我们知道，在传统的频分复用 FDM 中的各频道必须相隔一定的保护频带，以免相互干扰。但正交频分复用 OFDM 技术采用了多个子载波并行传输的方法，利用各子载波之间的正交性，子信道的频谱可以相互重叠，但在解调时并不产生子载波间干扰。这就大大提高了频谱利用率。OFDM 使每个子信道的速率降低，因而有效地减少了由多径效应带来的符号间干扰，降低了误比特率。由于每个用户同时采用多个子信道并行传输，因此仍然能够获得较高的速率。因而现在 LTE 的空口使用的带宽是 20 MHz，比 3G 的 UMTS 空口带宽 5 MHz 提高了很多。LTE 采用了高阶调制 64QAM 和多天线的**多入多出** MIMO 技术，这些措施对提高速率和信道频谱利用率起了重要作用。

演进的无线接入网 E-UTRAN 与 3G 的 UTRAN 有很大的区别。E-UTRAN 取消了无线网络控制器 RNC，并把基站称为**演进的节点 B**，简写为 **eNB** (evolved Node-B)。LTE 的基站 eNB 兼有 3G 中的基站 NB 和无线网络控制器 RNC 的功能，是 LTE 中功能最复杂的设备。在 E-UTRAN 中的基站 eNB，通过图 9-14 所示的 X2 接口，与相邻的一些基站相互连接，直接传输数据和信令（在 LTE 中，包括 3G 和 2G 在内，所有需要进行通信的实体之间，都有非常明确的接口规定，上述的 X2 接口仅是许多接口中的一个）。这样就便于用户设备漫游时的信号切换。E-UTRAN 采用这种减少节点层次的扁平结构，是为了简化接入网的结构和降低成本，同时也加快数据的传输。

基站 eNB 有三个主要构件。(1) 天线。(2)无线模块：对发往空口的信号，或从空口接收的信号，进行调制或解调。(3) 数字模块：作为空口与核心网的接口，对经过此模块的所有信号进行处理。

在控制层面，基站 eNB 负责无线资源的管理，执行由 MME 发起的寻呼信息的调度和传输，并为 UE 发往服务网关 S-GW 的数据选择路由。

在数据层面中，基站 eNB 在用户设备 UE 与核心网之间传送 IP 数据报。

分组数据网络网关（简称为**分组网关**）P-GW (Packet Data Network GateWay)是核心网通向互联网的网关路由器或边界路由器，是核心网与 3GPP 或非 3GPP 的外部数据网的接口。在现实网络中，2G/3G 的 GGSN 和 4G 的 P-GW 是一个融合设备。P-GW 负责给所有用户设备 UE

分配 IP 地址和确保服务质量 QoS 的实施。用户设备 UE 的数据报在基站 eNB 经过封装后，从 eNB 先到达 S-GW，再到达 P-GW，可保证**服务质量 QoS**。例如，LTE 网络可保证在用户设备 UE 到 P-GW 之间的话音分组时延不超过 100 ms，且话音分组的丢失率小于 1%。这就保证了在全 IP 网络传输时，话音通信的质量仍较好。在 LTE 的网络中不再保留电路交换的原因是，现在**移动通信流量中的主流已是数据通信**。如果为少量的手机电话通信业务而保留电路交换的构件，将使网络变得更复杂，会大大增加网络的建设成本和运行费用。采用全 IP 网络是 LTE 网络结构中的一个重大变革。

服务网关 S-GW (Serving GateWay) 是无线接入网与核心网之间的网关路由器。S-GW 负责用户层面的数据分组的转发和路由选择，起到路由器的作用。SGW 和 PGW 可以在同一个物理节点或不同物理节点上实现。

归属用户服务器 HSS (Home Subscriber Server) 是一个中心数据库，里面有网络运营商所保存的用户基本数据。

移动性管理实体 MME (Mobility Management Entity) 是一个信令实体，负责基站与核心网之间以及用户与核心网之间的所有信令交换。当一个用户初次接入到 LTE 网络时，基站 eNB 就要与 MME 通信，以便 MME 和用户能够交换鉴别信息。MME 必须从 HSS 获得用户的有关信息。

在图 9-14 中还省略了一些构件，如**策略与计费规则功能 PCRF (Policy and Charging Rules Function)** 单元等，这里就不进行介绍了。

LTE 必须向后兼容 3G 和 2G。因此很多手机都标明具有 4G/3G/2G 功能。这表示如果 LTE 手机所在地还没有被 4G 网络覆盖，那么该手机还可使用原来 3G/2G 网络的功能。

在 4G 无线网络技术中，还有一个 IEEE 802.16 标准，也就是后来的 WiMAX 标准。WiMAX 是 Worldwide Interoperability for Microwave Access 的缩写（意思是"全球微波接入的互操作性"，缩写中的 AX 表示 Access）。但在流行了若干年后，现在市场上已经很难见到这种 4G 网络了。因此本书的这一版就取消了有关 WiMAX 的介绍。

2011 年 3GPP 的 R10（版本 10）制定的 LTE-Advanced，简称为 LTE-A，达到了 ITU-R 制定的 4G 标准。据 2016 年 6 月的统计，全球投入商用的 LTE-A 网络已超过 100 个，分布在 49 个国家和地区。2015 年 3GPP 的 R13 制定了 LTE-A Pro，其吞吐量超过了 3 Gbit/s，俗称 4.5G，表示已经超过 4G 的水平了。

从 2017 年第 4 季度开始，3GPP 又陆续发布 R15/16 等第 5 代（5G）蜂窝移动通信系统标准的版本（以后还会发布后续的 R17）。这些都是今后的热门技术，对此有兴趣的读者可多加关注。

9.3.6 两种不同的无线上网

现在的蜂窝移动网络的服务范围已经几乎覆盖了所有的地方。使用手机可以随时随地接入到互联网。但是要注意，当手机通过附近的某个蜂窝移动网络的基站接入到互联网时（而不是通过某个无线路由器使用 Wi-Fi 接入），所需的费用取决于蜂窝移动网络运营商的收费规定，而目前都是按照用户所消耗的数据流量来计算费用的。如果手机用户不愿承担这样的费用，就必须关闭移动数据上网的功能（这点在境外旅游时尤其要注意）。

如果在家中已经安装了宽带入网（不管是使用哪一种接入方式，如光纤到户或 ADSL），只要再添置一个无线路由器（现在已经非常普遍使用了），并将其连接到宽带的插口，那么家中所有电脑和手机，都可以通过家庭无线路由器，利用无线局域网接入到互联网。这就是另一种无线上网方式——Wi-Fi 上网。我国的宽带接入网一般都是根据用户使用的带宽多少（例如，选用 50 Mbit/s 还是 100 Mbit/s 的速率），以及使用的时间（按月或按年）来收费的，因此，在家中使用手机上网，并不需要再增加任何额外费用。

手机通过 Wi-Fi 上网时，当然会有数据流量。通常说"Wi-Fi 上网不产生流量"，是指不经过 3G/4G 蜂窝移动网络的基站，因此不会产生任何 3G/4G 的数据流量和通信费用。

目前许多酒店、餐馆、车站和机场，都能提供免费的无线局域网上网，简称为"提供免费 Wi-Fi"。但应注意，在公共场所的免费 Wi-Fi 的安全性并不好，比较敏感的信息（如银行卡的密码等）不宜在这种网络上传送。此外，这种免费 Wi-Fi 有时也很难保证质量（如上网人较多时无法登录，或上网速度很慢，有时甚至发生通信中断等）。在城市的公交汽车或旅游大巴上提供免费 Wi-Fi 的服务也在迅速普及。

9.4　移动通信的展望

前面我们已经介绍了移动通信与计算机网络关系较密切的若干问题。为便于记忆，蜂窝移动通信从 1G 到 4G 的发展规律，可以认为大约是十年更新一代。从最初的 1G（模拟电话），发展到 2G（数字电话），然后演进到具有较强数据传输能力的 3G，再到可支持高质量音频和视频传输和高速率移动互联网业务的 4G（全 IP 网）。现在又发展到了 5G 蜂窝移动通信，甚至 5.5G 或 6G 也相继被提出了。在我国，工信部已于 2019 年 10 月 31 日宣布 5G 的商用正式启动。下面简要地介绍一下 5G 的要点。

从 1G 到 2G，通信主要局限在人与人之间的通信。到了 3G 和 4G 时代，智能手机不仅能够提供人与人之间的通信，而且还发展到可以提供多人参加的视频聊天。此外，还增加了人与互联网之间的通信（下载文件、音乐、视频等）。这种通信方式均可称为**人联网**。

我们在前面 9.1.1 节中曾简单地介绍了物联网 IoT。物联网现在发展很快，在 4G 时代就已经有了一些物联网的应用。但 5G 就非常明确地把物联网作为一个非常重要的应用领域。

现在 5G 标准的制定机构 3GPP 把 5G 的传输业务划分为以下三大类（在 5G 标准中称为三大应用场景），即：

(1) **增强型移动宽带** eMBB (enhanced Mobile BroadBand)

(2) **大规模机器类型通信** mMTC (massive Machine Type Communication)

(3) **超高可靠超低时延通信** uRLLC (ultra Reliable and Low Latency Communication)

第一种应用场景 eMBB 实际上就是 4G LTE 的升级版本，它仍然属于人联网。在这一类应用场景中，5G 要传输的新型业务主要是三维（即 3D）视频和超高清视频等大流量移动宽带业务。3D 视频包括**虚拟现实** VR (Virtual Reality)和**增强现实** AR (Augmented Reality)。

上面的后两种应用场景 mMTC 和 uRLLC 都属于物联网。mMTC 又称为**海量物联网**，这种应用场景的速率较低且时延并不敏感，但其连接的终端种类却非常广泛，不仅要求网络具有超千亿连接的支持能力，而且终端成本必须很低而电池寿命却要求很长，例如 10 年以上。这类应用场景包括智慧城市、智能家居、智能电网、物流跟踪、环境监测等方面。应用场景 uRLLC 则使用在工业控制、交通安全和控制、远程制造、远程手术以及无人驾驶等领域。

为了适应上述三种应用场景，5G 制定的标准规定其下行数据峰值速率为 10 Gbit/s（常规情况下），而在特定场景（VR 和 AR）时速率可达 20 Gbit/s。5G 还制定了新的空口标准 5GNR (5G New Radio)，使用户层面无线信道的单向时延大大缩短（到毫秒级），这就保证了 5G 的整个端到端时延均可满足各种应用场景的需求。5G 还采用了一些比 4G 更高的频率，可使用更大的信道带宽，这有助于提高数据的传输速率。5G 的频谱效率（即在同样带宽下传输的数据量）也比 4G 的增加数倍。因此 5G 的特点可以简单地归纳为：极高的速率，极大的容量，极低的时延。值得注意的是，5G 并非 4G 的简单升级版本，而是在应用方面有许多崭新的领域，具有划时代的意义。

在使用的频谱方面，5G 引入了毫米波，即频率在 30～300 GHz 之间的无线电波，其波长为 1～10 mm。这里面还有许多新的技术问题有待于研究和解决。5G 还选用了与 4G 不同的信道编码方式。5G 的天线也有多方面的创新。例如，采用天线波束赋形技术，并把多进多出 MIMO 发展到大规模 MIMO 系统和立体三维 MIMO 技术，等等。

在更高的工作频率下，每个基站的覆盖范围就缩小了，因而 5G 所架设的基站必须更加密集。这显然就增加了 5G 网络的复杂性，也增加了网络运营商的投资和运营成本。因此 5G 的发展前景不单纯是一个简单的学术性或技术水平问题，而是与未来的商业市场密切相关。也就是说，上述的三个应用场景今后究竟需要多少时间才能在什么范围发展到怎样的水平，目前还都还是未知的。当我们打算学习一些 5G 新技术时，对此应加以注意。

本章的重要概念

- 无线局域网可分为两大类。第一类是有固定基础设施的，第二类是无固定基础设施的。
- 最常用的、有固定基础设施的无线局域网的标准是 IEEE 的 802.11 系列。使用 802.11 系列标准的局域网又称为 Wi-Fi。
- 802.11 无线以太网标准使用星形拓扑，其中心叫作接入点 AP，它是链路层设备，相当于基本服务集内的基站。但家用的接入点都嵌入了路由器的功能，常称为无线路由器。
- 应当弄清几种不同的接入：固定接入、移动接入、便携接入和游牧接入。
- 802.11 无线以太网在 MAC 层使用 CSMA/CA 协议。不能使用 CSMA/CD 的原因是：在无线局域网中，并非所有的站点都能够听见对方（例如，当有障碍物出现在站点之间时），因此无法实现碰撞检测。使用 CSMA/CA 协议是为了尽量减小碰撞发生的概率，但还不能完全避免碰撞。
- CSMA/CA 协议的要点是：(1) 发送数据有时可不经过争用期，这是因为信道在较长时间是空闲的，很可能这时其他站点不会发送数据。(2) 发送数据有时必须经过争用期，这是因为：❶信道从忙转到空闲，可能有多个站点要发送数据，因此要公平竞争。❷未收到确认，表明很可能出现了碰撞，重传时要公平竞争。❸连续发送数据，防止一个站点垄断信道，要公平竞争。(3) 必须等待时间 DIFS 的理由，是让具有更重要的帧能够优先发送（如 ACK 帧、RTS 帧或 CTS 帧等）。
- 802.11 无线局域网在使用 CSMA/CA 的同时，还使用停止等待协议。
- 在 802.11 无线局域网的 MAC 帧首部中有一个**持续期**字段，用来填入**在本帧结束后**还要占用信道多少时间（以微秒为单位）。
- 802.11 标准允许要发送数据的站对信道进行预约，即在发送数据帧之前先发送 RTS 帧请求发送。在收到响应允许发送的 CTS 帧后，就可发送数据帧。
- 802.11 的 MAC 帧共有三种类型，即控制帧、数据帧和管理帧。需要注意的是，MAC 帧有四个地址字段。在有固定基础设施的无线局域网中，只使用其中的三个地址字段，即源地址、目的地址和 AP 地址 BSSID。
- 无线个人区域网包括蓝牙系统、ZigBee 和超高速 WPAN。无线城域网 WiMAX 已很少使用。

- 移动终端已成为现在接入到互联网的主要末端设备。视频和数据已在互联网的流量中占据主要地位。
- 通过无线局域网或蜂窝移动通信网接入到互联网，已经成为接入到互联网的主要方式。
- 第一代蜂窝移动通信网采用模拟技术的电路交换，仅提供话音通信。第二代蜂窝移动通信网以 GSM 为代表，采用数字技术的电路交换，提供话音通信和短信服务。
- GPRS 和 EDGE 提高了速率，话音通信使用电路交换，数据通信使用分组交换，上网能够浏览网页。第三代蜂窝移动通信网以 UMTS 为代表，速率提高到可以进行视频通信和开视频会议。
- 第四代蜂窝移动通信网以长期演进 LTE 为代表，采用高阶调制 64QAM，以及 OFDM 和 MIMO 等技术，使速率显著提高。在结构上，控制层面和用户层面（即数据层面）分开，核心网全部 IP 化，大大降低了投资成本和运营费用。
- 基站 eNB 到分组网关 P-GW 之间使用 GTP-U 隧道（eNB→S-GW 和 S-GW→P-GW），保证了用户设备在移动时仍能有效地接入到互联网。

习题

9-01 无线局域网由哪几部分组成？无线局域网中的固定基础设施对网络的性能有何影响？接入点 AP 是否就是无线局域网中的固定基础设施？

9-02 Wi-Fi 与无线局域网 WLAN 是否为同义词？请简单说明一下。

9-03 服务集标识符 SSID 与基本服务集标识符 BSSID 有什么区别？

9-04 在无线局域网中的关联(association)的作用是什么？

9-05 以下几种接入（固定接入、移动接入、便携接入和游牧接入）的主要特点是什么？

9-06 无线局域网的物理层主要有哪几种？

9-07 无线局域网的 MAC 协议有哪些特点？为什么在无线局域网中不能使用 CSMA/CD 协议而必须使用 CSMA/CA 协议？

9-08 为什么无线局域网的站点在发送数据帧时，即使检测到信道空闲也仍然要等待一小段时间？为什么在发送数据帧的过程中不像以太网那样继续对信道进行检测？

9-09 试简单说明 RTS 帧和 CTS 帧的作用。这两种控制帧是强制使用还是选择使用？请说明理由。

9-10 为什么在无线局域网上发送数据帧后要求对方必须发回确认帧，而以太网就不需要对方发回确认帧？

9-11 试解释无线局域网中的名词：BSS，ESS，AP，BSA 和 NAV。

9-12 无线局域网的 MAC 帧为什么要使用四个地址字段？请用简单的例子说明地址 3 的作用。

9-13 无线个人区域网 WPAN 的主要特点是什么？现在已经有了什么标准？

9-14 试比较接入到互联网的两种不同方式——通过无线局域网和通过 3G/4G 蜂窝移动网络。

附录 A 部分习题解答

第 1 章

1.13 $D/D_0 = 10$ 现在的网络时延是最小值的 10 倍。

1.14 （1）发送时延为 100 s，传播时延为 5 ms。 （2）发送时延为 1 μs，传播时延为 5 ms。

若数据长度大而发送速率低，则在总的时延中，发送时延往往大于传播时延。若数据长度短而发送速率高，则传播时延就可能是总时延中的主要成分。

1.15

媒体长度 l	传播时延	媒体中的比特数	
		速率 = 1 Mbit/s	速率 = 10 Gbit/s
（1）0.1 m	4.35×10^{-10} s	4.35×10^{-4}	4.35
（2）100 m	4.35×10^{-7} s	0.435	4.35×10^3
（3）100 km	4.35×10^{-4} s	4.35×10^2	4.35×10^6
（4）5000 km	0.0217 s	2.17×10^4	2.17×10^8

第 2 章

2.11 靠先进的编码技术，使得每秒传送一个码元就相当于每秒传送多个比特。

第 3 章

3.7 第一个比特串：经过零比特填充后变成 0110111110111111000（加上下画线的 0 是填充的）

另一个比特串：删除发送端加入的零比特后变成 000111011111-11111-110（连字符表示删除了 0）。

3.9 当时很可靠的星形拓扑结构较贵。人们都认为无源的总线结构更加可靠。但实践证明，连接有大量站点的总线以太网很容易出现故障，而现在专用的 ASIC 芯片的使用可以将星形结构的集线器做得非常可靠。因此现在的以太网一般都使用星形结构的拓扑。

3.12 从网络上负载轻重、灵活性及网络效率等方面进行比较。

网络上的负荷较轻时，CSMA/CD 协议很灵活。但网络负荷很重时，TDM 的效率就很高。

3.13 （1）10 个站共享 10 Mb/s。（2）10 个站共享 100 Mb/s。（3）每一个站独占 10 Mb/s。

第 4 章

4.9 （1）6 台主机（不考虑全 0 和全 1 的主机号）。

（2）最多可有 4094 个（不考虑全 0 和全 1 的主机号）。

（3）有效，但不推荐这样使用。

（4）194.47.20.129，C 类。

4.10 （2）和（5）是 A 类，（1）和（3）是 B 类，（4）和（6）是 C 类。

4.11 好处：转发分组更快。缺点：数据部分出现差错时不能及早发现。

4.12 IP 首部中的源地址也可能变成错误的，要求错误的源地址重传数据报是没有意义的。不使用 CRC 可减少路由器进行检验的时间。

4.14 在目的站而不是在中间的路由器进行组装是由于：（1）路由器处理数据报更简单些；（2）并非所有的数据报片都经过同样的路由器，因此在每一个中间的路由器进行组装可能总会缺少几个数据报片；

（3）也许分组后面还要经过一个网络，它还要将这些数据报片划分成更小的片。如果在中间的路由器进行组装就可能会组装多次。

4.15　6 次。主机用 1 次，每一个路由器各使用 1 次。

4.16　（1）接口 0；（2）R_2；（3）R_4；（4）R_3；（5）R_4。

4.18　共同前缀是 22 位，即 11010100 00111000 100001。聚合的 CIDR 地址块是：212.56.132.0/22。

4.19　前一个地址块包含了后一个。写出这两个地址块的二进制表示就可看出。

4.20　观察地址的第二个字节，十六进制的 32 为二进制的 00100000，前缀 12 位，说明第二字节的前 4 位在前缀中。

给出的四个地址的第二字节的前 4 位分别为：0010，0100，0011 和 0100。因此只有（1）是匹配的。

4.21　前缀（1）和地址 2.52.90.140 匹配。

4.22　前缀（4）和这两个地址都匹配。

4.23　（1）/2；（2）/4；（3）/11；（4）/30。

4.24　最小地址是 140.120.80.0/20；最大地址是 140.120.85.255/20；地址数是 4096。相当于 16 个 C 类地址。

4.25　最小地址是 190.87.140.200/29；最大地址是 190.87.140.207/29；地址数是 8。相当于 1/32 个 C 类地址。

4.26　（1）每个子网前缀 28 位。

（2）每个子网的地址中有 4 位留给主机用，因此共有 16 个地址。

（3）四个子网的地址块是：

第一个地址块：136.23.12.64/28，可分配给主机使用的

最小地址：136.23.12.01000001 = 136.23.12.65/28

最大地址：136.23.12.01001110 = 136.23.12.78/28

第二个地址块 136.23.12.80/28，可分配给主机使用的

最小地址：136.23.12.01010001 = 136.23.12.81/28

最大地址：136.23.12.01011110 = 136.23.12.94/28

第三个地址块 136.23.12.96/28，可分配给主机使用的

最小地址：136.23.12.01100001 = 136.23.12.97/28

最大地址：136.23.12.01101110 = 136.23.12.110/28

第四个地址块 136.23.12.112/28，可分配给主机使用的

最小地址：136.23.12.01110001 = 136.23.12.113/28

最大地址：136.23.12.01111110 = 136.23.12.126/28

4-32　（1）::F53:6382:AB00:67DB:BB27:7332　　（2）::4D:ABCD

　　　（3）::AF36:7328:0:87AA:398　　（4）2819:AF::35:CB2:B271

4-33　（1）0000:0000:0000:0000:0000:0000:0000:0000

　　　（2）0000:00AA: 0000:0000:0000:0000:0000:0000

　　　（3）0000:1234: 0000:0000:0000:0000:0000:0003

　　　（4）0123:0000:0000:0000:0000:0000:0001:0002

第 5 章

5.3　都是。这要在不同层次来看。在运输层是面向连接的，在网络层则是无连接的。

5.6　丢弃。

5.10　IP 数据报只能找到目的主机而无法找到目的进程。UDP 提供对应用进程的复用和分用功能，并提供对数据部分的差错检验。

5.11　不行。重传时，IP 数据报的标识字段会有另一个标识符。只有标识符相同的 IP 数据报片才能组装

成一个 IP 数据报。前两个 IP 数据报片的标识符与后两个 IP 数据报片的标识符不同，因此不能组装成一个 IP 数据报。

5.12 UDP 不保证可靠交付，但 UDP 比 TCP 的开销要小很多。因此只要应用程序接受这样的服务质量就可以使用 UDP。如果话音数据不是实时播放（边接收边播放）就可以使用 TCP，因为 TCP 传输可靠。接收端用 TCP 将话音数据接收完毕后，可以在以后的任何时间进行播放。但假定为实时传输，则必须使用 UDP。

5.16 （1）L 的最大值是 4 GB。

（2）发送的总字节数是 4489123390B。

发送 4489123390B 需要的时间为 3591.3 秒，即 59.85 分，约 1 小时。

5.17 （1）第一个报文段的数据序号是 70～99，共 30B 的数据。

（2）确认号应为 100。

（3）80 字节。

（4）70。

5.18 TCP 首部除固定长度部分外，还有选项，因此 TCP 首部长度是可变的。UDP 首部长度是固定的。

5.19 65495 字节。此数据部分加上 TCP 首部的 20 字节，再加上 IP 首部的 20 字节，正好是 IP 数据报的最大长度。当然，若 IP 首部包含了选择，则 IP 首部长度超过 20 字节，这时 TCP 报文段的数据部分的长度将小于 65495 字节。

5.20 分别是 n 和 m。

5.21 还未重传就收到了对更高序号的确认。

5.22 最大吞吐量为 26.2 Mbit/s。

第 6 章

6.4 有可能，如果你能够直接使用对方的邮件服务器的 IP 地址。

6.7 应用层协议需要的是 DNS。

运输层协议需要的是 UDP（DNS 使用）和 TCP（HTTP 使用）。

6.10 (1) 错误。(2) 正确。(3) 错误。(4) 错误。

6.11 约 11.6 天。

6.18 非常困难。例如，人名的书写方法，很多国家（如英、美等西方国家）是先写名再写姓。而中国或日本等国家则先写姓再写名。有些国家的一些人还有中间的名。称呼也有非常多种类。还有各式各样的头衔。很难有统一的格式。

6.19 有时对方的邮件服务器不工作，邮件就发送不出去。对方的邮件服务器出故障也会使邮件丢失。

参 考 文 献

1　谢希仁. 计算机网络. 第 8 版. 北京：电子工业出版社，2021
2　陈鸣，等. 计算机网络实验教程——从原理到实践. 北京：机械工业出版社，2007